세상 쉽고 맛있는
튼이 이유식

세상 쉽고 맛있는
튼이 이유식

초판 1쇄 발행 2019년 1월 3일
초판 83쇄 발행 2024년 7월 10일

지은이 정주희

대표 장선희 **총괄** 이영철
기획편집 현미나, 한이슬, 정시아, 오향림
디자인 양혜민, 최아영 **외주 디자인** 여만엽 **사진** 이영철, 정주희
마케팅 최의범, 김경률, 유효주, 박예은
경영지원 전선애

펴낸곳 서사원 **출판등록** 제2023-000199호
주소 서울시 마포구 성암로 330 DMC첨단산업센터 713호
전화 02-898-8778 **팩스** 02-6008-1673
이메일 cr@seosawon.com
네이버 포스트 post.naver.com/seosawon
페이스북 www.facebook.com/seosawon
인스타그램 www.instagram.com/seosawon

ⓒ정주희, 2019

ISBN 979-11-965330-0-7   13590

서사원은 독자 여러분의 책에 관한 아이디어와 원고 투고를 설레는 마음으로 기다리고 있습니다.
책으로 엮기를 원하는 아이디어가 있는 분은 이메일 cr@seosawon.com으로 간단한 개요와 취지,
연락처 등을 보내주세요. 고민을 멈추고 실행해보세요. 꿈이 이루어집니다.

큐브와 밥솥 칸막이로
한 번에 3가지 9끼
이유식 완성

세상 쉽고 맛있는

튼이 이유식

희야 정주희 지음

서 사 원

7 months

목욕 후엔 과일주스 한 잔

12 months

지구 한 바퀴, 열두 달 기념사진

fresh vegetables

아침을 닮은 신선한 채소들

요리를 전혀 못하는 초보 엄마도 따라 할 수 있는
세상 쉽고 맛있는 레시피입니다

결혼을 하면 자연스럽게 곧 바로 아이가 생기겠지 하고 생각했어요. 하지만 생각처럼 쉽지 않았고, 수많은 과정 속에서 정말 많이 울었고, 오랜 기간 힘들었어요. 남들에게는 쉬운 임신이 저에게는 왜 이렇게 어려웠는지 모르겠습니다. 그렇게 2년간의 노력 끝에 세상 그 무엇과도 바꿀 수 없는 선물, 튼이가 찾아와주었어요. 하지만 임신 기간도 순탄치 않았어요. 그저 이 아기가 뱃속에서 40주를 보내다가 건강하게만 태어나길 기도했어요. 정말 신기하게도 정확하게 40주가 되는 2017년 5월 30일, 너무나도 건강한 모습으로 태어났답니다.

아이를 낳기 전, '모유 수유는 누구나 다 하는 거 아냐?'라고 생각했어요. 하지만 출산을 하고 수유를 해보니 절대 쉬운 게 아니라는 걸 알게 되었죠. 모유 양이 적어서 원하는 만큼 긴 시간 동안 수유를 할 수 없었어요. 두 달 남짓 모유 수유를 한 후에 자연스럽게 단유가 되었어요. 튼이에게 미안한 마음이 컸어요. 그래서 이유식을 시작하면, 요리를 못하는 엄마지만 최선을 다해 만들어 먹이겠다고 다짐했어요. 어렵게 와준 튼이를 위해 무엇이든 해줄 수 있겠다는 마음이었거든요. 요리의 '요' 자도 몰라서 늘 레시피를 봐야만 겨우 음식을 만들 수 있는 엄마였지만요.

완분 아기인 튼이는 생후 150일(5개월)부터 이유식을 시작했어요. 처음에는 저

역시 초보 엄마들처럼 이유식에 관해서 아무런 지식도 없었어요. 육아 선배인 친구들에게 도움을 요청하고, 이유식 관련 다양한 책을 읽거나, 여러 정보를 찾아보며 정말 열심히 공부했어요. 그렇게 시작한 초기 이유식. 설렘 반 기대 반으로 제가 직접 만든 음식을 튼이에게 처음 먹였을 때 아기 새처럼 받아먹던 튼이의 모습을 아직도 잊을 수가 없어요.

초기 이유식은 이유식 시작 단계로써 아기도 먹는 연습을 하는 시기예요. 이때는 대부분의 아기들이 익숙하지 않기 때문에 먹지 않으려 하거나, 뱉어버리거나 울음을 터뜨리곤 합니다. 튼이 역시 그랬어요. 하지만 너무 속상해하지 마세요. 아기가 점점 적응을 하면서 먹는 양도 조금씩 늘어나니까요.

중기 이유식 때는 하루에 두 끼, 후기 이유식 때는 하루에 세 끼. 이렇게 조금씩 횟수가 늘어날 때마다 엄마의 고민도 함께 늘어났어요. 덜컥 겁부터 났죠. '이유식을 계속 만들어 먹일 수 있을까? 아이 보는 시간만으로도 벅찬데 어느 세월에 이유식을 만들지? 그냥 사다 먹일까?' 엄마라면 누구나 같은 고민을 할 거예요.

시판 이유식을 사 먹이는 게 나쁘다는 건 결코 아니에요. 중요한 건 이유식을 진행하면서 아기와 엄마가 모두 행복한 시간이어야 한다는 점이에요. 육아에 지친 엄마가 스트레스를 받으면서까지 아기 이유식을 만들어 먹일 필요는 전혀 없다는 뜻이랍니다. 엄마가 즐겁고 행복해야 아기도 즐겁고 행복해요.

그래서 저는 이유식을 진짜 쉽고, 간단하게 만들어보고 싶었어요. 사실 도중에 포기하고 싶었던 적도 많았지만, 이왕 시작한 거 후기 이유식까지 마무리해보자는 마음으로 열심히 만들었어요. 식재료마다 궁합을 찾아보기도 하고, 어떻게 하면 밥솥 칸막이로 조금 더 쉽고 빠르게 이유식을 만들 수 있을지도 고민했어요. 그럼에도 불구하고 튼이를 재우고 밤에 졸면서 이유식을 만들 때면, 왜 이렇게까지 해야 되나 하고 생각한 적도 많았어요. 하지만 잘 먹는 튼이를 보면서 다시 힘을 내곤 했어요. 블로그를 통해 엄마(아빠)들과 함께 이유식 레시피와 육아 정보를 공유하면서, 많은 분들이 후기를 남겨주실 때마다 정말 뿌듯했어요.

"사 먹이려고 했는데, 레시피를 따라 해보니 너무 쉬워서 그 이후로는 쭉 만들어 먹였어요."

"아기가 시판 이유식을 안 먹어서, 우연히 블로그를 보고 만들어봤는데요. 아기가 참 잘 먹네요."

"희야 님의 쉬운 레시피 덕분에 후기 이유식까지 만들어 먹일 수 있었어요."

이런 후기를 볼 때마다 큰 힘이 되었고, 저 역시 이유식을 끝까지 진행할 수 있었답니다. 그리고 결국 이 못난 딸은 늘 그렇듯, 이유식 책을 준비하면서도 엄마의 도움을 많이 받았어요. 140여 개가 넘는 이유식 메뉴를 전부 다시 만들고, 촬영을 했어요. 엄마가 없었다면, 아마도 이 모든 과정을 해내지 못하고 포기했을 거예요. 엄마가 옆에서 이유식 만드는 것부터, 설거지에 튼이 케어까지 모두 도와주셨어요. 엄마 덕분에 이 책을 만들 수 있었어요.

육아와 요리에 서툰 초보 엄마(아빠)들, 회사 일을 병행하며 이유식을 만들어야 하는 워킹맘들에게 쉽고 간편하게 만들 수 있는 레시피를 알려드리고 싶었어요. 엄마(아빠)가 직접 고른 다양한 재료로 건강한 이유식을 만들고, 그 이유식을 아기가 맛있게 한 그릇 싹싹 비우는 모습을 보면, 정말 그 무엇과도 비교할 수 없을 만큼 큰 기쁨이니까요.

지금 이 책을 보고 있는 초보 엄마(아빠) 여러분, 모두 잘 할 수 있어요! 이 책으로 저처럼 요리 초보인 분들도 '이유식을 할 수 있다'는 자신감을 가졌으면 좋겠어요. 튼이가 그랬듯이 여러분의 사랑스러운 아기들도 엄마(아빠)가 만들어주는 맛있는 이유식을 먹고 튼튼하고 건강하게 자라길 바라겠습니다.

튼이맘 희야 드림

작가 인터뷰 영상

contents

· 만 9~11개월 ·
후기 이유식

후기 이유식 하기 전에 알아두면 좋아요

후기 이유식 재료 손질법

후기 이유식 1단계

후기 이유식 2단계

· 만 12개월 이상 ·

완료기
이유식 & 유아식

완료기 이유식 & 유아식
하기 전에 알아두면 좋아요

완료기 이유식&유아식

완료기 간식

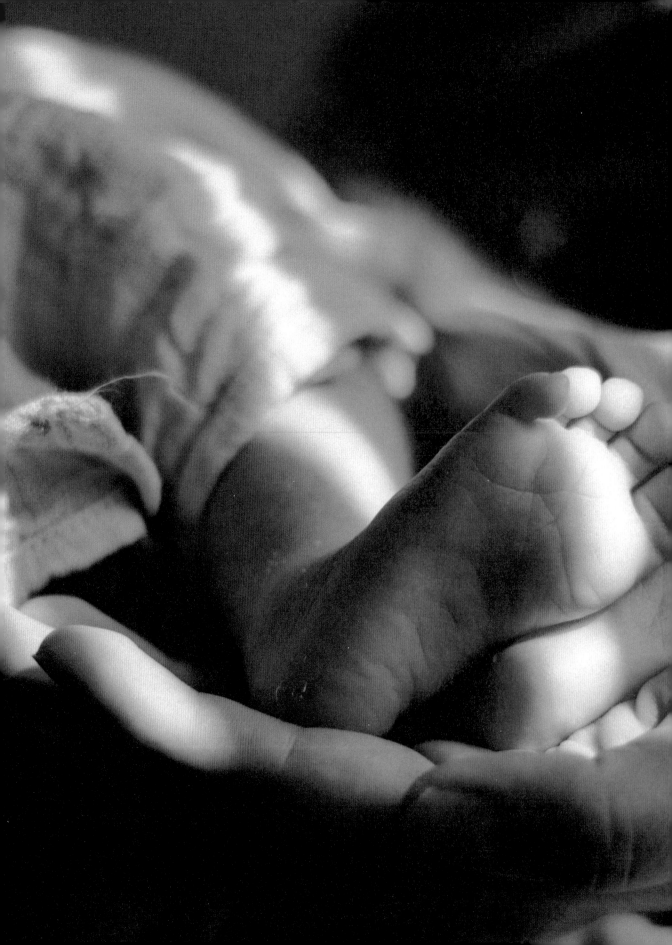

만 5~6개월

초기 이유식

초기 이유식은 두 달 동안 진행하는데 1단계가 첫째 달, 2단계가 둘째 달이에요. 첫째 달에는 쌀미음에 채소를 한 가지씩 추가해요. 둘째 달에는 쌀미음에 채소 한 가지와 소고기나 닭고기가 들어갑니다. 주로 소고기 위주로 넣고, 닭고기는 초기 이유식 막바지에 시작해요. 이때 알레르기 반응이 없었던 채소는 두 가지를 넣어도 좋아요. 생후 6개월(생후 180일)부터는 꼭 소고기를 먹여야 해요. 빈혈 예방과 성장 발육에 도움이 되기 때문이에요.

초기 이유식 하기 전에
알아두면 좋아요

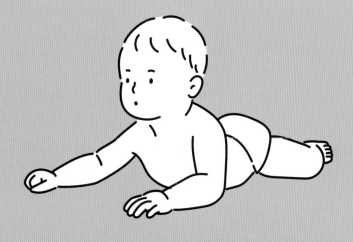

초기 이유식에 대한
기본 정보 ————

초기 이유식 1단계 & 2단계

초기 이유식은 2달 동안 진행하는데 1단계가 첫째 달, 2단계가 둘째 달이에요. 첫째 달에는 쌀미음에 채소를 한 가지씩 추가해요. 둘째 달에는 쌀미음에 채소 한 가지에, 소고기나 닭고기가 들어갑니다. 소고기 위주로 하고, 닭고기는 초기 이유식 막바지에 시작해요.

튼이는 생후 150일부터 시작했고 생후 209일까지 초기 이유식을 먹었어요. 튼이는 완분 아기예요. 완모 아기들은 조금 늦게 시작할 수 있는데 보통 1단계부터 소고기를 먹기도 해요. 생후 6개월(생후 180일)부터는 꼭 소고기를 먹여야 해요. 빈혈 예방과 성장 발육에 도움이 되기 때문이에요.

쌀 10배죽 = 쌀가루 20배죽

제일 처음 시작할 때는 쌀미음부터 시작해요. 쌀미음은 일반 쌀을 이용했을 때 물의 양(불린 쌀 기준)을 10배로 잡고, 쌀가루를 이용했을 때는 물의 양을 20배로 잡는답니다. 이렇게 만들면 주르륵 흐르는 농도의 쌀미음이 만들어져요.

처음에는 떠먹는 연습을 시킨다고 생각하면 돼요. 많이 못 먹는다고 해서 절대 걱정할 필요는 없어요. 그리고 드물게 쌀에 대한 알레르기 반응이 있는 아기들도 있으니 잘 관찰해야 해요.

쌀미음을 본격적으로 시작하기 전 3일 정도 미리 먹여보는 것도 좋은 것 같아요. 그래서 저는 쌀미음을 6일 동안 먹이며 천천히 시작했어요.

재료는 1가지씩 첨가 & 최소 3일 이상

처음부터 여러 재료를 섞어서 주면 아기가 알레르기 반응을 보였을 때 어떤 재료 때문인지 알 수 없어요. 한 가지 재료를 3일씩 먹이며 반응을 살펴봐야 합니다. 두 가지 이상의 재료를 첨가할 때는 한 번에 한 가지씩 추가하면 돼요. 이런 문제 때문이라도 식단표를 미리 짜두고 붙여놓으면 도움이 돼요. 언제 어떤 것을 먹었는지 역추적해볼 수 있으니까요.

초기 이유식에 먹일 수 있는 재료

쌀은 기본 재료예요. 찹쌀도 가끔 사용해요.

소고기는 6개월 이상 아기에게 필수 재료로 사용해요. 우둔살, 안심, 채끝등심. 최대한 기름기 없는 부위를 사용해요. 6개월부터는 철분이 바닥나는 시기라 빈혈이 오기 쉬워요. 그래서 소고기를 꼭 먹여야 돼요. 소고기는 밤, 고구마, 부추와는 궁합이 안 맞으니 식단표 짤 때 참고하세요.

닭고기는 안심, 가슴살을 주로 사용해요. 가슴살보다는 안심이 부드러워요.

채소는 애호박, 비타민, 청경채, 브로콜리, 양배추, 콜리플라워, 감자, 고구마, 무, 밤, 단호박, 오이, 배, 사과를 사용해요.

이유식 재료 간의 궁합은 따로 정리해서 알려드릴게요.

먹이는 순서는 다음과 같아요.

쌀미음 → 찹쌀미음(생략 가능) → 채소 → 과일 → 고기

초기 이유식 1단계에서 알레르기 반응 없이 잘 먹었던 채소는 2단계에서 두 가지 이상 같이 넣어서 만들어도 돼요. 예를 들면, 소고기애호박비타민미음처럼요.

주의해야 할 재료

질산염 채소는 6개월 이후에 먹여야 돼요. 대표적으로 비트, 배추, 시금치가 해당돼요. 너무 일찍 시작하면 빈혈이 올 수 있어요. 이유식을 시작하면서 간식을 먹이기도 하는데요. 초기 이유식을 하는 시기에 제일 안전한 과일은 사과, 배, 바나나예요. 퓌레로 만들어서 먹여도 되고, 생으로 즙을 내서 먹여도 돼요. 바나나는 검은 반점이 생길 정도로 잘 익은 것으로 줘야 해요. 덜 익은 바나나는 변비를 유발하기 때문이에요.

초기 이유식 재료, 큐브 보관 필수?

이유식 준비물을 살 때 제일 고민했던 부분이 이유식 큐브를 초기 이유식 할 때부터 사야 되나였어요. 직접 초기 이유식을 해본 결과, 소고기미음 들어가기 전에 사면 돼요.

보통 쌀미음부터 시작해서 이유식 자체를 미리 만들어 큐브 형태로 얼려서 사용하는 경우도 있고요. 애호박, 단호박 등의 재료들도 한 번에 모두 큐브로 만들어둘 수도 있어요. 그렇게 하려면 처음부터 큐브를 구입해도 돼요.

저 같은 경우에는 초기 이유식 때 소고기, 닭고기 보관용으로만 사용했어요. 채소는 왜 안 했냐고요? 예를 들어 애호박을 사왔어요. 큐브로 만들려니 다음 초기 이유식에서 추가로 한 번만 더 쓸 건데, 한 개만 얼리는 과정이 더 번거롭게 느껴졌어요. 그래서 초기에는 그냥 그때그때 사서 만들어줬어요. 재료도 더 신선하고요.

특히 초기 이유식 만들 때는 재료를 아주 소량만 사용해요. 보통 재료마다 10~20g 정도 사용하는데요. 남은 재료는 어떻게 할지 고민이 되죠. 저는 애호박은 전을 만들거나 국으로 끓였어요. 비타민, 청경채는 소량으로 사오면 남지 않아요. 브로콜리는 데쳐서 초장에 찍어 먹으면 맛있고요. 양배추는 쪄서 쌈 싸먹거나 샐러드로 활용했어요. 감자, 고구마, 단호박은 삶아서 어른이 먹거나, 아기 간식 퓌레로 활용 가능해요. 이렇게 하면 아기한테는 신선한 재료를 먹일 수 있고, 엄마, 아빠는 그날의 반찬 종류가 늘어납니다.

이유식 큐브 보관이 필수는 아니지만, 미리 준비해두면 이유식 만들 때 엄마가 편해요. 용량이 다양한데 너무 작은 것은 사지 마세요. 30ml 이상은 되어야 실용적으로 사용할 수 있어요. 이유식 큐브는 중기 이유식부터 빛을 발해요.

냉장 냉동 보관한 이유식 먹이는 방법

이유식을 만든 후에 보관 방법은요. 우선 한 김 식힌 후에 뚜껑을 잘 닫아서 내일 먹일 것 1개는 냉장 보관, 3일 내에 먹일 이유식 2개는 냉동 보관합니다. 이유식을 데울 때는 중탕을 해도 되지만, 편하게 전자레인지를 이용해도 돼요. 오랜 시간 사용하는 게 아니니까요. 냉장 보관한 것은 전자레인지에 40~50초 정도 데운 후에 주세요. 먹일 때는 반드시 스푼으로 골고루 섞어주세요. 열이 골고루 가해지지 않아서 뜨거운 부분과 차가운 부분이 있거든요. 잘못해서 뜨거운 부분이 아기 입에 들어가면 안 되겠죠. 손등이나 손목에 떨어뜨렸을 때 미지근한 정도가 좋아요. 냉동 보관한 이유식은 전날 미리 냉장고로 옮겨났다가 전자레인지에 데워 주세요. 중탕으로 할 경우 유리 재질의 이유식 용기라면 냉장고에서 꺼내 잠시 두었다가 중탕하는 게 좋아요. 차가운 유리 용기를 곧바로 뜨거운 물에 넣으면 깨질 수 있으니 조심하세요(급격한 온도 차 주의).

이유식 시작 시기 :
생후 150일, 첫 이유식 시작 ————

어느 날부터 밥을 먹을 때마다 옆에서 뚫어져라 쳐다보는 튼이. 침을 질질 흘리면서 손을 마구 빨아먹었어요. 그럼 이유식을 시작하라는 신호예요. 일반적으로 완분 아기는 4~5개월, 완모 아기는 6개월에 이유식을 시작하는데, 튼이는 완분 아기라 4개월 막바지부터 시작했어요.

이유식과 수유 텀

튼이는 생후 4개월 중반쯤부터 자연스럽게 수유텀이 맞춰지더라고요. 하루에 4시간 간격으로 5번 수유해요.

오전 6시, 오전 10시, 오후 2시, 오후 6시, 오후 10시.

그런데 이게 딱딱 맞지는 않아요. 대략 3~4시간 간격으로 하루에 5번이에요. 보통 이유식은 아침 10시쯤 먹이는 게 좋아요. 그래서 10시 수유 전에 이유식부터 먹였어요. 그럼 잘 먹었어요. 이유식 전에 수유를 하면 잘 안 먹어요.

1. 완분 아기 튼이는 생후 4개월 막바지에 이유식을 시작했어요.
2. 쌀미음 첫날부터 60ml를 클리어했어요. 보통의 아기들은 20~30ml로 시작해요.

3. 오전 10시 분유 수유 전에 이유식을 먹여요.

4. 1회 수유량이 180ml라면, 이유식 60ml를 먹인 후에 분유 120ml를 먹여요.

5. 초기 이유식에서는 분유 800~900ml와 이유식(30~80ml)을 한 번 먹여요.

이유식 먹이기 좋은 시간

초기 이유식 횟수는 오전 시간에 1회가 적당해요. 보통 이유식 책을 보면 오전 10시에 먹이라고 나와요. 아기의 컨디션이 가장 좋을 때가 오전이기 때문인데요. 아기들마다 다를 수 있으니 그때그때 상황에 맞게 먹이면 된답니다.

10시에 꼭 먹여야 돼! 이런 게 아니라 오전 시간 중 아기의 컨디션이 좋을 때, 살짝 배가 고프려고 할 때 먹이면 잘 먹어요. 그리고 이왕이면 일정한 시간대에, 일정한 분위기 속에서 먹이는 게 좋아요. 너무 배고플 때나 잠이 쏟아질 때는 피하는 게 좋아요.

아기에게 먹이는 이유식의 양

초기 이유식의 양 : 30~80ml

튼이 같은 경우에는 초기 이유식을 시작할 때부터 60ml로 시작했어요. 일단 어느 정도 먹을지 몰라 60ml로 만들어줬는데 다 먹었어요. 아기들마다 먹는 양이 다를 수 있으니 엄마가 조절해서 주면 될 것 같아요. 튼이는 초기 이유식을 시작한 뒤 얼마 지나지 않아 80ml까지도 먹었어요. 보통의 아기들은 20~30ml로 시작해요. 사실 양을 더 늘려도 돼요. 저는 초기 이유식 끝날 때까지 80ml씩 먹였거든요. 아기가 잘 먹는다면 초기에도 80~100ml씩 먹여도 돼요.

이유식을 먼저 먹인 후에 분유를 주세요. 만약 1회 평균 분유 수유량이 200ml인 아기의 경우에는 이유식을 80ml 먹인 뒤에 분유는 120ml 주면 돼요. 아기가 배가 부를 경우에는 분유를 조금 남기기도 해요.

아기의 의사 존중도 중요!

태어나서 5~6개월을 분유만 먹고 살아온 아기들에게 갑자기 다른 음식을 먹이면 안 먹기도 하고 울기도 해요. 튼이 같은 경우에는 처음부터 잘 먹었지만 그렇다고 해서 매번 잘 먹은 건 아니에요. 아기도 컨디션이 좋지 않을 때가 있고, 배가 덜 고픈데 줬을 경우 다 못 먹을 때도 있어요.

그리고 잠이 오는데 먹이려고 하면 난리가 나요. 그럴 때는 아기의 의사를 존중해주세요. 먹기 싫다고 울고불고하는데 억지로 먹인다면 다음부터는 더 안 먹으려고 해요. 도저히 먹지 않으려고 할 때는 하루나 이틀 후에 다시 시작해도 좋아요.

'다른 아기는 한번에 80ml씩 먹는다는데 우리 아기는 왜 30ml밖에 안 먹지?'라고 생각하며 초조해하지 않아도 돼요. 튼이는 또래보다 큰 아기였고, 먹성이 좋았어요. 점점 양이 늘어나고 잘 먹는 날이 오더라고요.

사실 이유식을 시작하기 전에 너무 막막했는데, 막상 시작하고 보니 만드는 것도 은근 재밌고 별것 아니었어요. 특히 엄마가 정성껏 만든 이유식을 아기 새처럼 짭짭 잘 받아먹는 아기 모습을 보면 너무 기분 좋아요.

이유식을 만들어주는 엄마들은 정말 대단한 거예요. 아기들이 엄마가 해준 이유식을 먹고 건강하게 쑥쑥 크길 바랍니다.

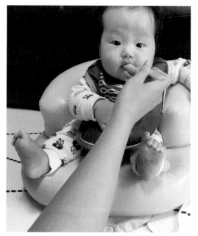

세상 쉽고 맛있는 튼이 이유식

이유식 재료 궁합 ————

초기 이유식 식단표는 재료가 하나씩 들어가서 정말 쉽게 짰어요. 새로운 식재료를 조금씩 접하는 시기이기 때문에 서서히 재료 궁합도 신경 썼고요. 이왕이면 같이 먹었을 때 좋은 효과를 내는 재료들로 식단을 구성하는 게 좋잖아요. 그래서 내용을 정리해봤어요.

식재료를 첨가할 때는 한 번에 하나씩!

이 부분이 가장 중요해요. 이유식을 시작하면서 우리 아기들은 그동안 먹어보지 못했던 식재료를 하나씩 맛보게 돼요. 갑자기 어느 식재료에 이상 반응이 나타날 수도 있기 때문에 3~7일의 여유 기간을 두고 한 번에 하나씩 먹여야 돼요.

아기들이 어떤 음식을 먹어도 아무 이상 없이 다 잘 먹으면 좋겠지만, 간혹 어느 식재료에 알레르기 반응을 일으킬 수 있으니 조금 더 신경 써주세요.

예를 들어 '오이'를 추가한 이유식을 먹고 몸에 붉은 반점이 생기는 등의 이상 반응이 나타난다면, 즉시 이유식을 중단하고 병원에 가봐야 해요. 물론 오이 때문이 아닐 수도 있어요. 하지만 오이에 대한 알레르기 반응일 수도 있기 때문에 의사와 상담을 해봐야 합니다.

이런 일이 발생할 수 있기 때문에 식단표를 짜두고 먹이는 게 좋고, 아기가 이상 반응을 보였던 식재료는 꼼꼼히 체크해두는 게 좋아요. 처음 먹여본 식재료가 괜찮았다면 다음 이유식에서도 계속 활용 가능합니다. 이런 식으로 아기들이 먹을 수 있는 식재료가 하나씩 늘어나는 거예요.

육류와 궁합이 좋은 재료

육류에는 소고기, 닭고기, 생선류, 돼지고기 등이 있는데요. 그중 초중기 이유식에 적합한 재료는 소고기와 닭고기예요. 흰살생선도 사용 가능하지만 후기 이유식부터 권장하는 재료이므로 중기 이유식 막바지부터 조금씩 먹여봐도 좋을 것 같아요.

	GOOD	BAD
소고기	브로콜리, 비타민, 시금치, 표고버섯, 당근 키위, 애호박, 양배추, 팽이버섯, 새송이버섯 콩나물, 아욱, 무, 배, 두부, 참기름	고구마, 부추, 밤
닭고기	브로콜리, 시금치, 팽이버섯, 표고버섯, 당근 키위, 단호박, 고구마, 청경채, 비트 콩나물, 부추, 인삼, 대추, 녹두, 구기자, 밤	자두
흰살생선 (후기 이후 권장)	당근, 양파, 완두콩, 브로콜리	옥수수
돼지고기	흰살생선은 후기 이유식부터 권장하지만, 돼지고기는 돌 이후부터 먹이는 게 좋아요.	버터, 도라지

소고기에 든 단백질은 아기의 저항력을 길러주어 면역력을 높여주는 역할을 해요. 빈혈 예방을 위해 생후 6개월 이상의 아기는 매일 소고기를 섭취하는 게 중요합니다. 이유식 재료로 가능한 부위는 지방이 적은 안심이나 우둔살, 육수용 부위는 양지머리, 사태를 사용해요. 소고기는 알칼리성 채소와 함께 섭취하면 좋고, 누린내와 잡냄새를 없애기 위해 꼭 핏물을 제거하고 사용합니다.

닭고기는 필수 아미노산이 풍부해 뇌의 활동을 촉진시키고, 육질이 부드러워 아기의 영양식으로 좋아요. 비타민과 무기질이 부족해 녹황색 채소와 함께 섭취하는 게 좋고, 이유식 재료로 가능한 부위는 안심과 가슴살이에요. 육수용 부위는 닭다리를 사용하는데 안심과 가슴살을 이용해도 돼요. 육수 내고 남은 안심, 가슴살은 이유식용으로도 활용 가능해요. 누린내를 없애기 위해 모유나 분유 물에 담근 후 사용합니다. 육류의 재료 궁합 중 주의해야 할 점은 소고기와 고구마, 밤의 조합이에요. 소화에 필요한 위산의 농도 차이로 인해 아기 속이 더부룩해질 수 있어요. 예를 들면 소고기고구마죽, 소고기밤죽은 궁합이 좋지 않은 이유식이에요.

흰살생선은 후기 이유식부터 사용하길 권해요. 보통 대구살, 농어살, 동태살, 가자미살, 광어살 등을 사용해서 이유식을 만들면 좋아요. 흰살생선은 단백질과 칼슘이 풍부해서 뼈와 살을 튼튼하게 해주는 식재료예요.

채소와 궁합이 좋은 재료

육류처럼 채소에도 궁합이 있어요. 안 좋은 궁합은 기억해뒀다가 식단표 만들 때 피해주세요.

	GOOD	BAD
고구마	브로콜리, 감자, 당근, 사과, 밤	-
당근	양파, 고구마, 시금치, 달걀	양배추, 오이, 무
감자	고구마, 양송이버섯, 애호박, 마, 치즈, 우유	-
양파	콩나물, 당근, 호박, 시금치, 사과, 오미자	-
시금치	당근, 양파, 바나나, 사과, 달걀 참깨, 두유, 우유, 조개	두부, 근대
양배추	흰살생선, 사과, 우유, 파인애플, 자몽	-
브로콜리 콜리플라워	양파, 고구마, 치즈, 호두, 아몬드, 게	-
사과	고구마, 양배추, 양파	-
애호박	감자, 달걀	-
미역	두부, 콩	파
양송이버섯	감자	-
오이	-	무, 땅콩
바나나	우유, 호박, 멜론, 아보카도	-

시금치와 근대는 함께 먹으면 신석증, 담석증의 우려가 높다고 합니다. 철분과 엽산이 많고 섬유질이 풍부해 빈혈 예방과 변비에 좋은데요. 오래두고 먹으면 질산염 증가로 오히려 빈혈을 일으킬 수 있으니 금방 구입한 것으로 먹이는 게 좋아요.

당근은 오이, 무와 함께 섭취 시 비타민 C를 파괴해요. 양배추는 섬유질이 많아 변비에 좋은 재료예요. 잎 부분만 사용해야 하고 반드시 데쳐서 황 성분을 제거해야 합니다. 그러므로 양배추 데친 물은 절대 사용하지 마세요. 사과는 비타민 파괴를 막기 위해 강판에 갈아서 사용하는 게 좋아요. 브로콜리는 부드러운 꽃 부분만 사용해요. 애호박의 껍질에는 섬유질이 많고 단단해 초기 이유식 단계에서는 아기들에게 부담스러우니 껍질을 벗기고 사용해요.

아기 상황에 따라 좋은 재료

아기가 변비이거나 설사를 할 경우 등 각각의 상황에 따라 좋은 재료도 정리했으니 참고하세요.

	GOOD	BAD
변비	시금치, 브로콜리, 양배추, 고구마 익히지 않은 사과, 자두, 살구, 배, 복숭아 건포도, 미역, 파래, 배추, 잘 익은 바나나 청경채, 아욱	익힌 당근, 단호박, 덜 익은 바나나, 우유, 익힌 사과 아이스크림, 요구르트, 치즈 흰쌀밥
설사	소고기, 익힌 사과, 단호박, 당근 완두콩, 찹쌀, 익힌 당근, 차지 않은 음식 감자, 차조, 대추	과일주스 등 단 음식
빈혈	브로콜리, 완두콩, 콜리플라워, 달걀노른자 시금치, 강낭콩, 표고버섯, 대추, 미역	-
감기	감자, 양배추, 브로콜리, 단호박, 고구마 배, 닭고기, 사과, 무, 당근, 대추, 배추 아욱(기침감기), 연근(열감기), 오이(열감기)	-
식욕부진	구기자, 대추	-

초기 이유식 준비물
이렇게 준비해요 ————

이유식을 시작하기 전에는 초기 이유식 준비물을 고르는 것부터 어려움에 부딪쳐요. 어떤 걸 사야 할지 고민이 많이 되지요. 제가 고른 초기 이유식 준비물을 소개해 드릴게요.

틈이는 태어나면서부터 쭉 분유만 먹었기 때문에 생후 150일부터 이유식을 시작했어요. 처음에는 뭔가 새로운 것을 시작한다는 기분에 들떠서 이것저것 샀어요. 이유식 준비물을 검색하느라 하루가 금방 지나가더라고요. 사실 그냥 아무거나 사도 되는데 성격상 그렇게 안 되더라고요. 디자인도 예뻐야 하고, 기능도 좋아야 하고, 이미 사용

초기 이유식 준비물

해본 사람들의 얘기도 들어봐야 하고요. 그래서 이유식 시작 한 달 전부터 폭풍 검색하고 주변에 사용 후기를 물어보고 야단법석이었어요.

냄비, 밥솥, 이유식 마스터기, 어떤 것으로 만들까?

우선 이유식 만드는 방법을 정해야 해요. 만드는 방법에 따라서 냄비, 밥솥, 이유식 마스터기의 구입 여부가 달라져요.

┗ 냄비

저는 냄비 이유식을 선택했어요. 이유는 주변에 육아 중인 친구들한테 물어보니 냄비가 최고라는 의견을 많이 들었어요. 초기에는 냄비 하나로 충분했어요. 그리고 냄비로 한 이유식이 더 맛있다는 의견에 혹한 것도 있었어요.

┗ 밥솥

중기 이유식부터 빛을 본다는 밥솥! 실제로 밥솥 이유식을 한 친구가 강력 추천해주었어요. 저는 후기 이유식부터 밥솥을 사용했는데요. 중기 이유식부터 사용하면 훨씬 편하게 이유식을 만들 수 있어요.

┗ 이유식 마스터기

냄비와 고민하다 결국 저는 냄비를 선택했어요. 주변에서 친구들이 다 써봤는데 설거지할 때 힘들다는 의견이 많았어요. 그런데 마스터기를 사용하는 분들은 편하다고 잘 사용하더라고요. 마스터기는 찜기가 따로 필요 없이 육수를 내면서 동시에 쩌내는 게 가능하다는 장점이 있어요.

이유식 준비물, 야무지게 고르는 방법

이유식 준비물은 개인의 상황에 따라 필요한 제품으로 선택하면 됩니다. 이왕 구입하는 것이니 개인 취향에 맞게 선택해서 즐겁게 이유식을 만들면 더 없이 좋겠지요. 제가 준비한 이유식 준비물을 소개할게요. 새로 산 것도 있고 기존에 집에 있던 제품을 그대로 사용한 것도 있어요. 초기 이유식을 만들면서 사용해본 의견도 덧붙였습니다.

초기 이유식 준비물
소개 영상

●이유식 냄비

냄비는 눈금과 따르는 부분이 있어야 편해요. 이유식 냄비도 종류가 엄청 많아요. 집에 있는 작은 냄비 중에서 사용하지 않은 것이 있으면 아기 이유식용으로 사용해도 됩니다. 보통은 스테인리스 냄비를 많이 사용해요. 초기 이유식 2단계에 들어가면서 사진 왼쪽에 있는 냄비도 같이 활용했어요. 소고기 삶고, 채소 익히고 하다 보니 냄비가 두 개는 있어야 편하게 만들 수 있어요. 사진 오른쪽의 스테인리스 냄비는 내부에 눈금이 있고, 따르는 부분이 양쪽에 있어요. 긴 손잡이도 있어서 사용하기 편했어요. 저는 아래 세 가지 부분을 냄비 선택 기준으로 추천합니다.

이유식 냄비 구입 TIP

1. 눈금이 있는 게 편해요.
2. 따르는 주둥이가 있으면 좋아요.
3. 크기는 지름 14~16cm가 좋고, 긴 손잡이가 있으면 안전하게 사용할 수 있어요.

●이유식 용기

눈금이 있고 용량이 큰 용기를 추천해요. 제가 초기 이유식에 사용한 이유식 용기예요. 눈금 표기는 80ml까지 되어 있는데 끝까지 담으면 120ml까지 담을 수 있어요. PP재질의 용기라 가볍고 밀폐력이 좋아요. 외출할 때 갖고 나가 보니 안 새더라고요. 이 제품으로 유리용기도 나오는데 240ml 용량도 있어요. 이유식을 가지고 외출할 때 사용하려면 밀폐력이 있는지도 따져봐야 돼요. 그리고 냉장, 냉동 보관 가능하고 열탕소독도 가능해요.

38쪽 위쪽에 있는 용기는 중기 이유식 할 때부터 쓰려고 구입한 거예요. 옥수수로 만들어진 친환경 소재인데요. 디자인이 귀여워서 구입했어요. 원형용기라 세척도 용이하고 눈금도 보기 쉽게 되어 있어요. 뚜껑 색상이 세 가지라 아침, 점심, 저녁별로 구분해서 담으면 좋을 것 같더라고요. 무게는 PP 소재보다 조금 무거운데 유리보단 가벼워요. 냉장, 냉동 보관 가능하고 소독기 사용도 가능해요. 전자레인지는 1분 이내로 데우는 용도로만 사용하고, 뚜껑은 빼고 돌려야 돼요. 내신 열탕소독이 안 돼요. 그런데 이건 별로 문제가 안 되더라고요. 잘 세척해서 소독기에 넣으면 되니까요.

튼이는 초기 마지막까지 80ml씩 먹였어요. 영유아검진 결과 양이 적으니 더 많이 먹이라고 해서, 중기부터는 120~140ml씩 먹이기 시작했어요. 그러다 보니 이유식 용기도 용량이 큰 게 필요하더라고요. 60~120ml 용기는 아주 짧은 기간만 사용하거든요.

필요한 개수는 초기에 3개, 중기에 9개, 후기에 12개 이상 필요해요. 초기에는 하루 한 끼씩 3일, 중기에는 하루 두 끼씩 3일, 후기에는 하루 세 끼씩 3일을 먹이니까요.

후기 이유식 용기는 베베락 제품을 사용했어요. 후기 이유식에서는 용기가 12개 있으면 편해요. 240ml(130, 180ml 용량도 있으나, 후기 이유식까지 사용하려면 240ml가 유용해요.) 12개 구매 가격은 26,000원이었어요. 트라이탄 재질에 중탕과 열탕 소독(-20도~110도)이 가능해요. 눈금 표시도 잘 보여요. 적층 보관이 가능하고, 가볍고 밀폐력이 좋은 제품이에요.

이유식 용기 구입 TIP
1. 눈금 있는 게 편하고 사각보단 원형용기가 세척이 쉬워요.
2. 뚜껑에 고무패킹이 있으면 곰팡이가 생길 수 있어요.
3. 가벼운 게 좋고 밀폐력이 중요해요. 외출 시에 사용한다면 밀폐력이 중요하고, 집에서만 사용할 거라면 굳이 밀폐력까지 고려하지 않아도 됩니다.
4. 용량이 너무 작은 것은 효율성이 떨어져요. 200~240ml 용량을 구입해야 후기까지 사용할 수 있어요.

위. 중기 이유식 용기 / 아래. 후기 이유식 용기

●이유식 스푼

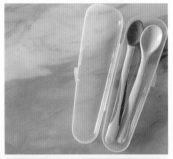

떠먹일 때 아기 입이 보이는 게 좋아요. 우선 사진에서 위쪽 제품은 워낙 많은 사람들이 사용하고, 주변 친구들도 강력 추천해서 선택한 제품이었어요. 이유식 스푼 2종류가 들어 있고 케이스도 따로 있어요. 핑크색은 말랑한 재질이라 초기, 중기에 사용하기 좋고요. 파란색은 딱딱한 재질이라 후기에 쓰기 좋아요. 중기까지 핑크색 스푼을 잘 사용했어요.

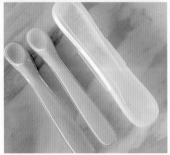

아래 제품은 처음 봤을 때 디자인이 너무 귀여워서 맘에 들었어요. 스푼 모양도 예쁘고요. 초기 이유식 할 때 잘 사용했어요. 그런데 중기 이유식을 시작하면서 아기가 먹는 양이 많아지니까 한 번에 떠지는 양이 적어서 잘 안 쓰게 되었어요. 그런데 이 스푼은 이유식 래칭 스푼으로, 처음에 아기가 떠먹는 연습을 할 때 좋은 제품이에요.

이유식 스푼 구입 TIP
1. 이유식 시작 단계에서는 말랑한 재질이 좋아요.
2. 스푼 보관 케이스가 함께 있으면 편해요.
3. 이유식 스푼은 여러 개 있어도 좋아요. 이가 난 뒤에는 스푼을 자꾸 씹으려고 해서 금방 닳거든요.

●이유식 저울

하나 사두면 유용해요. 반짝반짝하고 심플한 디자인이라 선택했어요. 실은 이 저울과 똑같이 생긴 다른 저울이 대중적인데, 성능에 별 차이 없어서 비교해본 후에 가격이 저렴한 것으로 구입했어요.

전원 버튼을 켠 후에 그릇을 올려두고 한 번 더 누르면 영점으로 맞춰진답니다. 그럼 계량하고 싶은 것만 계량할 수 있죠. 이 저울의 장점 중 하나는 바로 g 단위랑 ml 단위로 변환해서 사용 가능하다는 것이에요. 최소 1g단위로 1kg까지 측정 가능해요. 1kg밖에 안 되면 어쩌나 할 수 있는데요. 실제로 이유식을 만들 때 1kg 넘게 계량할 일이 거의 없어요.

이유식을 만들 때는 거의 다 소량으로 계량하는 것밖에 없거든요. 육수를 만들 때는 2,000~3,000ml 물을 계량할 수 있는 계량컵을 사용하면 돼요.

이유식 저울 구입 TIP

1. 1g 단위로 계량되는 게 좋아요.
2. g 단위로 ml 단위로 변환 가능하면 편해요.
3. 그냥 저렴한 걸로 사서 쓰면 돼요.
4. 1kg 이상 계량할 일이 별로 없으니 작은 저울을 사도 돼요.

●이유식 도마

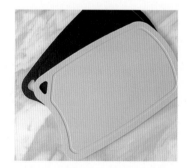

용도별로 따로 사용하는 게 좋아요. 저는 좋아하는 회색, 검정색으로 색상이 다른 도마 2개를 준비했어요. 채소용과 육류용을 따로 구분해서 사용하면 좋아요.

칼과 도마는 채소용, 고기용으로 구분해서 사용해요. 특히 여름철에는 기온이 올라가고 세균 번식이 쉬운 계절인 만큼 다양한 식재료들이 직접 닿는 도마의 위생 관리가 특히 더 중요해요.

도마는 1년 주기로 교체하는 것이 위생상 가장 좋아요. 식재료별로 도마를 구분해서 쓰고 전문 세정제나 항균 제품을 사용하는 등 각별한 관리와 주의가 필요해요.

이유식 도마 구입 TIP

1. 색상별로 용도를 구분해서 쓰면 좋아요.
2. 고기용, 채소용 따로 사용해야 음식 간의 오염을 막을 수 있어요.

● 이유식 칼

이유식용으로 따로 사용하는 게 좋아요. 집에 안 쓰는 칼이 있으면 활용해도 좋아요. 중간에 있는 회색, 검정색이 이유식용으로 구입한 것이에요. 함께 구입한 과도와 칼 1개를 더해서 총 4개를 구입했어요. 과도는 아기 간식으로 과일퓌레를 만들 때 아기용으로만 사용하려고 샀어요. 이유식 칼로 잘 알려진 브랜드 중 하나인데요. 식재료의 영양소 파괴를 최소화한 제품이라고 해요.

이유식 칼 구입 TIP
1. 고기용, 채소용 각각의 용도를 구분해서 사용하는 게 좋아요.
2. 과도 하나를 추가로 구입하면, 아기 간식으로 과일을 자를 때 유용해요.

● 거름망

이유식 초기의 필수품이자 다용도로 활용 가능한 제품이에요. 이유식 초기에는 아기가 덩어리를 먹으면 소화시키기 힘들 수 있어요. 믹서로 잘 갈았다고 해도 가끔 미처 갈리지 못한 덩어리가 나오더라고요. 그렇기 때문에 초기 이유식에서 거름망은 필수예요. 초기 이유식 2단계 이후에는 소고기 핏물을 뺄 때 잘 사용했어요. 중기 이유식으로 넘어가면 거름망은 안써도 돼요. 이유식 이후로는 된장을 풀거나 국물 재료를 건져낼 때 등 요리할 때 활용하면 좋아요.

거름망 구입 TIP
1. 가격은 3,000~5,000원 정도면 적당해요.
2. 초기 이유식 할 때 자주 사용하니 촘촘한 걸로 사세요.

● 스파츌라

손잡이가 긴 게 좋아요. 실리콘 스파츌라에요. 이 브랜드는 세트 구성으로 팔아서 이렇게 샀는데요. 초기 이유식에는 왼쪽에 있는 초록색 1개만 사용했어요. 손잡이가 길어야 저을 때 덜 뜨거워요. 직구로 사면 싸다는 의견이 있어서 알아봤는데, 국제 배송비까지 포함하면, 한국에서 사는 것과 별 차이가 없더라고요.

1. 1개만 있어도 충분히 만들 수 있어요.
2. 세트 구성으로 산다면 남은 건 평소 요리할 때 활용 가능해요.
3. 실리콘 소재로 된 것을 사용해야 냄비 손상을 막을 수 있어요.

●이유식 큐브

실리콘 재질로 된 이유식 큐브예요. 중기 이유식 할 때부터 유용해요. 초기 이유식 만들 때는 거의 사용하지 않아요. 중기 이유식 시작할 즈음부터 사용해요. 용량별로 3개가 한 세트로 왼쪽부터 90, 60, 30ml예요. 초기 이유식 2단계부터는 소고기를 먹어요. 매일 먹이는 거라 미리 이유식 큐브에 계량해서 보관해두면 하나씩 꺼내서 사용할 수 있어요. 초기 이유식 끝무렵부터 이유식 재료로 사용한 닭고기도 담았어요. 닭고기는 한 팩에 500g씩 판매하기 때문에 사와서 손질한 후에 큐브로 냉동 보관해두면 중기 이유식부터 진짜 간편하게 사용할 수 있어요. 초기 이유식을 만들 때는 육류 보관용으로만 사용했지만, 중기 이유식부터는 반드시 필요한 준비물이에요.

이유식 큐브 구입 TIP

1. 너무 작은 용량보다는 중간 크기 이상의 용량이 실용적이에요. 30~40ml 이상 되는 걸 사서 담으면 돼요. 보통 중기에 들어서면 고기나 채소를 30g 이상씩 넣게 된답니다.
2. 육수를 담아서 보관할 수도 있지만 이때는 큐브보다는 모유저장팩이 더 유용하게 쓰여요.
3. 중간 크기 이상의 큐브(30ml 2~3개, 60ml 2~3개)를 여러 개 사세요. 1개는 소고기용, 1개는 닭고기용, 2~3개는 채소용으로 사용하면 좋아요.

●보냉가방

외출할 때 이유식을 챙겨 나가기 좋아요. 중기, 후기에는 두세 끼씩 먹이기 때문에 외출할 때 이유식을 갖고 다녀야 하거든요.
네오프렌 소재로 만들어졌는데 꽤 튼튼해요. 내부에는 포켓도 1개 있고, 바깥 부분에는 지퍼도 달려 있어요. 보온력도 나쁘지 않아요. 가벼워서 기저귀 가방으로도 자주 사용했어요. 외출힐 때는 이유식과 아기 간식을 넣고 다닐 수 있어서 편해요.

보냉가방 구입 TIP

1. 가벼운 게 좋아요.
2. 너무 작지 않은 것으로 고르세요. 나중에 외출할 때 기저귀 가방으로도 활용 가능해요

●이유식 턱받이

방수 턱받이는 진짜 필수예요. 아기가 엄청 흘리면서 먹기 때문이에요. 방수 턱받이는 선물 받은 것과 구입한 것까지 여러 개 가지고 있어요.

위쪽 제품은 방수 재질인데 약간 두툼해서 좋아요. 디자인도 예뻐서 자주 사용한 제품이에요. 아래쪽 턱받이는 하와이 베이비저러스에서 사온 건데요. 막상 사용해보니 너무 얇아서 별로였어요. 이유식 먹고 몇 번 빨고 나니 너무 힘없이 늘어지더라고요. 그래도 이유식 먹일 때 잘 쓰고 있어요.

두꺼운 실리콘 턱받이도 살까말까 고민했는데, 그것도 사용하는 분들은 좋다고 해요. 그냥 맘에 드는 걸로 사서 쓰시면 돼요. 어느 것을 사용해도 결국 아기가 만지려고 하는 건 똑같더라고요. 옷에, 얼굴에 절대 안 묻히고 먹일 순 없으니까요.

이유식 턱받이 구입 TIP

1. 방수 재질로 된 가벼운 턱받이가 좋아요.
2. 3개 이상 준비하는 게 좋아요.
3. 요즘은 입는 방식의 방수 턱받이도 있으니 활용해보세요.

●미니 믹서

손목을 보호하려면 꼭 있어야 할 필수품이에요. 제가 이유식을 만들면서 사용한 믹서예요. 구성이 꽤 다양하죠? 사실 이유식을 만들려고 구매한 건 아니고 기존에 집에서 사용하던 거예요. 믹서 컵이 작은 사이즈랑 큰 사이즈가 있는데 각각 2개씩 들어 있더라고요. 근데 작은 사이즈 컵 1개는 안 쓰고 새것 그대로 놔둬서 그것을 이유식용으로 사용했어요.

그리고 다지기랑 착즙기도 구성품으로 들어 있었어요. 한 번도 안 써본 건데 이유식하면서 잘 활용했어요.

특히 다지기는 중기 이유식에 들어가면서 채소 등 재료를 다질 때 잘 사용했어요. 다른 분들은 초기 이유식 때부터 사용하길 강력하게 추천해요.

굳이 사신다면 핸드블렌더도 좋아요. 제가 사용하는 믹서도 채소다지기가 포함된 구성이라 유용하게 사용했어요.

미니 믹서 구입 TIP

1. 집에 사용하던 믹서가 있으면 굳이 새 제품으로 안 사도 돼요. 집에 있는 것을 최대한 활용하는 게 좋아요.
2. 사게 된다면 크지 않은 미니 믹서를 추천해요.
3. 다지기나 착즙기도 함께 구성된 제품이면 더 유용해요. 어차피 중기 이유식을 만들 때부터 채소다지기가 필요하거든요.
4. 뜨거운 걸 갈아야 될 때도 있어서 내열용기 믹서가 있으면 더 좋아요. 만일 플라스틱 제품을 갖고 있으면 뜨거운 건 식혀서 갈면 돼요.
5. 믹서는 초기 이유식에서 빛을 발하는 아이템이에요. 초기엔 입자가 거의 없게 갈아야 하니까요. 그런데 중기부터는 약간의 입자가 필요해서 채소다지기를 활용할 수 있는데, 핸드블렌더를 사용해도 편해요.

● 이유식 책

있으면 참고하기 좋아요. 중기 이유식에 들어서면서 식단표를 만들 때 참고용으로 도움이 되어요.

이유식 책 구입 TIP
1. 식단표가 첨부된 책이 좋아요. 나중에 중기 이유식 식단표를 만들 때 도움이 돼요.
2. 이유식에 대한 기초 지식을 알 수 있고, 재료별 보관법이나 육수 만드는 방법 등을 볼 수 있어서 좋아요.

● 이유식 의자

└ 소프트 의자

이 소프트 의자는 에어펌프로 공기를 충전하는 방식이라 휴대하기 쉬웠어요. 이유식 먹일 때 앉혀봤는데 초기엔 자꾸 꼬꾸라졌어요. 앉을 수 있는 시기에는 잘 앉아서 이유식을 받아먹었어요.

소프트 의자

└ 범보의자

탈부착 가능한 트레이가 있는 범보의자예요. 초기에 몇 번 써봤는데 푹신해서 좋더라고요. 등받이가 꽤 높은 편이라 잘 앉지 못하는 아기들한테 좋은 것 같아요.

└ 바운서1

제일 많이 사용한 의자 중 하나예요. 원래 아기 움직임에 의해 위아래로 움직이는 바운서인데, 소파에 기대서 각도를 높인 다음 이유식 먹일 때 사용했어요. 안전벨트가 있는데 튼이 손을 아래로 내려주니 이유식 먹일 때 제가 편하더라고요. 그런데 튼이가 차려 자세로 계속 먹는 게 마음이 쓰여서 나중엔 그냥 손을 빼주고 먹였어요.

└ 바운서2

이 제품도 국민 바운서로 알려져 있어요. 저도 초기에는 잘 활용했어요. 중기쯤 들어서니 자꾸 일어나서 앉으려고 해서, 중기 이유식 때부터는 보행기에 앉혀놓고 먹였어요. 잘 받아먹고 튼이도 편안해하더라고요.

└ 식탁의자1

100kg 무게까지 사용 가능해서 성인도 앉을 수 있어요. 꽤 무거운 아기도 안정적으로 사용할 수 있어요. 시트와 안전벨트 연결 부분에 음식물이 끼이는 경우가 많지만, 분리해서 물로 세척할 수 있어요.

└ 식탁의자2

6개월 이후부터 사용할 수 있어요. 베이비세트 추가 옵션으로 구매했어요. 디자인이 예뻐요. 발판 조절과 베이비세트 탈부착이 가능해서 이유식 의자로 사용한 후에는 일반 의자로도 활용할 수 있어요.

그런데 이것저것 다 써본 결과 식탁의자가 필요했어요. 식탁이 없으신 분들은 범보의자나 바운서를 활용하면 되고요. 식탁이 있는 집이라면 아기 식탁의자(하이체어)나 부스터를 준비하면 좋아요. 이유식은 늘 비슷한 시간에, 익숙한 공간에서 일정하게 먹이는 게 중요해요. 그렇기 때문에 이유식을 먹이는 의자도 하나로 통일해서 쓰는 게 좋아요.

이유식 의자 구입 TIP
1. 아기가 편하게 앉을 수 있는 것으로 고르세요.
2. 식탁이 있다면 하이체어를 준비하는 게 좋아요.

범보의자

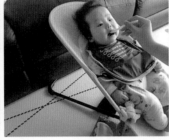
바운서1

바운서2

식탁의자1

식탁의자2

●있어도 그만, 없어도 그만인 준비물들

ㄴ이유식기용 수세미
실리콘 재질로 된 수세미가 있어요. 굳이 살 필요는 없고, 집에 있는 수세미 중 새것으로 선택해서 아기 전용으로 사용하면 돼요. 저도 집에 있던 수세미로 아기 이유식 용기랑 이것저것 세척하고 있어요.

ㄴ계량컵
집에 계량컵이 있다면 그냥 사용하면 돼요. 새로 구입할 거라면 내열 소재로 된 계량컵을 사세요. 만들다 보면 뜨거운 물을 담아 계량할 때도 종종 있거든요. 계량컵이 없다면 젖병을 활용해도 좋아요.

ㄴ 절구

있으면 활용할 수 있지만 없어도 상관없어요. 믹서로 가는 게 편하거든요. 굳이 새로 살 필요는 없는 제품이에요.

ㄴ 계량스푼

이것도 있으면 사용할 수 있는데, 그냥 이유식 저울로 계량하면 돼요.

ㄴ 핸드블렌더 & 채소다지기

일단 초기 이유식에서는 두 가지가 별로 필요 없어요. 중기 이유식을 만들 때 필요해요. 핸드블렌더는 이유식을 만들면서 입자를 조절하기 좋고, 채소다지기는 꼭 필요해요. 칼로 채소를 다지다가 손목이 아프다는 얘기를 많이 들었거든요. 중기 이유식부터는 믹서에 모두 가는 게 아니라 어느 정도 입자가 있어야 되기 때문에 다지기가 꼭 필요해요.

●초기 이유식 준비물 구입 가격

초기 이유식 준비물을 구입할 때 예산이 어느 정도 필요한지 참고하세요.

준비물	가격(원)	준비물	가격(원)
이유식 냄비	60,000	이유식 큐브	18,880
이유식 저울	10,000	보냉가방	19,900
이유식 도마	17,000	턱받이 (해외 구매)	€17, $12
이유식 칼	71,000(4개 구성)	이유식 책	16,920
거름망	5,720	이유식 용기 2세트	41,500
스파츌라	18,700	–	–

• 이유식 의자와 믹서, 이유식 용기와 이유식 스푼은 기존에 갖고 있던 것이어서 포함시키지 않았어요. 초기 이유식 준비물을 구매하는 데 약 30만 원 정도 들었네요. 저의 사용 후기를 참고해서 꼭 필요한 것만 구매하시면 비용을 더 절감할 수 있어요. 집에 있는 냄비나 도마, 칼을 활용한다면 더 줄일 수 있겠죠.

이유식 준비물 브랜드별 구매 TIP

●── 이유식 냄비

제가 사용한 냄비는 릴리팟(스테인리스), 오슬로(블랙) 제품이에요. 이외에도 베베쿡, 네오플램, 쉐프 원통5중냄비도 많이 써요. 릴리팟 냄비를 사면서 조리기도 샀는데 저는 단 한 번도 안 썼어요.

●── 이유식 용기

제가 사용한 용기는 세이지스푼풀과 마더스콘, 베베락 제품이에요. 초기에는 작은 게 필요하지만 나중에 결국 또 사야 되니 처음부터 용량이 큰 것으로 구입하세요.
중기부터 사용하려고 구매한 마더스콘은 열탕소독, 중탕이 안 돼요. 전자레인지로 데워야 되고 소독기에 돌려야 한답니다. 그런데 친환경 소재인 데다 둥근형이어서 씻기 편하고, 귀여운 디자인이 맘에 들어서 저는 잘 사용했어요. 어차피 데워 먹일 때는 늘 전자레인지를 이용해서요.
이외에도 글라스락을 많이 사용해요. 눈금이 없지만 눈금 스티커도 따로 구매가 가능해요. 실리콘 뚜껑과 똑딱이 뚜껑이 있는데 실리콘은 밀폐력이 약해요. 스마일 캡 최대 단점이 약한 밀폐력이므로 외출용으로는 별로예요. 집에서만 사용한다면 이 제품도 괜찮아요.
후기 이유식에 들어가면서 베베락 제품도 12개 구입했어요. 240ml 용량에 눈금도 잘 보이고 가벼워서 좋아요. 젖병 소재라 열탕, 중탕도 가능해요. 큰 용량을 원하시면 베베락도 추천드려요.

●── 이유식 스푼

저는 릿첼과 스푸니 제품을 사용했어요. 스푸니는 귀여운데 초기 때가 지나면 많은 양이 안 떠져서 답답해요. 이유식 스푼은 릿첼이 좋았어요. 중기와 후기 이유식 시기에는 먼치킨 제품도 잘 사용했어요.

●── 이유식 저울

저는 라이프랩 제품을 사용했어요. 리브라 제품도 많이 써요. 똑같이 생겼어요. 드레텍도 괜찮아요.

●── 이유식 도마

저는 바이오메이드 제품을 사용했어요. 실리콘 도마의 특성인지 모르겠으나 사용하다 보니 칼자국과 얼룩이 조금 생기긴 했어요. 이 점은 아마 다른 브랜드 제품도 비슷할 듯해요.

●── 이유식 칼

저는 퓨어코마치 제품을 사용했어요.

●── 거름망

투데코 제품을 사용했어요.

●── 스파츌라

옥소(OXO) 제품을 사용했어요. 직구도 가능하지만, 배송료를 따져보니 국내 가격과 큰 차이가
없었어요.

●── 이유식 큐브

색감이 예쁜 블루마마를 선택했어요. 실리콘 큐브가 잘 찢어진다는 후기를 봤는데 두 달 쓰고 진
짜 찢어졌어요. 그래도 만족하며 썼던 거라 재구매했어요. 구매하신다면 잘 찢어진다는 걸 염두
하세요. 그런데 그때 한 번 찢어진 이후로는 안 찢어져서 잘 쓰고 있어요. 그리고 전 후기 이유
식을 시작하면서 30, 60, 90ml짜리 각각 3개씩을 샀는데, 30ml 2~3개, 60ml 2~3개씩만 있어도
충분해요.

●── 이유식 보냉가방

빌트뉴욕 스파이스 제품을 사용했어요.

●── 이유식 턱받이

엘로디디테일 제품을 베이비샵 직구로 샀는데 좋아요. 엘로디디테일 턱받이는 진짜 디자인이 예
뻐요. 물론 개인 취향이에요.

●── 믹서

쿠닝 뚝딱이 믹서를 사용했어요. 이유식용으로 산 것은 아니었는데 써보니 좋아요. 다지기도 포
함되어 있어서 더 유용했어요. 가격 대비 효율성이 높아서 추천하고 싶은 제품이에요. 중기 이유
식 중반쯤에는 추가로 키친아트 핸드블렌더(KHB-S900)를 구매했는데, 이 제품도 괜찮았어요.

●── 이유식 책

《한그릇 뚝딱 이유식》《아기가 잘 먹는 이유식은 따로 있다》《소유진의 아이도 엄마도 즐거운 이
유식》을 많이 선택해요. 앞으로 제 책도 포함되면 좋겠네요.

●── 이유식 의자

릿첼 소프트 의자, 본베베 범보의자, 베이비본 바운서, 피셔프라이스 바운서, 카토지 보행기를 사
용했어요. 유아 식탁의자는 뉴나쩨즈, 스토케 스텝스 제품이에요.

●── 수세미

프랑프랑 제품을 사용했어요. 그런데 굳이 살 필요는 없고, 그냥 집에 있는 새 수세미 중 하나를
아기용으로 사용해도 돼요.

닭고기 손질해서
큐브에 보관하기 ————

초기 이유식 2단계 막바지부터 닭고기를 넣은 이유식을 시작해요. 생후 150일부터 이유식을 시작한 튼이는 초기 이유식 2단계로 접어들면서 소고기를 먹이기 시작했어요. 그리고 막바지부터는 닭고기도 시작했어요. 초기 이유식 2단계 중간부터 먹여도 되는데, 저는 그냥 소고기만 쭉 먹이다가 초기 이유식이 끝날 무렵에 닭고기를 먹였어요. 어차피 중기 이유식에 들어가면 거의 매일 소고기나 닭고기를 먹이거든요.

이유식에 쓰이는 닭고기 부위는 주로 기름기가 적은 닭가슴살이나 안심을 사용해요. 안심은 닭가슴살 안쪽에 가늘고 길게 붙어 있는 부위로 닭 한 마리에서 두 조각이 나와요. 닭가슴살보다는 안심이 조금 더 부드러워요. 사실 둘 중 어느 것으로 해도 비슷해요.

보통 500g씩 판매하는데 양이 너무 많은 게 아닐까 싶지만, 소분해서 큐브로 얼려두면 중기 이유식에 들어서면서 금방 다 사용해요. 그러니 걱정 말고 한 팩 사셔도 돼요. 닭고기는 익힌 후에 다져서 큐브에 소분해요. 소고기는 사자마자 소분해서 큐브에 담아 냉동 보관해요. 냉동 보관한 닭고기와 소고기는 되도록이면 2주 이내로 사용해주세요. 3주 정도까지도 사용 가능해요.

세상 쉽고 맛있는 튼이 이유식

01 | 닭안심 손질하는 방법

1_ 기름 제거하기 안심은 기름이 거의 없지만 흰색 기름이 붙어 있으면 떼어주세요. 손으로 떼어내면 돼요.

2_ 힘줄 제거하기 사진을 보면 흰색 심지 같은 게 보이죠. 닭안심 중간에 콕 박혀 있어요. 그냥 손으로 잡아떼려고 하면 안 떼어지니까 칼로 해야 돼요. 힘줄을 잡고 닭안심을 긁어내는 것도 방법인데, 저는 그냥 힘줄 기준으로 칼로 잘라버렸어요.

3_ 흰색 얇은 막 제거하기 안심을 잘 보면 흰색 막이 덮인 게 있는데, 이것도 손으로 떼어내면 돼요.

닭고기 삶는 방법 | 02

1_ 모유나 분유에 30분간 재워둬요. 물에 분유를 타서 닭고기를 재워두면 누린내가 제거돼요. 분유가 녹을 정도의 미지근한 물 조금에 닭고기 한 팩 기준으로 분유 40g(2~3스푼) 정도를 넣어 녹인 다음 찬물을 추가했어요. 모유 먹는 아기들은 모유에 재워두면 돼요. 우유는 안 됩니다. 분유 농도는 크게 상관없어요. 단순히 누린내 제거가 목적이니까요.

2_ 커다란 볼에 닭고기를 넣고 분유 푼 물을 닭고기가 살짝 잠길 정도로 붓고 30분간 재워둡니다.

3_ 30분이 지난 후에 깨끗한 물에 한 번 더 씻어주면 됩니다.

닭안심 손질법

4_ 이유식용 닭고기는 삶아서 보관해요. 소고기는 소분한 후에 냉동 보관했어요. 사용할 때 큐브에서 하나씩 꺼내 핏물을 제거하고 익혀서 사용했고요. 그런데 닭고기는 익혀서 냉동 보관해요. 닭고기는 부패 속도가 빨라서 익힌 후 보관해야 안전하기 때문이에요.

5_ 끓는 물에 닭고기를 넣고 푹 익을 때까지 15분 정도 삶아줘요. 불순물이 막 떠오르면, 국자로 건져서 버려주세요.

6_ 불순물을 다 제거하고 나면 맑은 닭고기 육수가 만들어져요.

7_ 다 삶은 닭고기는 건져내고 닭고기 육수는 그대로 식혀두세요. 식힌 닭고기 육수는 모유 저장팩에 담아 냉동 보관했다가 닭고기 이유식을 만들 때 사용해요.

03 | 닭고기 큐브 만드는 방법

1_ 맛있게 삶아진 닭고기를 다져요. 안심 자체가 부드러워서 손으로 찢어도 잘 찢어져요. 일단 칼로 큼직큼직하게 썰어요. 여기서 고민이 되죠. 칼로 모두 다져줄 것인가 쉽게 믹서를 이용할 것인가 하고 말이죠. 물론 칼로 직접 다져줘도 돼요. 엄마가 원하는 입자로 만들기에는 제일 좋은 방법이죠. 그런데 초기 이유식 막바지와 중기 이유식 초반에 사용할 거라면 믹서로 입자 크기를 조절해가면서 갈아줘도 돼요. 엄마 손목도 소중하니까요.

2_ 믹서에 넣고 닭고기를 윙윙 갈아줍니다. 연속해서 갈지 마세요. 그러면 너무 죽처럼 나와요. 초기에는 그렇게 먹여야 되지만 중기에 들어서면 약간의 입자가 있어야 하니까요. 윙 갈았다가 멈추고 흔들어서 또 윙 갈았다가 멈추고를 반복하다 보면, 입자가 눈에 보이니까 적당할 때까지만 갈아주면 돼요.

3_ 보이시나요? 이 정도로 갈아주면 중기 이유식 때도 괜찮을 것 같아요. 아기가 잘 먹는다면 나중에는 더 큰 입자로 만들어줘도 돼요. 만약에 믹서로 입자 조절이 어렵다면 칼로 다져서 만들면 됩니다.

4_ 이제 이유식 큐브에 소분해서 넣어줍니다. 저울에 올리고 첫 칸에 담아봤어요. 한 칸에 30g 정도 들어가요.

5_ 큐브에 닭고기만 눌러 담을 때 잘 안될 수 있어요. 이 문제점을 해결하려면 닭고기 육수가 필요해요. 닭고기를 삶으면서 나온 육수를 조금 부어주면 이렇게 변해요. 그럼 큐브에 담기가 훨씬 편해요.

6_ 닭고기만 집어넣은 첫 칸과 나머지 칸이랑 다른 거 보이시죠? 큐브 만들 때 육수를 조금 넣어서 만들면 넣기도 쉽고 모양도 잘 잡혀요.

7_ 이제 닭고기 육수가 남았죠. 닭고기 육수는 따로 보관했다가 이유식 만들 때 사용해도 괜찮아요. 지퍼백을 이용했는데 모유저장팩에 담아서 냉동 보관하면 딱 좋아요. 식혀서 거름망에 한 번 거른 다음에 넣어주세요.

이유식 큐브 쉽게 만드는 방법 및
쌀가루 활용법 ————

중기 이유식과 후기 이유식의 꽃은 이유식 큐브라고 하죠. 소고기, 닭고기, 채소를 미리 큐브로 만들어놓으면 이유식 만드는 날은 정말 간편하게 뚝딱 만들 수 있어요.

1. 냉동 보관 후 2주 안에 모두 소진해요.

육수, 고기, 채소 등 냉동 보관 후 2주 안에 모두 소진하는 게 원칙이에요. 그런데 그렇게 딱딱 맞춰서 하기엔 무리가 있어요. 큐브에 재료를 넣고 하루 냉동한 다음 지퍼백이나 밀폐용기에 옮겨 담은 후에 밀봉해서 잘 보관하면 3~4주도 괜찮은 것 같아요. 저는 3주까지 사용했어요. 큐브는 완전히 밀폐되지 않고 그냥 뚜껑을 쓱 덮는 형태예요. 아기에게 먹일 것이니 지퍼백에 담아서 밀봉하는 게 좀 더 안전해요. 아니면 딱 필요한 양만 계산해서 구입하면 돼요. 닭고기는 한 팩이 대개 500g이에요. 한 팩 손질해서 냉동해두면 2~3주 정도 사용 가능해요.

2. 이유식 큐브 30, 60ml 2개씩 총 4개 이상 필요해요.

육류를 종류별로 각각 보관한다면, 소고기용, 닭고기용, 생선용 이렇게 구분해서 큐브에 저장해야 해요. 후기에 들어가면 생선도 먹이는데요. 저는 다진 생선을 사서 사용했어요. 저처럼 다진 생선을 사용한다면 소고기, 닭고기용 큐브만 사면 돼요. 중기 때는 30, 60ml 2개씩 총 4개 있으면 돌려가면서 충분히 사용 가능해요. 후기까지 사용하려면 30ml 2~3개, 60ml 2~3개를 준비해주세요.

3. 다지기는 필수예요.

다지기가 있으면 훨씬 좋아요. 중기부터는 어느 정도 입자가 좀 커야 하거든요. 믹서는 확 갈리는 부분과 덜 갈리는 부분이 있어서 균일하지 못해요. 아니면 믹서로 대충 갈아준 다음 칼로 직접 다지는 방법도 있지만, 다지기가 있으면 정말 편해요.

초기, 중기, 후기, 완료기 쌀가루 및 불린 쌀 사용법

초기: 생후 5~6개월

고운 입자의 가루 형태인 쌀가루를 이용해 미음을 만들어 먹여요.

요즘은 고운 입자의 미음으로 시작하지 않고 어느 정도 입자감 있는 죽으로 시작하기도 합니다. 바로 입자감 있게 시작해도 될지 고민이라면 미음 형태로 1~2주 진행 후 입자감 있는 죽 형태로 넘어가보세요.

쌀가루 대비 20배죽(쌀가루 : 물=1 : 20)

불린 쌀 대비 10배죽(불린 쌀 : 물=1 : 10)

중기: 생후 7~8개월

일반 쌀알의 1/2~1/3 크기의 조각 쌀가루를 이용해 죽을 만들어 먹여요.

중기 쌀가루 대비 12배죽(쌀가루 : 물=1 : 12)

불린 쌀 대비 6배죽(불린 쌀 : 물=1 : 6)

후기: 생후 9~11개월

후기 초중반: 일반 쌀알을 이용해 무른 밥을 만들어 먹여요.

불린 쌀 대비 4배 무른 밥(불린 쌀 : 물=1 : 4)

후기 중후반: 일반 쌀알을 이용해 진밥을 만들어 먹여요.

불린 쌀 대비 2배 진밥(불린 쌀 : 물=1 : 2)

완료기: 생후 12~15개월

일반 쌀을 이용해 진밥을 만들어 반찬+국과 함께 먹여요.

유아식: 생후 15개월 이후

일반 쌀을 이용해 맨밥을 만들어 반찬+국과 함께 먹여요.

이유식을 만들 때 쌀을 불려서 만드는 방법이 있는데 그보다 더 쉽고 간편한 방법은 바로 쌀가루 제품을 이용하는 것입니다. 쌀을 직접 갈아서 만들어 사용해도 좋아요. 저는 초기, 중기 이유식을 할 때 시중에 파는 쌀가루를 이용했더니 너무 쉽고 좋았어요. 고운 입자의 쌀가루부터 시작해 조각 쌀가루로 된 중기 이유식용으로 나오는 제품이 있으니 구매해서 만들어보세요. 쌀가루는 스틱형과 봉지형이 있는데 봉지형을 추천해요. 봉지형을 사두면 아이가 먹는 양에 맞게 계량하기 쉬워요.

초기 · 중기 이유식 쌀가루 구매처

초록마을, 맘스라이스(이마트), 아이보리, 올가 등에서 구입할 수 있어요.

어느 정도 구매해야 할까요?

예를 들어 초기 이유식에서 매끼 몇 그램씩 사용하는지 직접 계산을 해봅니다. 저는 초기 이유식에서 쌀가루를 20g씩 사용했어요. 그리고 하루에 1회씩 3일간, 총 60일간 진행했어요. 그럼 초기 이유식 메뉴를 20가지 만들 수 있어요. 그렇다면 총 400g의 쌀가루가 필요하죠? 여기서 여유분을 생각해서 조금 더 구입해도 돼요. 180g짜리 초기 쌀가루를 구매한다면 총 3봉지를 구매하는 겁니다. 남은 쌀가루는 중기 이유식 초반에 섞어서 활용해도 좋아요. 마찬가지로 중기 이유식을 시작하기 전에 매끼 몇 그램씩 사용하는지 계산해서 조각 쌀가루를 구매하면 돼요.

초기 이유식 1단계

이유식을 먹일 때 식단표가 필요할까 생각했는데 필요하더라고요. 새로운 식재료를 넣은 뒤에 아기한테 문제가 생기면 역추적해볼 수도 있고, 미리 짜놓으면 장을 볼 때도 매우 편하더라고요. 생후 180일 전후로는 반드시 소고기를 시작해야 해요. 만 6개월부터 이유식을 시작한다면 쌀미음 이후 바로 초기 이유식 2단계 소고기미음으로 진행해주세요.

초기 이유식 1단계

1	2	3	4	5	6
D+150	D+151	D+152	D+153	D+154	D+155
쌀미음 (p.60)	쌀미음	쌀미음	찹쌀미음 (p.62)	찹쌀미음	찹쌀미음
NEW : 쌀	–	–	NEW : 찹쌀	–	–

7	8	9	10	11	12
D+156	D+157	D+158	D+159	D+160	D+161
애호박미음 (p.64)	애호박미음	애호박미음	청경채미음 (p.66)	청경채미음	청경채미음
NEW : 애호박	–	–	NEW : 청경채	–	–

13	14	15	16	17	18
D+162	D+163	D+164	D+165	D+166	D+167
비타민미음 (p.68)	비타민미음	비타민미음	양배추미음 (p.70)	양배추미음	양배추미음
NEW : 비타민	–	–	NEW : 양배추	–	–

19	20	21	22	23	24
D+168	D+169	D+170	D+171	D+172	D+173
브로콜리미음 (p.72)	브로콜리미음	브로콜리미음	감자미음 (p.74)	감자미음	감자미음
NEW : 브로콜리	–	–	NEW : 감자	–	–

25	26	27	28	29	30
D+174	D+175	D+176	D+177	D+178	D+179
고구마미음 (p.76)	고구마미음	고구마미음	단호박미음 (p.78)	단호박미음	단호박미음
NEW : 고구마	–	–	NEW : 단호박	–	–

초기

쌀미음

20배죽_쌀가루
10배죽_쌀

처음이라 쌀가루와 물을 많이 넣고 넉넉하게 만들어봤어요. 불린 쌀로 한다면 10배죽, 쌀가루로 한다면 20배죽. 이렇게 하면 농도가 적당해요. 보통 쌀가루 15g, 물 300ml 정도면 60ml씩 3회 분량이 나와요.

준비물

쌀가루 20g
물 400ml
이유식 용기 3개
이유식 저울
이유식 냄비
스파츌라

완성량

60ml씩 5회분

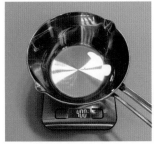

1_ 냄비에 찬물 400ml를 준비해요. 뜨거운 물에 하면 안 돼요. 쌀가루를 풀 때는 반드시 찬물로 하세요.

2_ 쌀가루 20g을 계량해요.

(TIP) 쌀가루로 만들면 20배죽

불린 쌀로 한다면 10배죽, 쌀가루로 한다면 20배죽. 이렇게 하면 농도가 적당해요. 쌀가루 20g에 물 400ml 했더니 60ml씩 5회 분량이 나왔어요. 쌀가루 15g에 물 300ml로 만들면 60ml씩 3회 분량이 나와요.

3_ 찬물 400ml에 쌀가루 20g을 넣고, 다 풀릴 때까지 잘 저어줘요.

4_ 푹 끓이는데, 눌어붙지 않도록 계속 저어주는 게 중요해요. 센 불로 끓이다가 끓어오르면 약한 불로 줄여주세요.

5_ 보글보글 끓어오르면 주르륵 흘러내릴 정도의 농도인지 확인한 후에 불을 꺼요. 더 끓이면 농도가 진해져요. 초기에는 많이 묽은 농도여야 해요.

6_ 쌀미음 완성입니다.

첫 이유식
시작!

|쌀의 효능| 쌀은 소화가 잘되고 식이섬유가 풍부해서 장 건강과 변비 해소에 도움이 돼요. 또 쌀에 함유된 필수 아미노산은 아이의 성장과 발육 촉진을 돕는다고 해요. 그래서 쌀을 아기들의 초기 이유식 재료로 제일 처음에 사용하는 것 같아요.

초기

찹쌀미음

20배죽_찹쌀가루
10배죽_불린 찹쌀

이유식을 새로운 재료로 만들 때마다 최소 3일 이상은 먹여야 해요. 식재료에 대한 알레르기 반응을 알 수 있거든요. 찹쌀미음은 쌀미음과 동일한 방법으로 만들면 돼요. 찹쌀미음 역시 전 편하게 찹쌀가루를 이용해서 만들었어요.

준비물

찹쌀가루 15g
물 300ml
이유식 용기 3개
이유식 저울
이유식 냄비
거름망
스파츌라

완성량

60ml씩 3회분

찹쌀미음 만들기

TIP 바로 안 먹으면 냉동 보관해요.

엄마 입맛엔 쌀미음이 더 맛있네요. 한 김 식혔다가 냉장 보관하면 돼요. 냉장 보관은 2일 이내 먹을 것만 하는 게 좋아요. 아니면 모두 냉동 보관하세요.

|찹쌀 효능| 찹쌀은 위벽을 자극하지 않으면서 소화가 잘되기 때문에 위를 편하게 해주는 대표적인 곡류예요. 그래서 수술 후 회복기 환자들에게 좋은 식재료예요. 아기가 설사가 났을 때 먹이면 증상을 완화시키는 역할도 해줘요.

1_ 물 300ml에 찹쌀가루 15g을 준비해요. 3일 치 이유식이 나와요.

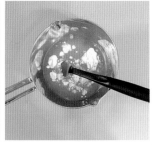

2_ 찬물 300ml에 찹쌀가루를 넣어요. 뜨거운 물에 하면 안 돼요. 찹쌀가루를 열심히 풀어줍니다. 쌀가루에 비해 잘 안 풀어져요. 그래도 계속 휘젓다 보면 풀어져요.

3_ 찹쌀가루를 다 풀었다면 이제 센 불로 끓여줍니다. 냄비에 눌어붙지 않도록 계속 저어줍니다.

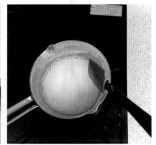

4_ 보글보글 끓어오르면 약한 불로 줄이고 저어가며 끓이다가 주르륵 흘러내리는 농도일 때 불을 꺼요. 초기 이유식이니 농도가 너무 되직하면 아기들이 잘 못 먹는 경우도 있어요.

5_ 찹쌀가루가 아닌 찹쌀을 불려서 사용했을 경우에는 거름망에 걸러주세요. 저는 찹쌀가루를 사용해서 거를 게 없었어요.

6_ 60ml씩 3통이 나왔어요. 쌀미음이랑 찹쌀미음이 제일 쉬워요.

초기

애호박미음
20배죽_쌀가루

보통 쌀미음, 찹쌀미음 다음에 처음으로 시작하는 채소가 애호박이에요. 애호박은 알레르기 반응이 가장 없는 재료 중 하나예요. 잎채소 먼저 시작해도 되지만, 보통 순서대로 쌀미음, 찹쌀미음 다음에 애호박미음으로 만드는 것을 추천해요.

준비물

쌀가루 15g
물 300ml
애호박(껍질 제외) 13g(10~15g 정도가 적당)
믹서
이유식 저울
이유식 냄비
스파츌라
거름망

완성량

60ml씩 3회분

(TIP) **애호박은 상처가 없는 것으로 골라요.**

애호박은 상처가 없고 꼭지가 싱싱하고 곧게 뻗은 것으로 고르세요. 애호박 껍질 부분에는 식이섬유가 많고 단단하기 때문에 이유식 초기에는 껍질을 제거하고 속살만 이용합니다.

|애호박 효능| 애호박은 알레르기가 있거나 위장이 약한 아기에게 먹이기 좋은 재료예요. 레시틴 성분도 풍부하게 들어 있어서 아이들 두뇌 발달에도 좋다고 해요.

1_ 애호박은 초록색 껍질 부분을 대략 0.5cm 두께로 벗겨 제거해요. 남은 속살은 13g 정도의 양이 돼요. 씨는 안 빼도 되는데요, 나중에 거름망에 거르면 자동으로 걸러지니까요.

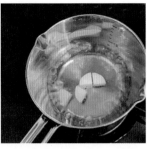

2_ 애호박을 열십자로 4등분해요. 통으로 넣는 것보다 빨리 익어요. 끓는 물에 애호박을 넣고 투명해질 때까지 중간 불에서 5분 이상 삶아요. 아주 푹 삶아야 좋아요.

3_ 삶은 애호박을 거름망에 내려요. 좀 더 편하게 혹은 빨리 하고 싶다면, 믹서에 물 50ml를 넣고 삶은 애호박을 갈아주세요.

4_ 그 50ml의 물을 뺀 나머지 250ml 찬물에 쌀가루 15g을 넣고 풀어줘요. 그리고 믹서에 갈아낸 애호박을 넣어줍니다. 보글보글 끓인 다음 농도를 확인하고 불을 꺼요.

5_ 다 끓인 후에 거름망에 걸러줍니다. 애호박을 믹서로 갈아서 끓였다면 반드시 거름망에 걸러주세요. 그래야 믹서에 채 갈리지 못한 씨들이 걸러지니까요.

6_ 애호박미음 완성! 이렇게 하면 60ml씩 3회분 나와요. 한 김 식힌 다음 냉장 보관해주세요. 1개는 냉장 보관, 2개는 냉동 보관해주세요. 냉동 보관한 이유식은 먹이기 전에 냉장고로 옮겨주세요.

초기

청경채미음
20배죽_쌀가루

쌀미음 3일, 찹쌀미음 3일을 하고 나면 채소를 한 가지씩 추가해서 만들어요. 보통 애호박부터 시작하고, 그 후에는 잎채소로 만들어요.

준비물

쌀가루 20g
청경채(잎 부분만) 20g
물 400ml(100ml는 청경채 데친 물)
이유식 용기 4개
이유식 저울
거름망
이유식 냄비
스파츌라
믹서(절구로 대체 가능)

완성량

60ml씩 4회분

1_ 청경채는 줄기를 제거하고 잎 부분만 사용해요.

2_ 팔팔 끓는 물에 잘 씻은 청경채 잎 20g을 넣고 30초 정도 데쳐줍니다.

3_ 데치고 나면 숨이 죽어요. 청경채 데친 물은 버리지 마세요. 채소를 데쳐 낸 물도 함께 사용하면 좋아요.

4_ 데친 청경채를 잘게 다져서 거름망에 걸러요. 저처럼 믹서로 갈아서 한 번 걸러줘도 돼요. 이 방법이 훨씬 편해요. 믹서에 갈 때는 청경채 데친 물 100ml를 부어주면 잘 갈려요.

> (TIP) **청경채는 잎 부분만 사용해요!**
>
> 마트에서 청경채와 비타민을 함께 넣어서 팔아요. 두 가지 채소가 소량으로 들어 있어서 이유식 만들기 딱이에요. 많은 양을 사면 처치곤란이니까요. 그리고 청경채는 부드러운 잎 부분만 사용해요. 줄기 부분은 볶거나 데쳐서 어른용 반찬으로 활용해도 좋아요.

5_ 쌀가루 20g을 찬물 300ml에 넣고 풀어줘요. 뜨거운 물은 안 돼요. 20배죽인데 청경채를 갈 때 데친 물 100ml를 넣었으므로 쌀가루를 풀 땐 300ml만 추가했어요.

6_ 갈아놓은 청경채를 넣고, 보글보글 끓을 때까지 살살 저어가며 끓여줘요. 농도를 보다가 적당할 때 불을 끄고 한 김 식혀요. 초기 이유식이라 주르륵 흘러내리는 농도가 적당해요.

7_ 이제 거름망에 걸러줘요. 미처 갈리지 못한 덩어리가 있으므로 꼭 걸러주세요.

8_ 청경채미음 완성! 60ml씩 4회분이 나왔어요. 3회분만 만든다면, 쌀가루 15g, 물 300ml, 청경채 5~15g을 사용하면 돼요.

> |**청경채 효능**| 칼슘과 무기질, 비타민 C가 풍부해 치아와 골격 발달에 좋은 재료예요. 청경채는 줄기가 통통하고 잎 부분이 초록색인 것으로 골라요. 초기 이유식에 쓸 때는 부드러운 잎 부분만 사용하고, 남은 줄기 부분은 데쳐서 어른용 반찬으로 활용해요.

비타민미음
20배죽_쌀가루

비타민은 이름 그대로 비타민이 풍부하게 들어 있어요. 보통 샐러드에 많이 쓰이는데 아기 이유식 재료로도 좋아요. 특히 체내에서 비타민 A를 만드는 카로틴이 무려 시금치의 두 배나 된다고 해요. 이유식 만들 때 자주 쓰면 좋을 재료예요.

준비물

쌀가루 15g
물 300ml
비타민(잎 부분만) 15g
믹서
이유식 저울
거름망
이유식 냄비
스파츌라
이유식 도마
이유식 칼

완성량

60ml씩 3회분

1_ 비타민의 잎 부분만 15g 사용해요. 줄기 부분은 질기고 단단하기 때문에 잎 부분만 떼어서 사용해요.

2_ 끓는 물에 비타민 잎 부분만 넣고 약 1분간 데쳐요.

3_ 데친 비타민은 수분기를 짠 다음 잘게 다지거나, 믹서에 갈아요. 믹서가 훨씬 편해요. 믹서에 데친 비타민과 비타민 데친 물 50ml를 넣고 갈아줘요.

4_ 찬물 250ml와 쌀가루 15g을 넣고 잘 풀어줍니다. 믹서에 비타민을 갈 때 50ml의 물을 넣었기 때문에 300ml에서 50ml를 뺀 250ml의 물에 쌀가루를 풀어줬어요.

5_ 앞에서 갈아놓은 비타민을 쌀미음에 넣어서 끓여요. 보글보글 끓어오르면 농도를 보면서 불을 꺼요. 오래 끓이면 점점 되직해지니까 주르륵 흘러내리는 농도면 돼요.

6_ 한 김 식힌 다음 거름망에 걸러서 이유식 용기에 담으면 완성입니다.

(TIP) 잎채소는 꼭 거름망에 걸러주세요.

• 잎채소는 무조건 거름망에 걸러주세요. 믹서에 아무리 잘 갈았다고 해도 거름망에 남는 게 많아요. 이유식 초기에는 특히 더 신경 써서 걸러주세요.

• 쌀가루 15g : 물 300ml. 쌀가루를 이용해서 이유식을 만들 때는 쌀가루를 기준으로 물의 양을 20배로 해서 20배죽을 만드는 것이 기본입니다.

• 비타민을 다질 때 절구나 핸드블렌더를 사용해도 돼요. 저는 믹서가 제일 편했어요.

|비타민 효능| 비타민은 이름처럼 비타민이 풍부하게 들어 있는 채소예요. 특히 체내에서 비타민 A를 만드는 카로틴이 무려 시금치의 두 배나 된다고 해요. 또 철분, 칼슘이 풍부하고 잎채소로는 연하고 부드러워서 초기 이유식 재료로 자주 사용해요.

양배추미음

20배죽_쌀가루

이유식을 시작하면 아기의 변 상태가 달라지는 경우가 많아요. 대체로 이유식을 시작해서 달라지는 것이니 크게 걱정하지 않아도 돼요. 그래도 걱정될 경우에는 주치의 선생님에게 아기 변 상태를 사진으로 찍어서 보여주고 상담해보세요.

준비물

쌀가루 15g
물 300ml
양배추(잎 부분만) 15g
이유식 냄비
이유식 용기 3개
이유식 저울
믹서
이유식 도마
이유식 칼
거름망
스파츌라

완성량

70ml씩 3회분

(TIP) **양배추는 잎 부분만 사용해요.**

• 양배추 미음을 만들 때 질긴 심 부분은 반드시 제거해주세요. 심 부분은 섬유질이 너무 많아서 아기에게 부담스러울 수 있어요.

• 양배추를 가늘게 썰어야 빨리 익어요.

• 양배추는 반드시 끓는 물에 데쳐서 황 성분을 날려 보내야 냄새가 나지 않아요. 양배추 삶은 물에는 황 성분이 남아 있을 수 있으니, 삶은 물은 사용하지 않는 게 좋아요.

1_ 양배추는 반드시 두꺼운 심을 제거한 후 잎부분만 가늘게 썰어요. 그래야 빨리 익어요.

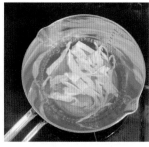

2_ 끓는 물에 양배추를 넣고 투명해질 때까지 중간 불에서 5분 이상 푹 삶아요.

3_ 믹서에 삶은 양배추와 물 50ml를 넣고 곱게 갈아줍니다. 양배추 삶은 물은 사용하지 마세요.

4_ 쌀가루 15g과 찬물 250ml를 넣고 풀어준 다음, 갈아놓은 양배추를 넣어줘요.

5_ 센 불에서 저어가며 끓여줍니다. 보글보글 끓어오르면 주르륵 흘러내리는 농도를 확인하고 불을 꺼요.

6_ 거름망에 걸러줄까 했는데 끓이면서 보니 덩어리가 없더라고요. 믹서에 곱게 갈았다면 따로 거름망에 안 걸러도 돼요. 이렇게 70ml씩 3회분 나왔어요.

|**양배추 효능**| 양배추는 식이섬유가 많아서 변비에 좋은 이유식 재료예요. 비타민이 골고루 들어 있어 감기를 예방하고 위 건강에 매우 탁월한 효과가 있어요. 양배추 특유의 달달한 맛이 있어서 아기들도 거부감 없이 잘 먹어요.

브로콜리미음
콜리플라워미음

20배죽_쌀가루

유기농 브로콜리를 사려고 했는데 마트에 없어서 일반 브로콜리로 샀어요. 유기농 재료인 것도 중요하지만 더 중요한 건 재료의 신선도라고 생각해요. 신선한 재료를 구입해서 맛있게 만드는 게 더 좋겠죠.

브로콜리미음

콜리플라워미음

준비물

쌀가루 15g
물 300ml
브로콜리 5~10g
이유식 냄비
스파츌라
이유식 저울
이유식 칼
이유식 도마
이유식 용기 3개
거름망
믹서

완성량

80ml씩 3일분

(TIP) **콜리플라워 미음도 레시피는 동일해요.**

브로콜리는 6g을 넣었는데 10g 정도 넣어도 괜찮아요. 브로콜리미음을 만드는 것과 똑같은 방법으로 콜리플라워미음도 만들면 돼요.

|**브로콜리 효능**|　　브로콜리는 비타민이 풍부해서 감기 예방에 좋아요. 철분도 풍부해서 빈혈 예방에도 좋다고 해요. 또 아기의 뼈와 치아를 튼튼하게 해주고 면역력도 높여준다고 하니, 이유식에 딱 좋은 재료예요.

1_ 브로콜리는 줄기 부분을 모두 제거하고 꽃 부분만 흐르는 물에 깨끗이 씻어서 준비해요.

2_ 팔팔 끓는 물에 브로콜리를 넣고, 1분~1분 30초 정도 삶아줍니다. 잘 삶아낸 브로콜리는 초록색이 더 선명해져요.

3_ 브로콜리만 갈면 잘 안 갈려요. 물을 같이 부어줘야 돼요. 브로콜리와 물 100ml를 넣고 믹서에 휘리릭 갈아주세요.

4_ 쌀가루 15g과 찬물 200ml를 넣고 풀어주세요. 뜨거운 물에 하면 쌀가루가 뭉쳐요. 그리고 물 양은 브로콜리를 갈 때 물 100ml를 넣었으니까, 200ml만 넣어요. 쌀가루 푼 물에 갈아준 브로콜리를 넣어주세요.

5_ 보글보글 끓어오를 때까지 센 불로 끓여요. 끓어오르면 중간 약불로 줄인 후에 저어가며 더 끓여주세요. 농도를 보면서 주르륵 흐를 정도면 다 된 거예요.

6_ 이제 거름망에 걸러줄 차례예요. 브로콜리는 믹서에 잘 갈았는데도 거름망에 남는 게 있으니, 꼭 걸러주세요. 80ml씩 3일분 나와요.

초기

감자미음

20배죽_쌀가루

이유식을 만들다 보면 불 조절 또는 얼마나 끓이느냐에 따라 만들어지는 양이 조금씩 차이가 있어요. 완성량이 적으면 그만큼 되직한 상태이므로 끓인 물을 넣어 농도를 맞춰주면 돼요. 그래서 이유식의 농도는 먹기 직전에 끓인 물을 부어서 조절하는 것이 좋습니다.

준비물

쌀가루 15g
물 300ml
감자 10g
이유식 저울
이유식 용기 3개
이유식 칼
이유식 냄비
스파츌라
거름망
이유식 도마
믹서

완성량

90ml씩 3일분

(TIP) 삶기보다 찜이 영양분 손실이 적어요.

· 감자는 찌는 게 영양분 손실을 막는다고 해요. 찌는 게 편하신 분들은 찜기에 쪄도 돼요.

· 감자를 사방 1.5~2cm 정도의 사각형으로 자르면 10g 정도 돼요. 감자의 양은 10~20g 정도가 적당해요. 감자를 푹 삶을 때는 물의 양은 넉넉히 넣어요. 끓이다 보면 물이 줄어들더라고요.

|감자 효능| 감자는 알레르기 체질 개선에 효과적이고 아기가 감기에 걸렸을 때나 설사를 할 때 먹이면 좋은 재료예요. 모양이 동그랗고 묵직한 게 좋아요. 싹이 나거나 푸른빛이 도는 건 독성이 있기 때문에 절대 먹이면 안 돼요. 감자는 냉장 보관하지 말고 박스에 넣어 서늘한 곳에 사과와 같이 보관하면 싹이 나는 것을 막을 수 있어요.

1_ 감자는 감자칼로 껍질을 벗겨 사방 1.5~2cm 정도의 사각형으로 잘라요. 감자가 잠길 정도로 물을 충분히 넣고 중간 불에서 10분 정도 익혀요. 젓가락으로 찔러서 부드럽게 들어갈 때까지 푹 삶아요.

2_ 쌀가루 15g과 찬물 200ml를 넣고 풀어줍니다. 뜨거운 물은 안 돼요. 쌀가루가 뭉쳐요.

 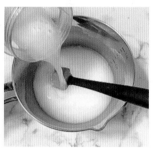

3_ 일반적으로 삶은 감자를 거름망에 내리라고 돼 있는데요. 지난번에 애호박미음을 만들 때 거름망에 내리면서 너무 힘들었어요. 그 뒤로는 그냥 믹서에 삶은 감자와 물 100ml를 넣고 휘리릭 갈아요. 참 편하네요.

4_ 쌀가루를 풀어둔 물에 갈아놓은 감자를 넣어요.

5_ 센 불에서 스파츌라로 살살 저어가며 끓여요. 미음이 끓어오르면 약한 불로 줄인 다음 계속 끓여줍니다. 농도를 확인한 다음 불을 꺼요. 주르륵 흘러내릴 정도면 됩니다.

6_ 혹시 믹서에 채 갈리지 않은 덩어리가 있을지 모르니 거름망에 걸러주세요. 90ml씩 3일분 나와요.

고구마미음

20배죽_쌀가루

감자미음과 동일한 방법으로 만들어요. 고구마미음은 감자보다는 약간 단맛이 높아서 아기가 더 잘 먹어요. 요즘에는 소포장해서 파는 제품도 있으니 소량만 구입해서 사용하세요. 미음을 만들고 남은 고구마는 퓌레를 만들어 간식으로 먹여도 좋아요.

준비물
쌀가루 15g
물 300ml
고구마 10~20g
이유식 저울
이유식 냄비
스파츌라
거름망
이유식 도마
이유식 칼
믹서

완성량
80ml씩 3일분

TIP 재료 맛이 더 나게 하려면 양을 더 추가해요.
이유식 레시피를 검색하거나 책을 보다 보면, 고구마 양이 대체로 10g으로 나와요. 그런데 고구마 맛을 좀 더 내려면 20g 정도는 들어가는 게 좋아요. 엄마가 만들면서 먹어보고 너무 맛이 안 난다 싶으면 재료 양을 약간 조절해도 좋을 것 같아요. 저도 고구마미음을 만들 때 좀 더 고구마 맛이 나도록 20g 넣어서 만들었어요.

|고구마 효능| 고구마에는 식이섬유가 다량 함유되어 장 운동을 활발하게 해주고 아이들의 변비를 예방해줘요. 또 클로로겐산과 베타카로틴이 풍부해 활성산소를 제거해주는 효능도 있어요. 고구마는 수분 함량이 감자보다 적고 탄수화물이 많아 열량이 높아요. 주성분은 당질이고, 대부분 전분으로 이루어져 있어요. 수확 후에 저장을 해두면 전분량이 감소하고 단맛이 증가하니까 수확 후 바로 먹는 것보다 시간이 좀 지난 후에 먹어야 더 맛있어요.

1_ 고구마는 껍질을 벗기고 사방 1.5~2cm의 사각형으로 잘라요. 끓는 물에 고구마를 넣고 젓가락으로 푹 찔렀을 때 부드럽게 들어갈 정도로 삶아요.

2_ 믹서에 삶은 고구마와 물 100ml를 넣고 휘리릭 갈아줘요.

3_ 쌀가루 15g과 찬물 200ml를 넣고 풀어줘요. 쌀가루 푼 물에 갈아놓은 고구마를 넣어요.

4_ 센 불에 끓여줍니다. 스파츌라로 저어가며 끓이다가 확 끓어오르면 불을 줄여요. 약한 불로 푹 끓인 다음 주르륵 흘러내리는 농도면 불을 꺼요.

5_ 믹서에 채 안 갈린 덩어리가 있을지 모르니 거름망에 걸러줘요. 초기 이유식을 할 땐 꼭 거름망에 걸러주세요.

6_ 감자미음과 레시피는 똑같은데 최종적으로 만들어진 양은 또 다르네요. 80~90ml씩 3일분 나왔어요.

단호박미음

20배죽_쌀가루

확실히 채소를 넣은 이유식보다는 약간 단맛이 나는 감자, 고구마, 단호박을 넣은 이유식을 아기가 잘 먹어요. 단호박미음으로 채소 한 가지를 넣고 만드는 초기 이유식의 마지막을 마무리했어요. 다음에는 2단계인 소고기 이유식으로 넘어갈 거예요.

준비물

쌀가루 15g

물 300ml

단호박 20g

이유식 냄비

이유식 저울

이유식 도마

이유식 칼

거름망

믹서

이유식 용기 3개

스파츌라

찜기(찌지 않고 삶아도 돼요)

완성량

70ml씩 3일분

TIP 끓이는 시간에 따라 이유식 양이 달라져요.

감자, 고구마, 단호박 셋 다 같은 레시피로 만들었
는데 단호박미음의 양이 제일 적게 나왔네요. 끓이
는 시간에 따라 완성량이 조금씩 다르게 나올 수
있어요. 제가 알려드린 레시피로 하면 70~90ml씩
3일분 나오니 참고해주세요.

감자, 고구마, 단호박은 물에 삶는 것보다 찜기에
찌는 게 영양분 손실을 줄일 수 있다고 해요. 삶기
와 찌기, 두 가지 방법 중에서 편한 방법으로 하시
길 추천해요. 푹 익혀주는 게 제일 중요해요.

|단호박 효능| 　　단호박은 베타카로틴
이 풍부해 눈 건강에 도움을 주고, 위장
활동을 활발하게 해 소화도 잘 되게 해
주는 재료예요. 단호박을 구입할 때는
꼭지 부분을 확인하고 곰팡이가 피었는
지, 오래된 것은 아닌지 확인한 후에 구
입하세요. 큰 단호박을 사셨다면 이유
식을 만든 후 남은 것은 단호박죽을 끓
여먹어도 좋아요.

1_ 감자, 고구마는 삶았는데, 단호박은
찜기에서 2분 이상 푹 쪄주었어요. 영
양분 손실이 적다고 해서요. 편한 방
법으로 하길 추천해요.

2_ 푹 쪄진 단호박은 껍질을 제거한 후
10~20g으로 계량해요.

3_ 쌀가루 15g과 찬물 200ml을 넣고
찬물에 풀어줘요.

4_ 믹서에 찐 단호박과 물 100ml를 넣
고 휘리릭 갈아줘요. 쌀가루 풀어둔
물에 갈아놓은 단호박을 넣어요.

5_ 스파츌라로 저어가며 센 불에 끓여요.
확 끓어오르면 약한 불로 줄인 후에
더 끓여요. 주르륵 흘러내리는 농도
를 확인한 다음 불을 꺼요.

6_ 거름망에 걸러줍니다. 믹서에 채 갈리
지 못한 작은 덩어리들이 남아 있어
요. 초기 이유식을 할 때는 무조건 거
름망에 걸러주세요. 70~90ml씩 3일
분 나왔어요.

초기 이유식 2단계

초기 이유식 1단계를 30일 동안 잘 마쳤어요. 이제 2단계를 시작해요. 2단계에서는 쌀미음에 채소 한 가지와 소고기나 닭고기가 들어갑니다. 채소는 두 가지 이상 넣어도 괜찮아요. 처음에는 소고기 위주로 만들고, 닭고기는 초기 이유식 막바지에 시작해요.

초기 이유식 2단계

1	2	3	4	5	6
D+180	D+181	D+182	D+183	D+184	D+185
소고기미음 (20배죽) (p.84)	소고기미음 (20배죽)	소고기미음 (20배죽)	소고기미음 (16배죽) (p.86)	소고기미음 (16배죽)	소고기미음 (16배죽)
NEW : 소고기	-	-	-	-	-

7	8	9	10	11	12
D+186	D+187	D+188	D+189	D+190	D+191
소고기 애호박미음 (p.88)	소고기 애호박미음	소고기 애호박미음	소고기 브로콜리미음 (p.90)	소고기 브로콜리미음	소고기 브로콜리미음
-	-	-	-	-	-

13	14	15	16	17	18
D+192	D+193	D+194	D+195	D+196	D+197
소고기 청경채미음 (p.92)	소고기 청경채미음	소고기 청경채미음	소고기 오이미음 (p.94)	소고기 오이미음	소고기 오이미음
-	-	-	NEW : 오이	-	-

19	20	21	22	23	24
D+198	D+199	D+200	D+201	D+202	D+203
소고기배미음 (p.96)	소고기배미음	소고기배미음	소고기 단호박미음 (p.98)	소고기 단호박미음	소고기 단호박미음
NEW : 배	-	-	-	-	-

25	26	27	28	29	30
D+204	D+205	D+206	D+207	D+208	D+209
닭고기미음 (p.100)	닭고기미음	닭고기미음	닭고기 찹쌀미음 (p.102)	닭고기 찹쌀미음	닭고기 찹쌀미음
NEW : 닭고기	-	-	-	-	-

소고기미음

20배죽

아기가 태어나 처음으로 맛보는 소고기예요. 생후 180일(6개월)부터는 꼭 소고기를 먹여야 해요. 영양분 섭취에 신경 써야 할 시기가 된 거죠. 소고기 핏물을 제거하지 않아 누린내가 나거나 너무 묽으면 아기가 잘 안 먹을 수 있으니 소고기는 꼭 찬물에 20분 정도 담가서 핏물을 제거하고, 미음 농도도 잘 확인해주세요.

준비물

쌀가루 15g
소고기(안심) 20g
찬물 100ml
소고기 삶은 육수 200ml
믹서, 거름망, 이유식 저울
이유식 용기 3개, 이유식 냄비
스파츌라, 이유식 칼
이유식 도마(고기용)

완성량

80ml씩 3일분

1_ 소고기 20g을 물에 담가 핏물을 빼 줘요. 보통 20분 정도 담가둬요. 다 진 고기라 거름망에 담은 채로 핏물 을 뺐어요. 덩어리면 그냥 물에 넣어 두면 돼.

2_ 쌀가루 15g을 찬물 100ml에 풀어요.

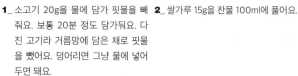

3_ 핏물이 빠진 소고기를 준비해요. 물 300~400ml를 넣은 뒤 팔팔 끓여요. 물 양은 넉넉하게 넣어 요. 소고기를 넣고 다 익을 때까 지 끓여줍니다. 다진 고기라 5분 정도 끓였더니 다 익었어요.

4_ 소고기 삶은 육수는 버리지 말고 거름망에 거른 후에 식혀둬요.

5_ 믹서에 삶은 소고기와 소고기 삶 은 육수 100ml를 넣고 갈아요.

6_ 냄비에 갈아놓은 소고기 100ml 와 소고기 삶은 육수 100ml, 쌀 가루 15g를 푼 물 100ml를 넣어 주세요.

소고기미음 만들기

|소고기 효능| 소고기에는 필수 아미 노산이 풍부하게 들어 있어서 쑥쑥 자 라는 아기들에게 꼭 필요한 재료예요. 피를 만들어주는 철분과 비타민도 함유 하고 있어서 빈혈도 예방해줘요. 단백질 도 매우 풍부해서 뼈와 근육을 튼튼하 게 만들어줘요. 아연도 들어 있는데 백 혈구 생성을 촉진시켜서 면역력도 높여 줘요. 우리 아기에게 꼭 먹여야겠죠.

7_ 저어가며 센 불에서 끓여요. 화르르 끓어오르면 약한 불로 줄여 계속 끓 여줘요. 불에 올린 후로 총 5분 이상 은 끓여야 돼요.

8_ 농도를 보고 불을 꺼요. 거름망에 한 번 걸러줍니다. 이유식 용기에 담아 주면 첫 소고기미음 완성입니다.

소고기미음

16배죽

원래 소고기애호박미음을 시작해야 하는데 지난번 소고기미음을 튼이가 잘 안 먹어서 3일 더 먹여보려고요. 지난번에는 20배죽으로 만들었는데, 이번에는 16배죽으로 만들었어요. 혹시 아기가 튼이처럼 잘 안 먹으면, 농도를 조절해서 다시 줘보세요. 아기가 소고기미음 20배죽을 잘 먹었으면 바로 소고기애호박미음으로 넘어가도 돼요.

준비물

쌀가루 15g

소고기 20g

찬물 40ml

소고기 삶은 육수 200ml

믹서

거름망

이유식 저울

이유식 용기 3개

이유식 냄비

스파츌라

이유식 도마(고기용)

이유식 칼

완성량

60ml씩 3일분

TIP 안심, 우둔살, 설도를 사용해요.

- 튼이는 20배죽으로 만든 소고기미음보다 16배죽으로 만든 소고기미음을 훨씬 더 잘 먹었어요. 쌀가루 15g에 총 물 250ml를 넣었더니 양이 조금 줄었어요. 쌀가루 20g에 물 320ml로 만들면 80ml씩 3일분이 나와요.

  이유식용 소고기 부위는 안심이 좋지만, 꼭 안심만 고집하지 않아도 돼요. 우둔살이나 설도도 가능해요. 최대한 기름기 적은 부위로 쓰시면 돼요. 요즘은 정육점에서 이유식용 고기를 따로 팔아요. 손님이 보는 앞에서 덩어리 고기를 다져주니 안심하고 구입할 수 있어요.

- **소고기 소분/보관 방법** 이유식에 쓰일 소고기는 적당량씩 소분해서 냉동 보관해요. 고기를 사온 그대로 계량한 다음 실리콘 큐브에 하나씩 넣어요. 저는 20g씩 나눴는데, 고기를 많이 먹이고 싶으면 30g씩 해도 돼요. 큐브 안에 쏙쏙 넣어서 냉동실에 넣고 나중에 꺼내서 핏물을 빼고 사용하면 돼요.

1_ 냉동해둔 소고기를 꺼내서 물에 20분 정도 담가 핏물을 빼요.

2_ 물을 끓인 뒤 소고기를 넣고 4~5분간 익혀 주세요.

3_ 고기가 다 익었으면, 믹서에 소고기 삶은 육수 100ml와 고기를 넣고 갈아요.

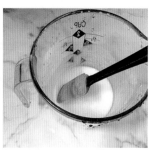

4_ 쌀가루 15g에 찬물 40ml를 넣어 풀어줘요.

5_ 냄비에 소고기 삶은 육수 100ml, 쌀가루 푼 물 40ml, 갈아놓은 소고기와 육수 100ml를 모두 넣고 끓여요.

6_ 저어가면서 끓인 후에 농도를 보고 불을 꺼요. 초기 이유식이니까 거름망에 걸러줘요. 이 레시피대로 하면 60ml씩 3일분 나와요.

소고기 큐브 보관법

소고기
애호박미음

16배죽

소고기에 채소를 하나씩 추가하는 이유식을 시작해요. 저는 튼이가 좋아하는 애호박으로 결정했어요. 아기가 좋아하는 채소를 우선순위로 넣어서 만들어주면 더 잘 먹지 않을까 하는 엄마 마음이에요. 초기 이유식 1단계에서 아기가 좋아했던 채소를 생각해보세요.

준비물

쌀가루 20g
소고기 20g
애호박 16g
찬물 100ml
소고기 삶은 육수 220ml
믹서
거름망
이유식 저울
이유식 용기 3개
이유식 냄비
스파츌라
이유식 도마(고기용), 이유식 칼

완성량

80ml씩 3일분

소고기애호박미음
만들기

1_ 소고기를 찬물에 20분 정도 담가 핏물을 빼줘요. 핏물이 빠지는 동안 다른 재료를 손질해요.

2_ 애호박은 약 2cm 두께로 자른 다음 껍질을 제거하고, 빨리 익도록 열십자로 잘라주세요.

3_ 손질한 애호박을 끓는 물에 넣고 푹 익을 때까지 삶은 후에 건져내요.

4_ 핏물을 빼둔 소고기도 끓는 물에 푹 익혀요. 다진 고기는 금방 익어요. 약 3~5분 정도 익혀주세요.

5_ 믹서에 익힌 소고기와 애호박을 넣고, 소고기 삶은 물 100ml를 넣어서 갈아 주세요.

6_ 찬물 100ml와 쌀가루 20g을 풀어줍니다. 뜨거운 물에 하면 쌀가루가 뭉치는 거 아시죠!

7_ 쌀가루 푼 물에 소고기 삶은 물 120ml와 갈아놓은 소고기, 애호박을 넣고 센 불로 끓여요. 확 끓어오르면, 약한 불로 줄이고 계속 끓여주세요. 농도를 확인한 다음 불을 꺼요. 약 5분 정도 끓이면 돼요. 너무 오래 끓이면 양이 줄어요.

8_ 다 끓인 후엔 한 김 식혀서 거름망에 걸러주세요. 다진 소고기를 믹서에 갈았는데도 거름망에 남는 덩어리가 조금 있어요. 80ml씩 3일분 나왔어요.

(TIP) 초기 이유식은 거름망에 꼭 걸러주세요.

초기 이유식 후반이나 중기 이유식에서는 거름망에 안 걸러도 돼요. 그리고 육수는 초기 이유식을 만들 때는 고기 삶은 물을 그대로 사용해요. 중기부터는 따로 육수를 만들어서 사용하고요.
쌀가루 20g, 소고기 20g, 애호박 16g, 물 320ml로 만들었더니 80ml씩 3일분 나왔는데요. 더 적은 양을 원하면 쌀가루와 물의 양을 줄이면 돼요.

초기

소고기
브로콜리미음

16배죽

초록색 컬러가 예쁜 브로콜리가 들어간 소고기미음이에요. 소고기미음 첫날부터 소분해서 냉동한 소고기 이유식 큐브를 한 알씩 꺼내서 사용하니까 매우 편해요. 1회 분량을 20g씩 소분했는데요. 중기 이유식을 만들 때는 30~50g씩 넣어요. 고기를 듬뿍 주고 싶은 엄마 마음이에요.

준비물

쌀가루 20g
소고기 20g
브로콜리 10~20g
찬물 100ml
소고기 삶은 육수 220ml
믹서
거름망
이유식 저울
이유식 용기 3개
이유식 냄비
스파츌라
이유식 도마(고기용), 이유식 칼

완성량

80ml씩 3일분

1_ 냉동해둔 소고기를 꺼내서 찬물에
20분 정도 담가 핏물을 빼주세요.

2_ 브로콜리는 줄기를 제외하고 부드러
운 꽃 부분만 사용해요.

3_ 브로콜리는 끓는 물에 데치는 게 아
니라 푹 삶아야 해요. 아기가 먹기 좋
게 푹 삶은 뒤 젓가락으로 쑥 눌러보
세요. 푹 들어가면 완성이에요.

4_ 다진 소고기도 끓는 물에 넣어서 익
혀줍니다. 다진 고기는 5분 정도면
다 익어요.

5_ 믹서에 익힌 브로콜리와 소고기,
소고기 삶은 물 100ml를 넣고 갈
아주세요. 이유식 초기에는 믹서
가 정말 편해요.

6_ 쌀가루 20g과 찬물 100ml를 넣
고 풀어줘요. 쌀가루 푼 물에 브
로콜리와 소고기 갈아준 것, 소
고기 삶은 물 120ml를 넣어요.
총 물 양을 320ml(쌀가루 푼 물
100+믹서 불 100+ 소고기육수
120)로 맞추면 돼요.

7_ 센 불에서 휘휘 저어가며 끓여
요. 끓어오르면 약한 불로 줄여
조금 더 끓여줍니다. 5분 정도면
돼요. 너무 오래 끓이면 양이 줄
어드니 조심하세요. 주르륵 흐르
는 농도를 확인한 뒤 불을 꺼요.

8_ 다 끓인 후에는 한 김 식혀서 거
름망에 걸러주세요. 80ml씩 3일
분 나왔어요

(TIP) 수유와 이유식 먹는 간격을 잘 고려해요.

남은 브로콜리 줄기 부분은 30초 정도 데쳐서 어른들이 드세요. 소고기를 너무 많이 넣으면 브로콜리 양이 상대
적으로 적어서 미음이 갈색빛이 나요. 양을 잘 조절하세요. 아기에게 이유식을 줄 때는 수유시간을 잘 확인하고
줘야 해요. 수유한 지 1시간밖에 안 지났는데 이유식을 주면 잘 안 먹어요. 배고플 타이밍을 잘 선택해서 주세요.

소고기
청경채미음

16배죽

지난번 소고기브로콜리미음을 3일 동안 먹였는데 딱 하루만 전부 다 먹고, 이틀은 먹는 둥 마는 둥 하더라고요. 이번에는 소고기미음에 청경채가 들어가는데요. 초기 이유식 1단계에서 청경채미음을 했을 때 튼이가 잘 안 먹었던 기억이 나서 걱정이에요. 그래도 도전해봅니다.

준비물
쌀가루 20g
소고기 20g
청경채 10~20g
찬물 100ml
소고기 삶은 육수 220ml
믹서
거름망
이유식 저울
이유식 용기 3개
이유식 냄비
스파츌라
이유식 도마(고기용)
이유식 칼

완성량

80ml씩 3일분

1_ 얼려둔 소고기 큐브 1알을 꺼내요 찬물에 20분 정도 담가 핏물을 빼주세요.

2_ 청경채는 줄기는 제거하고, 부드러운 잎 부분만 사용해요. 이유식 만들 청경채 양만 사려면 2개 정도면 돼요.

3_ 핏물을 제거한 소고기는 끓는 물에서 익혀주세요. 다진 소고기라 3~5분만 삶아도 금방 익어요. 거름망에 걸러 육수는 식혀 두세요.

4_ 믹서에 익힌 소고기와 소고기 삶은 물 120ml를 넣고 갈아요. 2ml가 모자라서 더 넣었어요.

5_ 청경채는 끓는 물에서 30초에서 1분 정도 삶아요.

6_ 믹서에 갈아놓은 소고기와 육수, 익은 청경채도 함께 넣어서 갈아요.

7_ 쌀가루 20g과 찬물 100ml를 풀어주세요. 쌀가루 푼 물에 소고기 삶은 물 100ml, 갈아놓은 소고기와 청경채를 모두 넣어요. 센 불에서 저어가며 끓이다가 끓어오르면, 약한 불로 줄인 다음 농도를 보고 불을 꺼요.

8_ 완성된 미음은 거름망에 걸러줘요. 소고기가 들어가면서부터 거름망에 잘 안 걸러지는데요. 그래도 열심히 저으면 다 내려가요.

소고기
오이미음

16배죽

앞의 소고기청경채미음은 3일 내내 80ml 모두 먹은 적은 없지만, 그래도 40, 50, 60ml씩은 먹었어요. 이번에는 새로운 식재료를 먹여보려고요. 바로 오이에요. 전 개인적으로 오이를 좋아하는데요. 오이 싫어하는 사람들도 많더라고요. 튼이는 과연 오이를 좋아해줄까요.

준비물

쌀가루 20g
소고기 20g
오이 10~20g
찬물 100ml
소고기 삶은 육수 220ml
믹서
거름망
이유식 저울
이유식 용기 3개
이유식 냄비
스파츌라
이유식 도마(고기용)
이유식 칼

완성량

80ml씩 3일분

1_ 얼려둔 소고기 큐브 1알을 꺼내서 찬물에 20분 정도 담가 핏물을 빼주세요. 소고기는 20g씩 소분해서 얼려두었어요.

2_ 오이는 중간 부분만 사용해요. 대략 3cm 길이로 자른 다음 껍질을 제거해요. 4등분해서 중간에 있는 씨도 제거해주세요.

3_ 핏물 뺀 소고기와 오이를 함께 준비해주세요.

4_ 소고기와 오이는 함께 익혀요. 끓는 물에 소고기와 오이를 넣고 다 익으면 건져내고 삶은 물은 식혀두세요.

5_ 믹서에 익힌 소고기와 오이, 삶은 물 100ml를 넣고 갈아줘요.

6_ 냄비에 쌀가루 20g과 찬물 100ml를 넣고 풀어주세요. 뜨거운 물에 하면 쌀가루가 뭉쳐요.

7_ 쌀가루 푼 물에 갈아놓은 소고기와 오이, 삶은 물 120ml를 더 넣어서 센 불에 끓여요. 끓어오르면 약한 불로 줄여 더 끓인 다음 농도를 확인하고 불을 꺼요. 5분 이상 끓여주면 돼요.

8_ 거름망에 걸러줘요. 조금 많이 끓였는지 양이 줄었어요. 70ml씩 3일분 나왔어요. 불과 시간 조절을 잘하면 80ml씩 3일분 나와요.

TIP 과일은 최대한 늦게 먹여요.

고기 미음을 시작한 후로는 튼이가 잘 안 먹으려고 해서 원인을 생각해봤는데, 간식으로 먹는 과일 때문인 듯해요. 과일처럼 단맛 나는 음식은 최대한 늦게 먹이는 게 좋다고 해요. 튼이는 초기 이유식 1단계 때, 채소를 먼저 다 먹인 후에 고구마, 단호박 등의 단맛 나는 뿌리채소를 먹였어요. 과일은 생후 6개월부터 먹이기 시작했는데, 어쩌다 보니 단감에 홍시, 귤까지 먹었어요. 보통 신맛 나는 과일은 돌 이후에 주라고 해요. 저처럼 너무 일찍 먹여서 이유식을 잘 안 먹는 부작용이 생길 수 있으니까요. 그리고 알레르기가 있을 수도 있으니 아기 상태를 보면서 천천히 주세요.

소고기배미음

16배죽

소고기오이미음에서 처참한 실패를 경험한 후 이 모든 것은 간식으로 준 과일 때문이라며 저를 원망했어요. 이번 재료는 배를 넣은 소고기배미음이에요. 배가 들어가니까 과일을 좋아하는 튼이가 잘 먹지 않을까요?

준비물

쌀가루 20g
소고기 20g
배 10~20g
찬물 100ml
소고기 삶은 육수 220ml
믹서
거름망
이유식 저울
이유식 용기 3개
이유식 냄비
스파츌라
이유식 도마(고기용)
이유식 칼

완성량

80ml씩 3일분

TIP 억지로 먹이지 말아요.

아기들도 컨디션에 따라 먹고 싶을 때가 있고 먹기 싫을 때가 있다고 해요. 그럴 땐 억지로 먹이지 마시고, 아기의 의사를 존중해주세요. 아기가 우는데 계속 억지로 먹이려고 하면 나중에는 아예 안 먹을 수도 있으니까요. 어른들도 밥 먹기 싫은 날 있잖아요.

1_ 냉동해둔 소고기 큐브 1개를 꺼내서 찬물에 20분 정도 담가 핏물을 빼주세요. 20g이에요.

2_ 배는 껍질을 제거하고 손질해요. 10~20g이면 적당해요.

3_ 끓는 물에 핏물 뺀 소고기를 넣고 익혀주세요. 다진 소고기라 3분 이상만 끓여줘도 금방 다 익어요.

4_ 믹서에 배와 삶은 소고기, 소고기 삶은 물 100ml를 넣고 갈아주세요.

5_ 쌀가루 20g과 찬물 100ml를 넣고 풀어주세요. 쌀가루 푼 물에 갈아놓은 소고기, 삶은 물 120ml를 더 넣어요.

6_ 센 불에서 저어가며 끓이다가 끓어오르면 약한 불로 줄여 계속 끓여주세요. 농도를 확인한 뒤 불을 꺼주면 완성이에요.

소고기
단호박미음

16배죽

단호박을 넣은 이유식은 예쁜 노란색이 나와요. 단맛도 있어서 아기도 잘 먹어요. 그리고 이유식 초기 후반부부터는 굳이 거름망에 안 걸러도 돼요. 슬슬 죽 형태를 연습할 시기거든요. 그래도 청경채나 잎채소가 들어가면 꼭 걸러주세요. 채소에는 섬유소가 많아서 조금 거친 입자가 남아 있기 때문입니다.

준비물

쌀가루 20g
소고기 20g
단호박 10~20g
찬물 100ml
소고기 삶은 육수 220ml
믹서
거름망
이유식 저울
이유식 용기 3개
이유식 냄비
스파츌라
이유식 도마(고기용)
이유식 칼

완성량

80ml씩 3일분

TIP **단호박은 전자레인지에 살짝 쪄서 잘라요.**
단호박 쉽게 자르는 법을 알려드려요. 단호박은 껍질이 매우 단단해요. 절대 그냥 칼로 자르지 마세요. 손을 다칠 수 있어요. 전자레인지에 넣고 30초씩 위아래 뒤집어서 두 번 가열해주세요. 그렇게 하면 살짝 익어서 쉽게 자를 수 있어요.

1_ 냉동실에서 소고기 큐브 1개를 꺼내서 찬물에 20분 정도 담가 핏물을 빼주세요.

2_ 단호박을 손질해요. 전자레인지에 넣고 30초씩 위아래 뒤집어서 두 번 가열해 주세요. 그러면 쉽게 잘려요. 씨와 껍질을 제거하고, 찜기에 푹 익을 때까지 20분 이상 쪄주세요.

3_ 끓는 물에 핏물 뺀 소고기를 익혀주세요. 3~5분 정도면 익어요.

4_ 믹서에 찐 단호박과 익힌 소고기, 소고기 삶은 물 100ml를 넣고 갈아주세요.

5_ 쌀가루 20g, 찬물 100ml를 넣고 풀어줍니다. 쌀가루 푼 물에 갈아놓은 단호박과 소고기, 소고기 삶은 물 120ml를 넣어요.

6_ 센 불에서 저어가며 끓이다가 끓어오르면 약한 불로 줄여 더 끓여주세요. 농도를 확인한 후 불을 꺼주세요. 총 5분 정도 끓이면 돼요.

닭고기미음

16배죽

초기 이유식 2단계에 접어들면서 소고기를 시작했는데요. 초기 이유식 막바지부터는 닭고기를 먹이려고 해요. 왠지 튼이는 닭고기를 잘 먹을 것 같은 느낌적 느낌! 왜냐하면 튼이 아빠가 닭고기 귀신이거든요. 아빠 입맛을 닮았을 것 같아서요.

준비물

쌀가루 20g
물 또는 닭고기 삶은 육수 320ml
닭고기(안심 또는 닭가슴살) 20g
믹서
이유식 도마
이유식 칼
이유식 용기 3개
이유식 저울
거름망(안 써도 됨)
이유식 냄비
스파츌라

완성량

80ml씩 3일분

1_ 닭고기는 안심이나 닭가슴살로 준비합니다. 닭고기는 분유 물에 30분 정도 담가서 잡냄새를 제거해주세요. 깨끗한 물에 씻은 후, 끓는 물에 넣고 푹 삶아주세요.

2_ 삶은 닭고기는 적당한 크기로 자른 다음 계량해줍니다. 냉동해둔 닭고기 큐브가 있으면 그것을 사용하면 됩니다. 초기 이유식에서는 소고기처럼 20g씩 넣어줄 거예요.

3_ 믹서에 닭고기를 넣고 갈아요. 닭고기만 갈면 잘 안 갈려요. 물이나 닭고기 삶은 육수 50ml를 넣어주세요.

4_ 쌀가루 20g과 찬물 100ml를 풀어줍니다. 뜨거운 물에 하면 뭉쳐요. 쌀가루 푼 물에 갈아놓은 닭고기와 물 또는 닭고기 삶은 육수 170ml를 부어주세요.

5_ 센 불에 저으면서 끓이다가 끓어오르면 약한 불로 줄여 더 끓여주세요. 농도를 확인한 후 불을 끄면 됩니다. 닭고기미음은 뭔가 더 걸쭉한 느낌으로 만들어지더라고요.

6_ 입자를 확인해보니 거름망에 안 걸러도 될 것 같아서 그냥 먹였어요. 이제 중기 이유식 들어갈 때가 다 됐으니 이 정도는 안 걸러줘도 될 듯해요. 실제로 먹여보니 이 정도 입자는 잘 먹더라고요.

닭고기찹쌀미음

16배죽

지난번에 처음으로 맛본 닭고기미음을 싹싹 비운 튼이. 이번에는 닭고기에 찹쌀가루를 넣어서 만들어주려고요. 드디어 초기 이유식의 마지막 날입니다. 이번 닭고기찹쌀미음을 다 먹고 나면 중기 이유식으로 들어갈 거에요.

102

준비물

닭고기 20g
찹쌀가루 20g
닭고기 삶은 육수 또는 물 320ml
이유식 저울
이유식 용기 3개
이유식 냄비
스파츌라

완성량

80ml씩 3일분

TIP 이유식 큐브 미리 준비해요.

닭고기미음을 시작하기 전에 닭고기 이유식 큐브
를 미리 만들어두었더니 정말 편했어요. 중기 이유
식을 앞두고 있다면 미리 이유식 큐브로 보관해두
세요. 그러면 이유식 만들 때 믹서를 따로 사용하
지 않아도 되고, 닭고기 삶는 과정도 없으니 훨씬
편해요.

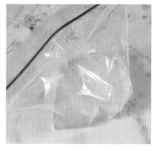

1_ 냄비에 찹쌀가루 20g을 계량해서 넣
어요.

2_ 닭고기 이유식 큐브를 만들 때 보관
해둔 닭고기 육수예요. 육수가 없으
면 그냥 물로 해도 돼요. 중기 이유식
에서는 육수를 사용해요. 아무래도
육수를 넣는 게 훨씬 맛있겠죠.

3_ 닭고기 육수 320ml를 넣고 찹쌀가
루를 잘 풀어줘요. 쌀가루랑 다르게
찹쌀가루는 잘 안 풀어지니까 끝까지
꼼꼼하게 풀어주세요. 잘 안 풀면 끓
일 때 뭉쳐요.

4_ 이유식의 꽃, 이유식 큐브! 냉동해둔
닭고기 큐브 1개를 꺼내서 넣어주세
요. 큐브가 있으니 삶고 다지는 과정
이 줄어서 너무 간편해요.

5_ 끓여주면 되는데요. 제가 깜빡하고 안
저었더니 완전 수제비처럼 돼서 물
을 더 넣고 더 끓이고 그랬어요. 처음
부터 저어가면서 끓여야 수제비가 안
돼요. 센 불로 끓이다가 확 끓어오르
면 약한 불로 줄여 은근하게 3~5분
더 끓여주세요.

6_ 입자가 매우 작아서 거름망에 안 걸렀
어요. 80ml씩 3일분 완성되었어요.

감자퓌레
감자오이퓌레

감자퓌레	감자오이퓌레
감자 90g	감자 60g
분유(혹은 모유) 30ml	오이 20g
└기호에 따라 가감	분유(혹은 모유) 10ml
	└기호에 따라 가감

감자퓌레

1_ 감자는 껍질을 벗겨 적당한 크기로 썰고 냄비에 물과 함께 넣어 중간 불에서 10분간 삶아주세요. 젓가락으로 찔렀을 때 푹 들어갈 정도로 삶아주면 됩니다.

2_ 감자는 뜨거울 때 으깨주는데 이때, 포크나 감자매셔를 이용하면 편해요. 감자를 으깬 후, 분유를 넣어 섞어주는데 양을 조절하며 적당한 농도를 맞추면 돼요.

감자오이퓌레

1_ 감자는 삶아서 준비하고, 오이는 껍질을 벗겨 끓는 물에 3분간 데쳐낸 후 잘게 다져주세요.

2_ 다진 오이와 으깬 감자를 잘 섞어준 뒤, 분유를 넣어 양을 조절하며 농도를 맞추면 돼요.

초기 간식

고구마퓌레
고구마비타민퓌레

고구마퓌레	고구마비타민퓌레
고구마 90g	고구마 90g
분유(혹은 모유) 20ml	비타민(잎 부분만) 10g
	분유(혹은 모유) 20ml
	└기호에 따라 가감

고구마퓌레

 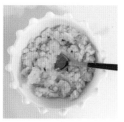

1_ 고구마는 껍질을 벗겨 적당한 크기로 썰고 끓는 물에 넣어 센 불에서 7분간 삶아주세요.

2_ 삶은 고구마는 포크나 매셔를 이용해 으깬 후에 분유를 넣고 섞어가며 농도를 조절해주세요.

고구마비타민퓌레

 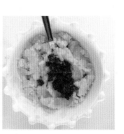

1_ 비타민 잎은 센 불에서 30초간 데친 후 건져서 곱게 다져주세요.

2_ 삶은 고구마는 포크나 매셔를 이용해 으깬 후에 다진 비타민을 함께 넣고, 분유를 넣어 섞어가며 농도를 조절해주세요.

105

초기 간식

단호박퓌레
단호박브로콜리퓌레

단호박퓌레	단호박브로콜리퓌레
단호박 90g	단호박 60g,
분유(혹은 모유) 10ml	브로콜리(꽃 부분) 15g
└기호에 따라 가감	분유(혹은 모유) 10ml
	└기호에 따라 가감

단호박퓌레

1_ 단호박은 껍질과 씨를 제거하고, 찜기에 20분 이상 푹 쪄서 준비하고, 포크나 매셔를 이용하여 으깨주세요.

2_ 단호박을 으깬 후에 분유의 양을 조절하면서 넣고 적당한 농도를 맞춰주세요.

단호박브로콜리퓌레

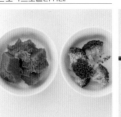 

1_ 단호박은 껍질과 씨를 제거하고, 찜기에 20분 이상 푹 찐 후 으깨주세요. 브로콜리(꽃 부분)는 끓는 물에 넣어 5분간 삶은 후에 잘게 다져주세요.

2_ 으깬 단호박에 다진 브로콜리를 넣고, 분유의 양을 조절하면서 넣어 적당한 농도를 맞춰주세요.

사과퓌레
배퓌레

사과퓌레	배퓌레
사과 90g	배 90g

사과퓌레

1_ 사과는 껍질과 씨를 제거하고, 끓는 물에 넣어 중간 불에서 5분간 푹 삶은 후 건져 냅니다.

2_ 한 김 식혀서 강판(혹은 믹서)에 넣고 갈아주세요. 부드럽게 만들고 싶으면, 뜨거울 때 거름망에 내리면서 으깨주세요. 변비가 있는 아기라면, 익힌 사과는 피해주세요.

배퓌레

1_ 배는 껍질과 씨를 제거하고, 끓는 물에 넣고 중간 불에서 5분간 푹 삶은 후 건져 냅니다.

2_ 익힌 배는 한 김 식혀서 강판(혹은 믹서)에 넣고 갈아주세요. 부드럽게 만들고 싶으면, 뜨거울 때 거름망에 내리면서 으깨주세요.

107

사과즙
배즙

사과즙	배즙
사과 150g	배 150g

사과즙

1_ 사과는 껍질과 씨를 제거하
고 믹서(혹은 강판)에 갈아
주세요.

2_ 그릇 위에 거름망을 올리고,
물에 적신 거즈를 올려 믹서
에 간 사과를 넣고 짜주세
요. 거즈가 없으면 거름망에
바로 올려, 건더기를 걸러내
고 즙만 먹이면 돼요.

배즙

1_ 배는 껍질과 씨를 제거하고
믹서(혹은 강판)에 갈아 주
세요.

2_ 그릇 위에 거름망을 올리고,
물에 적신 거즈를 올려 믹서
에 간 배를 넣고 짜주세요.
거즈가 없으면 거름망에 바
로 올려, 건더기를 걸러내고
즙만 먹이면 돼요.

만 7~8개월

중기 이유식

중기 이유식을 시작하면서 새롭게 맛보는 재료들은 시금치, 당근, 아욱, 배추, 양파, 표고버섯, 비트, 새송이버섯, 밤, 미역, 연두부, 구기자, 검은콩, 연근, 양송이버섯, 무, 대추, 팽이버섯, 달걀노른자예요. 이유식 중기에 처음 시작하는 이유식도 맛있게 먹어주길 기대합니다.

중기 이유식 시작하기 전에
알아두면 좋아요

중기 이유식에서
새롭게 사용한 재료들 ─────

틔이는 생후 210일부터 생후 269일까지 총 60일간 중기 이유식을 먹였어요. 중기부터 하루에 두 끼를 먹이는데 소고기와 닭고기는 꼭 넣어줬어요.

제일 중요하게 생각한 점은 바로 소고기였어요. 1차 영유아검진을 갔을 때 소아과 선생님이 소고기는 매일매일 먹여야 된다고 하셨어요. 빈혈 예방을 위해서요. 그래서 중기 이유식에서는 매일 한 끼는 꼭 소고기를 넣었어요.

새로운 재료는 한 번에 하나씩 추가했어요. 한 번 만든 이유식은 3일씩 먹는데, 중기에는 한 번에 두 끼 분량 3일분을 만들거든요. 새로운 재료를 하나씩 추가하면서 알레르기 반응을 살펴봐야 해요.

틔이가 중기 이유식을 시작하면서 새롭게 맛보는 재료들은 시금치, 당근, 아욱, 배추, 양파, 표고버섯, 비트, 새송이버섯, 밤, 미역, 연두부, 구기자, 검은콩, 연근, 양송이버섯, 무, 대추, 팽이버섯, 달걀노른자예요. 이유식 중기에 사용 가능한 재료로 찾아본 것이니 식단표 짤 때 참고하세요.

중기 이유식 준비하기

중기 이유식에 대한
기본 정보 ─────

중기 이유식 횟수, 시간

오전 10시, 오후 2시, 하루 두 번

아이에 따라 오후 6시도 좋아요. 사실 시간은 중요하지 않아요. 오전과 오후에 아기가 기분 좋은 시간에 먹이면 돼요. 그리고 약간 배고픈 시간에 먹여야 잘 먹어요. 이유식을 먹고 나서는 바로 분유를 주면 돼요.

튼이는 밤잠을 자고 난 뒤 바로 분유를 먹이고, 두 번째 수유 텀이 다가올 때 이유식을 먹였어요. 이유식을 먹인 뒤 두 번째 분유를 바로 먹이고요.

오후에는 주로 저녁시간에 먹였어요. 오후 6~7시쯤 수유 텀이 있을 때 수유 직전에 먹이니 잘 먹었어요. 오후 이유식은 아기에게 먹여보면서 제일 잘 먹는 시간을 찾는 게 중요해요. 아기들마다 컨디션이나 수유 간격에 따라 조금씩 변동 가능해요. 튼이도 매번 정해진 시간에 먹이진 않았어요.

보통 첫 수유 타임은 분유를 먹이고, 두 번째 수유 타임 직전에 첫 번째 이유식을 먹입니다. 그리고 오후 6시경 수유 타임 직전에 두 번째 이유식을 먹여요.

중기 이유식 먹이는 양

이유식 관련 정보를 찾아보면 한 번 먹일 때마다 50ml 정도 먹이라고 나와요. 그런데 아기들마다 먹는 양이 달라서 정해진 건 없어요. 초기 이유식에서 먹던 양보다 조금 더 늘리면 돼요. 정말 잘 먹는 아기들은 중기부터 180~200ml씩 먹기도 해요.

튼이 같은 경우 또래 아기들보다 큰 아기예요. 그래서 소아과 선생님도 이유식 양을 더 늘리라고 하셨어요. 튼이는 중기 이유식에 들어서면서 한 번 먹을 때 평균 120ml씩 주었는데 엄청 잘 먹었어요. 참고로 초기 이유식에서는 80ml씩 줬어요.

제가 알려드리는 레시피의 이유식 양은 평균 120ml씩 3회 분량 기준이니 참고하세요. 양을 더 줄이려면 쌀가루와 전체 물(육수)의 양을 줄이면 돼요.

분유는 하루에 700~800ml 정도면 돼요.

수유는 이유식을 먹인 후 바로 하는 것이 좋아요. 이렇게 해야 아이의 먹는 양이 늘고, 식사와 식사 사이에 일정한 간격을 두는 것도 쉬워진답니다. 하지만 이유식 양이 많아지고 한 끼로도 충분한 양을 먹게 되면, 모유나 분유를 먹는 양도 줄어들므로 이유식을 먹고 난 뒤 바로 수유하지 않아도 돼요.

중기 이유식 농도

처음에는 마요네즈나 잼 형태 정도면 되고, 8개월이면 두부 정도의 굳기로 먹이는 것도 가능해요.

불린 쌀로 할 경우 5~6배죽으로, 쌀가루로 할 경우 10~12배죽으로 만들면 돼요. 이것도 정답은 아니에요. 아기마다 잘 먹는 이유식 농도가 달라요. 튼이는 중기 쌀가루로 12배죽을 해주었을 때 잘 먹었어요. 조금 더 된죽을 좋아하는 아기라면 쌀가루로 8~10배죽을 해줘도 돼요.

저는 초기 이유식에서는 20배죽, 16배죽을 먹였고, 중기 이유식으로 넘어와서는 12배죽으로 조금 더 되직하게 만들었어요. 일단 만들어보고 아기가 너무 부담스러워 하면 물의 양을 더 추가해서 묽게 만들어주세요. 아기가 더 잘 먹는다면

10배죽, 8배죽으로 조금씩 더 되직하게 만들어주셔도 돼요. 늘 얘기했듯이 기준은 내 아기가 잘 먹을 수 있느냐로 하시면 돼요.

중기 이유식 필수 재료

중기 이유식을 할 때는 고기 섭취가 중요한 시기예요. 생후 6개월이 지나면 빈혈 예방을 위해 이유식으로 철분이 많은 음식을 먹여야 해요. 철분이 많은 붉은 고기와 철분 흡수를 돕는 푸른 채소도 함께 먹이는 게 좋아요. 그래서 튼이는 중기 이유식이 끝날 때까지 매일매일 소고기를 식단표에 넣었어요.

중기 이유식부터는 육수를 사용해요.

맛과 영양을 높여주는 육수를 사용하기 시작하는 시기예요. 단, 멸치다시마 육수는 멸치의 염분 때문에 돌 이후에 사용합니다. 육수는 미리 만들어 한 번 끓일 분량으로 나눠 냉동실에 얼려두고, 1~2주 이내에 사용하는 게 좋아요.

채소 육수: 물 3L, 애호박 1/2개, 당근 1/2개, 양파 1개
소고기 육수: 물 3L, 양지 300g, 양파 1개
닭고기 육수: 물 3L, 닭다리 300g, 양파 1개

소고기는 핏물을 뺀 후 사용해야 하고, 모든 재료는 깨끗이 다듬어 한꺼번에 넣고 1시간 이상 푹 끓여요. 육수 만드는 날이 조금 힘들긴 하지만, 한 번 만들어두면 며칠은 진짜 편해요. 중기 이유식부터 하루에 두 끼를 주려다 보니 괜히 더 부담스럽고 막막했는데요. 막상 만들어보니 더 쉬운 면도 있어요.

육수는 미리 만들어서 보관해두고, 고기, 채소는 이유식 큐브로 손질해두면 꺼내서 끓이기만 하면 끝이더라고요. 중기까지는 냄비로 만드는 게 큰 불편함이 없어서 초기 이유식에 이어 냄비 이유식을 했어요. 그런데 최근에는 밥솥 이유식을 중기부터 시작하는 경우도 많아요. 중기 이유식부터 밥솥 이유식을 시작하신다면, 이 책에 나온 레시피대로 똑같이 만들면 돼요. 저처럼 중기 이유식을 앞두고 겁먹었던 분들에게 도움이 되길 바랍니다.

|닭고기 육수 보관 방법|

1. 모유저장팩은 육수 보관할 때 매우 유용해요. 없으면 지퍼백도 좋아요. 모유저장팩은 눈금이
   있어서 따로 계량할 필요 없이 바로 부을 수 있어서 좋아요.
2. 모유저장팩에 200ml씩 닭고기 육수를 소분하고 만든 날짜를 적어요.
3. 냉동 보관하고, 약 2주 이내로 사용하는 걸 권장해요.(120쪽 레시피 참고)

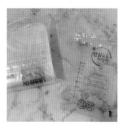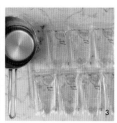

|소고기 육수 보관 방법|

1. 소고기 육수는 모유저장팩에 200ml씩 나눠 담아서 냉동 보관해주세요.
2. 냉동 보관한 소고기 육수는 사용하기 전날 미리 냉장실로 옮겨 놓아요.
3. 중기 이유식에서 메뉴 1개를 만들 때마다 소고기 육수는 200ml씩 2팩을 사용했어요. 121쪽 레
   시피대로 만들면 대략 10~14일 정도 사용할 분량이 나와요.

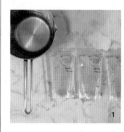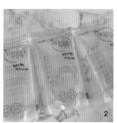

중기 이유식 육수 만들기

중기 이유식에서는 쌀가루 40g에 물의 양을 480ml로 합니다. 그래서 육수를 2팩씩 사용해요. 육수를 얼마나 사용해야 되는지 정해진 건 없어요. 좀 더 맛있게 만들기 위해서 육수를 많이 넣어요. 부족한 양은 물로 채워 넣으면 돼요. 만들 때는 힘들어도 보관해두고 사용하기엔 매우 편한 방법이에요. 아기들도 육수로 만든 이유식을 더 잘 먹어요.

[닭고기 육수]

준비물

닭다리 2~3개(약 300g)
양파 1개
물 3L
└무, 버섯, 대파 등을 넣고 만들어도 돼요. 닭고기는 안심이
　나 닭가슴살로 해도 상관없어요. 육수 내고 남은 건 찜닭
　을 만들어도 좋아요.

완성량

200ml씩 10~13팩
└끓이는 불의 세기나 시간에 따라 양은 달라질 수 있어요

1_ 닭안심, 닭가슴살, 닭다리 중에 선택해서 육수를 만들어요. 저는 닭다리로 육수를 냈어요. 한 팩에 500g 들어 있는데 육수 만들 때는 2~3개만 이용해요.

2_ 닭다리 1개당 대략 100g 정도 돼요.

3_ 닭다리에서 껍질과 기름기 부분을 제거해요.

4_ 손질한 닭다리는 찬물에 10분 정도 담가서 핏물을 빼줘요.

5_ 냄비에 물 3L를 붓고, 양파 1개와 닭다리를 넣어요.

6_ 센 불에서 끓어오르면 약한 불로 줄이고 1시간 정도 끓여주세요. 떠오르는 불순물은 고운 거름망이나 숟가락으로 모두 걷어내요.

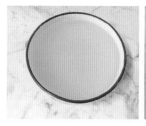

7_ 육수가 우러나면 닭다리와 양파는 건져내고, 한 김 식힌 후에 냉장실에 보관해요.

8_ 반나절 정도 냉장해두면 기름이 응고 돼서 떠올라요.

9_ 응고된 기름은 고운 거름망이나 숟가락, 종이포일을 이용해서 걷어내요.

10_ 기름을 제거한 육수는 거름망에 한 번 더 거른 뒤 보관해요.

[소고기 육수]

준비물

소고기(양지 또는 사태) 300g

양파 1개, 물 3L

└무, 버섯, 대파 등을 넣고 만들어도 돼요. 소고기는 안심이나 우둔살로 해도 상관없어요. 육수 내고 남은 양지나 사태는 어른 반찬 장조림을 만들어도 좋아요.

완성량

200ml씩 10~13팩

└끓이는 불의 세기나 시간에 따라 양은 달라질 수 있어요.

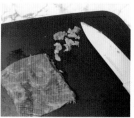

1_ 한우 양지살 300g을 준비해요. 육수 내고 남은 건 장조림으로 만들어도 돼요.

2_ 소고기는 기름기를 제거해요.

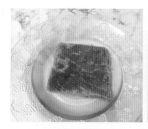

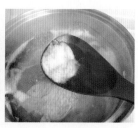

3_ 소고기는 찬물에 20분 정도 담가서 핏물을 빼줘요.

4_ 큰 냄비에 물 3L와 양파 1개를 넣고 센 불에서 끓여요.

5_ 센 불에서 끓어오르면 약한 불로 줄이고 1시간 정도 끓여요.

6_ 떠오르는 불순물은 고운 거름망이나 숟가락으로 걷어내요.

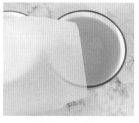

7_ 1시간가량 끓였더니 양이 많이 줄었어요. 물 양을 3L로 만드는 걸 권해요. 2L로 만들면 육수 양이 적게 나와요.

8_ 소고기와 양파는 건져내고, 한 김 식힌 후에 냉장실에 넣어 반나절 정도 보관해요.

9_ 냉장실에서 꺼내 보면 응고된 기름이 둥둥 떠 있어요. 고운 거름망이나 숟가락, 종이포일로 기름을 걷어내요.

10_ 거름망에 한 번 더 내려주면 완성입니다.

121

중기 이유식 재료 손질법 ————

중기 이유식부터는 하루에 두 끼를 먹여야 해서 저도 걱정이 많았어요. 이 시기에 이유식을 그냥 사 먹여야 하나 하고 고민하게 되죠. 그런데 미리 재료를 손질해서 보관만 해두면 쉽고 간단하게 만들 수 있어요. 시간도 단축되고 너무 좋아요.

각 재료들을 손질해서 보관하다 보면, 이유식 큐브가 하나둘씩 모이면서 냉동실이 큐브로 가득 차게 돼요. 그러면 나중에 이유식을 만들 때 큐브만 하나씩 꺼내서 쏙쏙 집어넣고 만들면 끝이에요.

재료별로 손질해서 큐브에 보관하는 방법을 자세히 알려드릴 테니 중기 이유식 겁내지 말고, 차근차근 따라해보세요. 그러면 중기 이유식도 편안하게 넘어갈 수 있어요. 엄마들 모두 힘내세요.

보통 이유식 큐브로 만들어 냉동한 뒤 2주 내로 사용하는 게 좋아요. 그런데 잘 밀봉해서 보관하면 한 달까지도 가능한 것 같아요. 실제로 이유식을 만든 엄마들 후기를 찾아보면 한 달 정도는 사용해도 되겠더라고요. 그래도 이왕이면 빨리 사용하는 게 좋겠죠.

튼이의 첫 번째 중기 이유식은 닭고기시금치죽과 소고기브로콜리죽이었어요.

이 두 가지를 3번 먹을 분량으로 만들고, 하루에 하나씩 주었죠. 오전에는 닭고기 시금치죽, 오후에는 소고기브로콜리죽, 이렇게요.

이런 경우 닭고기와 소고기는 미리 구입해서 손질하고 이유식 큐브에 보관해두면 되고요. 시금치와 브로콜리는 손질한 후에 큐브로 만들어 보관해두면 다음 이유식에도 사용 가능해요. 첫날 이유식에 들어가는 시금치와 브로콜리는 함께 손질해두면 더 편하겠죠.

미리 만들어놓은 브로콜리 큐브는 다음 이유식에 활용할 수 있어요. 제가 짜놓은 중기 이유식 식단표를 보면 브로콜리가 들어가는 이유식이 몇 개 더 있어요.

닭고기브로콜리당근죽, 닭고기애호박브로콜리죽, 닭고기연두부브로콜리죽.

브로콜리가 들어가는 이유식을 만들 때 냉동실에서 브로콜리 큐브를 하나씩 꺼내서 바로 사용하면 돼요.

그리고 새로운 재료가 들어가는 이유식 메뉴는 이왕이면 오전에 먹이는 게 좋아요. 만일 알레르기 반응이 일어났을 경우에 빠르게 대처할 수 있으니까요.

| 새로운 채소가 추가될 때 재료를 손질하고 보관해요. |

새로운 채소가 추가되는 이유식을 만드는 날에 재료를 손질하고 보관해요. 예를 들어 닭고기시금치죽을 만들어요. 닭고기는 미리 손질해서 이유식 큐브로 만들어둔 상태예요. 시금치를 새로 사용할 거예요. 그럼 4주간의 이유식 식단표를 보고 이날 이후로 시금치가 들어가는 날을 확인해봅니다. 시금치 들어가는 날이 이틀이라면 여유분까지 하나 추가해서 총 3개의 큐브를 만든다고 생각하면 돼요. 당장 만드는 닭고기시금치죽에 넣을 시금치 30g도 포함한 것이에요.

이유식 한 가지 메뉴(3끼) 분량의 채소를 30g으로 했을 때 30×3=90g의 시금치를 손질하는 거예요. 손질이 끝나면 그 양보다 더 많이 나오긴 해요. 이런 식으로 활용하면 채소 큐브들을 한 달 내로 소진할 수 있어요. 혹시 모를 여유분도 만들어둘 수 있고요.

사실 저는 중기 이유식 식단표를 짜면서 재료를 너무 많이 중복되게 넣지 않았어요. 그래서 채소 큐브가 열 몇 개씩 필요하진 않았어요. 2~4주 기준으로 잡고, 필요한 양만큼 큐브로 미리 만들어두니, 그날그날 이유식 만들 때 하나씩 꺼내서 쓰기만 하면 되니까 완전 편해요. 새로운 재료가 추가되면 또 그것만 손질해서 넣으면 되니까요. 소고기, 닭고기, 채소 큐브를 하나씩 만들어두다 보면 나중에는 만들어둔 큐브만 넣고 그냥 끓이기만 해도 되니 점점 더 편해져요. 이유식 큐브로 부자 된 기분. 매우 든든해요.

01 | 브로콜리

1_ 적당한 크기의 브로콜리를 하나 사옵니다. 초기 이유식에서는 15g 정도 사용했는데, 진짜 조금만 쓰고 나머지는 데쳐서 초장 찍어 먹었죠. 중기 이유식에서는 브로콜리 하나를 다 사용할 거예요.

2_ 브로콜리는 부드러운 꽃 부분만 사용해요. 딱딱한 줄기 부분만 남겠죠. 이건 데쳐서 초장 찍어 드세요. 사실 별 맛은 없지만, 몸에 좋다니까 챙겨 드세요. 아기 이유식 재료로 쓰이는 부분 외에 남는 부분은 모두 엄마, 아빠가 먹어야 해요.

3_ 브로콜리 한 개에서 꽃 부분만 손질했더니 120g이 나왔어요. 물론 이 양은 어떤 크기의 브로콜리를 샀느냐에 따라 달라지겠죠.

4_ 브로콜리는 꽃봉오리를 잘 씻는 게 중요해요. 꽃봉오리 부분을 물에 좀 담갔다가 소금이나 식초, 베이킹소다를 희석한 물에 다시 5분간 담가두면 표면에 묻어 있던 농약까지 깨끗이 제거할 수 있어요. 그 다음, 끓는 물에 넣고 데쳐주세요. 브로콜리는 너무 오래 데치면 영양성분이 다 날아가요. 1분 이내로 데쳐주세요. 그렇다고 또 너무 잠깐 데치면 약간 딱딱해요. 1분 정도가 적당해요.

브로콜리 손질법

5_ 데친 브로콜리를 다져야 할 차례예요. 세 가지 방법이 있습니다. 1번, 칼로 직접 다진다, 2번, 채소다지기로 다진다. 3번, 믹서에 넣고 간다. 1번을 선택하면 손목이 아파요.

채소다지기나 믹서가 없다면 어쩔 수 없이 직접 칼로 다져줘야 합니다. 채소다지기가 있는 분들은 다지기를, 다지기가 없는 분들은 믹서를 활용하세요. 대신 믹서에 갈 때는 계속 갈다보면 죽처럼 되므로 주의해야 해요. 중기 이유식부터는 입자가 어느 정도 있어야 하니까 한 번 윙 돌렸다가 또 한 번 윙 돌리고, 이런 식으로 갈아주세요. 잘 안 되면 물을 약간 넣고 해보세요.

6_ 중기 이유식부터는 채소를 30g씩 사용해요. 소고기브로콜리죽에 사용하려고 30g을 소분했어요. 믹서로 갈았는데도 어느 정도 입자가 보이죠. 채소다지기가 있는 분들은 꼭 활용하세요. 아니면 저처럼 믹서를 활용하시고요. 엄마들의 손목은 소중하니까요.

7_ 다진 브로콜리는 이유식 큐브에 쏙쏙 넣어주세요. 30ml짜리 칸이 있는 이유식 큐브라면 따로 계량할 필요 없이 꾹꾹 눌러 담아주세요. 제가 사용한 큐브는 60ml짜리 칸이 있는 것이어서 저울에 올려두고 30g씩 소분해서 눌러 담았어요.

데치기 전에 계량한 양이 120g이었는데, 데친 후에 다져놓고 보니 그 이상으로 나오는 건 무엇 때문일까요? 물이 조금 들어가서 그런 거겠죠. 아무튼 바로 사용할 30g을 제외하고도 큐브 4개가 나왔어요.

1_ 시금치는 철분과 엽산이 많고 식이섬유가 풍부해서 빈혈 예방과 변비 해소에 좋은 재료예요. 하지만 오래 두고 먹으면 질산염이 증가해 오히려 빈혈을 일으킬 수 있으니, 금방 구입한 신선한 시금치로 이유식을 만들어야 해요. 남은 시금치는 무침, 된장국 등 어른 반찬으로 활용하세요.

2_ 시금치는 줄기를 제거하고 부드러운 잎 부분만 사용해요. 시온 시금치를 모두 이유식 큐브로 만들진 않아요. 중기 이유식 1단계를 하는 한 달 동안 시금치가 몇 번 필요한지 확인한 다음 큐브 1개 정도 여유 있게 보관해둬요.
닭고기시금치죽을 만들 때 30g 사용할 거고, 다음에 시금치가 들어가는 이유식은 닭고기양파시금치죽이 한 번 더 있어요. 그래서 여유분까지 포함, 총 3회 분량으로 계산해 90g만 손질하면 돼요.

3_ 시금치는 잘 씻어준 뒤 끓는 물에 넣어 중간 불에서 1분간 데쳐주세요.

시금치 손질법

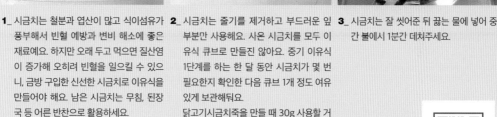

4_ 데친 시금치는 물기를 뺀 후 다져요. 물기를 다 빼겠다고 너무 꼭 짜지 않아도 돼요. 약간의 물기가 있어야 큐브에 담을 때 쉽게 담을 수 있어요. 일단 크게 한 번씩 썰어준 후 칼로 다져줍니다. 믹서는 사용하면 안 돼요. 시금치는 손으로 다지는 게 좋아요. 잎사귀 채소는 믹서에 갈면 입자 크기 조절도 어렵고, 믹서 컵에 잎사귀가 붙어서 더 번거로워요.
채소다지기가 있는 분들은 다지기를 활용하세요. 입자를 봐가면서 다져줍니다. 우리 아기는 입자가 있는 걸 부담스러워한다 하는 경우에는 더 잘게 다져주세요. 그리고 어느 정도 입자가 있어도 잘 먹는다 싶으면 조금 크게 다지고요. 아기에 따라 엄마가 입자 크기를 조절해가며 다져주면 돼요. 소화를 못 시킬까 봐 걱정된다면 조금 더 잘게 다져주세요.

5_ 닭고기시금치죽을 바로 만들려고 30g을 먼저 계량해두었어요.

6_ 그리고 브로콜리를 담았던 이유식 큐브에 30g씩 같이 담아서 냉장고에 보관해요. 시금치는 분명 90g을 손질하고 데쳤는데 이유식 큐브에 보관할 때는 왜 더 많아진 걸까요. 남은 것들도 버리지 말고 큐브에 보관해주세요. 나중에 예기치 않게 갑자기 필요한 경우도 생기더라고요. 여유분으로 조금 더 있는 것도 나쁘지 않아요. 브로콜리랑 시금치 큐브가 완성되었습니다. 이제 큐브 뚜껑을 닫고 냉동실에 하루 정도 넣어두면 돼요.

7_ 하루가 지나면 이유식 큐브에서 하나씩 쏙쏙 빼서 지퍼백에 밀봉 보관합니다. 이유식 큐브는 완전 밀폐가 되지 않기 때문에 반드시 지퍼백이나 밀폐용기에 옮겨 담아서 보관해주세요. 냉동된 큐브를 지퍼백에 옮겨 담은 후 비워진 이유식 큐브는 깨끗하게 세척해서 열탕소독을 한 뒤 다른 채소 큐브를 만들 때 활용합니다.

03 | 애호박

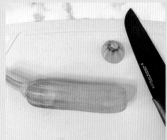

1_ 애호박 하나를 모두 손질해서 큐브로 만들면 양이 꽤 많이 나올 거예요. 이유식 식단표를 보고 필요한 양만큼만 큐브로 만들고 나머지는 반찬으로 활용해도 돼요.

2_ 애호박은 이유식에 넣을 때 30g씩 넣을 거예요. 그 양을 생각해서 손질하면 돼요. 4주 이내에 애호박이 들어가는 이유식을 확인하고, 이유식 큐브로 보관할 양을 결정합니다. 저는 4주 안에 애호박이 들어가는 식단이 2번 있었어요. 그래서 큐브를 많이 만들어둘 필요가 없어서 일단 60g을 계량한 다음 손질했어요. 여유분까지 해서 30ml짜리 애호박 큐브가 2개 정도 더 있으면 될 것 같아요.

3_ 애호박은 1.5cm 두께로 자른 뒤 껍질을 제거하고 열십자 모양으로 썰어줍니다. 껍질 같은 경우 중기 이유식부터는 모두 사용해도 됩니다. 그런데 저는 일단 초반이라 껍질도 제거했어요. 다음부터는 껍질도 다 넣을 거예요.

4_ 끓는 물에 손질한 애호박을 넣고 어느 정도 투명해질 때까지 푹 삶아주세요.

5_ 채소다지기로 다지거나, 믹서로 살짝 갈아주세요. 중기 이유식에서는 어느 정도 입자가 있어야 하니 믹서로 한 번씩 끊어가며 갈아주세요. 그리고 이유식 만들 때 사용할 30g을 따로 계량해뒀어요.

6_ 30ml짜리 이유식 큐브에 채워 넣었더니 딱 2개 나왔어요. 이유식 식단표를 확인해보고 애호박을 자주 넣으실 분들은 큐브를 여러 개 만들어두면 훨씬 편합니다.

1_ 당근 하나를 깨끗하게 씻어요. 이유식 식단 표를 침고해서 큐브로 만들어둘 양을 생각 해보세요.

2_ 껍질을 벗기고 위아래 약간씩 잘라내고 나니 155g이 나오더라고요. 30g씩 생각 하면 이유식 큐브 5개 이상은 나오겠구나 싶었어요.

3_ 얇게 썰어주세요. 당근은 익히는 데 꽤 오래 걸리기 때문에 얇게 썰어야 금방 익 어요.

   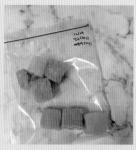

4_ 끓는 물에 5~7분 정도 푹 삶아주 세요.

5_ 채소다지기로 다지거나, 믹서로 살짝 갈아주세요. 중기 이유식에 서는 어느 정도 입자가 있어야 하 니 믹서로 한 번씩 끊어가며 갈아 주세요.

6_ 닭고기브로콜리당근죽을 만들 때 사용할 당근만 20g으로 계량 해두고, 나머지는 30ml짜리 큐 브에 한 칸씩 담아줬어요. 총 4개 반 나왔어요. 나중에 어떻게 쓰일 지 모르니 일단 남은 것도 모두 보관해줍니다.

7_ 이유식 큐브 뚜껑을 닫고 하루 정 도 냉동 보관한 후에 다시 지퍼백 에 옮겨 담아주세요. 원래 재료별 로 따로 보관해야 되지만 그냥 애 호박과 당근을 함께 넣어놨어요. 다음 이유식에서 당근, 애호박이 필요할 때 하나씩 꺼내서 쓰면 간 편하고 좋아요.

당근 손질법

TIP **익힌 당근은 설사를 멈추게 해줘요.**
당근은 중기 이유식부터 사용하는 재료예요. 당근을 먹으면 아기 대변에 다진 당근이 그대로 나오는데 소화시 키지 못한다고 걱정할 필요는 없습니다. 익힌 당근은 설사를 멈추게 하는 효과가 있으니 아기의 변이 묽은 경우 익힌 당근이 들어간 이유식을 먹이면 좋아요.

05 | 아욱

1_ 아욱된장국을 먹어보긴 했지만 실제로 요리해본 적은 저도 처음 이었어요. 아기 이유식용 채소로 활용하기에 좋은 재료라고 해서 시도해보았습니다. 아욱은 잎 부분만 사용할 거라 단단한 줄기는 칼로 잘라주세요.

2_ 바로 소고기아욱죽을 만들 때 사용할 1회 분량이랑 큐브 2개 정도 나올 양을 생각해서 90g 계량했어요.

3_ 아욱은 씻을 때 여러 번 빨래 빨듯이 씻어줘야 풋내가 안 나요.

4_ 잘 씻어준 아욱은 크게 쓱쓱 칼로 썰어주세요.

5_ 아욱은 질긴 편이라 오래 데쳐야 부드러워져요. 2분 정도 데쳐주세요.

6_ 채소다지기가 있으면 다지기를 활용하고, 직접 칼로 다질 분들은 칼로 다져주세요. 어느 정도 입자가 있는 정도로 다지는 게 중요합니다. 저는 믹서에 물을 조금 넣고 윙! 윙! 끊어가면서 갈아주었어요.

7_ 자세히 보면 아욱 입자가 어느 정도 보이죠. 입자 크기는 아기가 얼마나 잘 먹느냐에 따라 엄마가 조절해주면 될 것 같아요. 입자가 커서 부담스러워하는 아기라면 좀 더 잘게 다져주거나 아예 갈아주세요.

8_ 분명 30g씩 2개의 큐브를 만들거라 생각하고 총 90g의 아욱을 사용했는데요. 30ml짜리 큐브 5개가 나왔어요. 물을 조금 추가해서 그런가 봐요. 남은 것도 모두 큐브로 보관하세요. 나중에 어떻게 쓰일지 모르니까요.

9_ 이유식 큐브 뚜껑을 닫고 냉동실에 하루 정도 보관해요. 그리고 다시 지퍼백에 옮겨담아 잘 밀봉해주세요.
이유식 큐브는 밀폐용기가 아니니 지퍼백이나 밀폐용기에 따로 담아서 보관해야 합니다.

아욱 손질법

TIP 아욱은 변비를 예방해줘요.
아욱을 변비를 예방하고 개선하는 데 좋아요. 아기의 성장 발달에도 좋으며, 기침 감기에 걸렸을 때 먹여도 좋은 재료예요.

1_ 감자는 껍질을 깎고 깨끗하게 잘 씻어준 뒤 썰어주세요. 감자 4개가 들어 있는 것을 사서 모두 이유식 재료로 사용하려고 다 깎았어요. 얇게 썰어야 익힐 때 오래 걸리지 않아요.

2_ 감자는 찜기에 20분 정도 찌면 돼요. 적채도 함께 넣어요. 효율적으로 시간을 단축할 수 있어서요. 15~20분 정도 찌면 적당해요. 아주 푹 쪄집니다.

3_ 감자는 믹서에 갈지 마시고 숟가락(포크, 포테이토매셔)으로 으깨주세요. 믹서는 너무 죽처럼 갈아져서 입자 크기 조절도 어렵고, 큐브에 담기에도 굉장히 불편합니다. 감자, 고구마, 단호박 종류는 반드시 직접 숟가락(포크, 포테이토매셔)으로 으깨주세요.

감자 손질법

4_ 30g씩 총 9개의 큐브가 나왔어요.

5_ 이유식 큐브 뚜껑을 닫고 하루 정도 냉동 보관한 후에 다시 하나씩 쏙쏙 꺼내서 지퍼백에 옮겨 담아요.

TIP **감자는 표면에 흠집이 없고 매끄러운 것을 고르세요.**

• 감자를 고를 땐 싹이 나거나 푸른빛이 도는 건 독성이 있으니 반드시 피해주세요. 감자의 표면에 흠집이 적고 매끄러운 것을 선택하며, 무거우면서 단단한 것이 좋아요.

• 감자는 설사와 감기를 예방하는 효과가 있어요. 고구마, 양송이버섯, 애호박, 마, 치즈와 궁합이 좋은 식재료이기도 해요.

07 | 적채

적채 손질법

1_ 중간 부분에 딱딱한 심지는 제거하고 잎 부분만 사용해요.

2_ 감자를 손질할 함께 준비해서 찜기에 쪘어요. 적채 물이 감자에 약간 물들 수 있지만, 시간이 단축되어 더 효율적이에요. 15~20분 정도 찌면 적당해요. 아주 푹 쪄집니다.

3_ 적채는 다지거나 믹서에 갈아주세요. 다만 중기 이유식이니 믹서에서는 윙! 윙! 끊어 가며 갈아주세요. 흔들면서 골고루 갈면 제대로 갈리면서 입자도 어느 정도 있게 나와요.

4_ 닭고기적채사과죽을 만들 때 바로 사용할 적채 30g을 계량해놓고, 30g씩 총 4개의 큐브가 나왔어요. 감자를 넣은 큐브에 함께 담아주었어요.

5_ 이유식 큐브 뚜껑을 닫고 하루 정도 냉동 보관한 후에 다시 하나씩 쏙쏙 꺼내서 지퍼백에 옮겨 담아요.

> **TIP 적채는 식이섬유가 풍부해 변비 예방에 좋아요.**
>
> 양배추 종류 중 하나인 적채는 식이섬유가 풍부해 변비 예방에 좋은 식재료예요. 양배추와 적채, 콜리플라워는 똑같이 활용 가능한 재료입니다. 양배추 대용으로 이유식에 넣어서 만들면 색감도 예뻐요.
> 적채를 고를 때는 속이 단단하고 무거우며, 속이 꽉 찬 상태로 광택 나는 것이 좋아요. 마트에서 소량으로 판매해서 사왔는데 이유식을 만드니 딱 알맞았어요. 많이 안 드시는 분들은 소량 포장된 것으로 사세요. 재료가 남았다면 쪄서 쌈용으로 드시거나 샐러드에 활용하면 좋아요.

|08
배추

배추 손질법

1_ 배추는 부드러운 잎 부분만 30g 사용해요. V자로 줄기 부분을 잘라주세요. 배추는 생으로 큐브 보관했는데요. 끓는 물에 한 번 데쳐서 보관해도 좋아요.

2_ 배추는 믹서에 윙! 윙! 몇 번 갈아 입자가 조금 있게끔 만들어주세요. 채소다지기로 다져도 됩니다. 잘 안 다져지면, 물을 조금 넣고 갈아주세요.

3_ 소고기배추감자죽에 넣을 배추 30g을 만들어두었어요. 다른 이유식 재료로 사용하려면 이유식 큐브에 넣어서 뚜껑을 닫고 냉동 보관해주세요. 하루 지난 후에 다시 하나씩 쏙쏙 꺼내서 지퍼백에 옮겨 담아요.

TIP 남은 배추는 쌈용 또는 된장국으로 사용하세요.
배추는 이유식 큐브로 만들어둘까 생각하다가, 식단표를 보니 4주 안에 배추가 추가로 들어가는 식단이 없었어요. 그래서 배추는 30g만 계량해서 이유식에 사용했고, 나머지는 쌈용으로 먹거나 된장국을 끓였어요. 배추를 다 큐브로 만들어야 하나 고민인 분들은 저처럼 하시면 될 것 같아요. 배추가 들어가는 식단이 많다면 모두 큐브로 만들어요.

양파 | 09

1_ 적당한 크기의 양파 1개를 껍질을 까고 뿌리 부분을 잘라서 준비해둡니다.

2_ 양파를 끓는 물에 넣고 익혀요. 육안으로 봤을때 투명해졌다 싶을 때까지 푹 익혀주세요.

3_ 투명하게 익은 양파는 믹서에 넣고 윙! 윙! 끊어 가며 갈아줘요. 채소다지기로 다져도 됩니다. 중기 이유식이라 어느 정도 입자가 있어도 좋아요.

4_ 이유식에 넣을 때는 30g씩 넣을 거예요. 당장 이유식에 사용할 양파 30g을 계량해두고 나머지는 큐브에 옮겨 담아요.

5_ 151g짜리 양파 1개로 만들었더니 당장 사용할 30g과 30g짜리 큐브 5개가 나왔어요.

6_ 이유식 큐브에 넣어 냉동실에 보관해요. 하루 후에 꺼내서 지퍼백에 옮겨 담아 잘 밀봉한 뒤 냉동실에 보관해둡니다. 그리고 이유식 만들 때 하나씩 꺼내서 사용하면 돼요.

TIP 양파는 달고 감칠맛이 나는 재료예요.
이유식에 양파가 들어간다고 했을 때 뭔가 맵지 않을까 싶었는데요. 직접 만들어보니 양파에서 단맛과 감칠맛이 나서 이유식에 넣으니까 훨씬 더 맛있었어요.

10 | 표고버섯

1_ 표고버섯은 흐르는 물에 살짝 씻은 후에 갓 부분만 떼어내주세요.

2_ 듬성듬성 썰어서 채소다지기에 넣고 다져 주세요. 채소다지기를 사용하면 입자 크 기도 보면서 적당하게 갈아낼 수 있어서 좋아요.

3_ 이유식 만들 때 모든 채소는 30g씩 넣었 는데, 표고버섯은 20g만 넣었어요. 큐브 에는 15g씩만 보관했어요. 표고버섯 향 이 생각보다 강해서 조금 덜 넣었어요.

4_ 이유식 큐브에 다진 표고버섯을 15g씩 꾹 꾹 눌러 담아요. 15g씩 4개 나왔어요. 1팩 (7개) 모두 사용하지 않았어요. 4개만 이 유식용으로 만들고, 2개는 닭고기육수 만 들 때 넣었어요. 1개는 된장찌개에 넣으려 고 깍뚝썰기해서 냉동 보관해놓았어요.

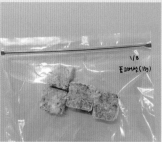

5_ 이유식 큐브에 넣은 표고버섯은 냉동 보 관해요. 하루 정도 후에 쏙쏙 빼서 지퍼 백에 옮겨 담아주세요.

(TIP) 표고버섯은 이유식과 육수 재료로 활용해요.

- 표고버섯에는 비타민이 풍부하게 들어 있어요. 소고기에 있는 칼슘과 철분 흡수를 도와서 뼈가 튼튼하게 자라나도록 해줘요. 특히 표고버섯을 말리 면 비타민 D가 더욱 풍부해지니까 말린 표고버섯을 이용하는 것도 좋아요.

- 이유식에는 표고버섯의 갓 부분만 쓰기 때문에, 나머지 부분은 육수 끓일 때 사용하면 좋아요. 보통 표고버섯 1팩(7개인 경우)을 사면 4개 정도는 이 유식용 큐브로 만들고, 나머지는 육수 만들 때 사용하거나 잘게 썰어서 된장찌개용으로 냉동 보관해서 사용해요.

- 버섯을 익혀야 할지 생으로 쓸지 고민했는데요. 어차피 죽 끓일 때 넣고 끓일 거라서 그냥 생으로 갈아서 큐브로 만들어 보관했어요.

- 표고버섯은 향이 강한 재료예요. 튼이는 거부감 없이 잘 먹긴 했지만, 아기마다 성향이 다르니, 혹시 향이 너무 강해 아기가 잘 못 먹을 것 같으면 양 을 적게 잡으세요.

1_ 고구마는 흐르는 물에 잘 씻은 뒤 껍질은 그대로 두고 대충 썰어주세요. 껍질은 찌고 나면 잘 벗겨져요. 썰어서 찌면 단시간에 찔 수 있어요. 덩어리째로 넣으면 찌는 시간이 더 오래 걸려요.

2_ 썰어놓은 고구마를 찜기 위에 골고루 펴놓아요. 찜기에 넣고 20분 정도 쪄주세요. 뚜껑을 열어보고 젓가락으로 찔렀을 때 푹 잘 들어가면 다 익은 거예요.

3_ 고구마는 껍질을 벗겨서 준비해주세요.

4_ 푸드매셔로 으깨주거나, 포크로 으깨도 됩니다. 스푼보다는 포크를 사용하면 쉽게 으깰 수 있어요.

5_ 큐브에 꾹꾹 눌러 담아주세요. 당장 사용할 30g과 30ml짜리 6개가 나왔어요. 큐브에 담기 어려울 때는 물을 조금 넣고 섞은 후에 담아보세요.

 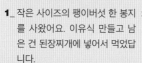   

1_ 작은 사이즈의 팽이버섯 한 봉지를 사왔어요. 이유식 만들고 남은 건 된장찌개에 넣어서 먹었답니다.

2_ 팽이버섯 밑동을 싹둑 잘라주세요. 이유식용으로 사용할 거라 조금 더 많이 잘랐어요.

3_ 팽이버섯은 40g을 계량해요.

4_ 깨끗한 물에 씻어준 다음 칼로 잘게 다져주세요. 팽이버섯은 한 부분으로 모아 가로로 잡고 채 썰듯이 작게 썰면 잘 다져져요.

(TIP) 팽이버섯은 섬유질이 풍부한 식재료예요.

팽이버섯에는 섬유질이 풍부하게 들어 있어요. 그래서 장 운동을 원활하게 해주고, 변비 예방에도 도움이 돼요. 또한 필수 아미노산이 풍부하게 들어 있어서 아이들의 뇌 활성화에도 효과적이라고 합니다.

13 | 단호박

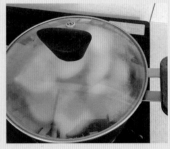

1_ 단호박은 껍질이 단단해서 그냥 자르면 손을 다칠 수 있어요. 전자레인지에 넣고 1분씩 위아래를 뒤집어가며 살짝 익혀서 자르면 쉽게 자를 수 있어요.

2_ 숟가락으로 단호박 안에 있는 씨를 파내요.

3_ 찜기에 넣고 20분 정도 쪄주세요. 저는 고구마와 함께 넣고 쪘어요. 젓가락으로 찔렀을 때 푹 잘 들어가면 다 익은 거예요.

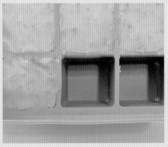

4_ 잘 익은 단호박은 스푼으로 속만 파내서 준비해둡니다.

5_ 푸드매셔로 으깨주거나, 포크로 으깨도 됩니다. 스푼보다는 포크를 사용하면 쉽게 으깰 수 있어요.

6_ 으깬 단호박은 큐브에 꾹꾹 눌러 담아주세요. 큐브 4개가 나왔어요. 큐브에 담기 어려울 때는 물을 조금 넣고 섞은 후에 담아보세요.

TIP 감자, 고구마, 단호박 손질법은 동일해요.
고구마나 단호박은 손질 시간이 오래 걸리는데 이렇게 미리 손질해서 이유식 큐브로 만들어두고 사용하면 정말 편해요. 감자도 위와 같은 방법으로 손질, 보관하면 됩니다.

1_ 비트는 흐르는 물에 깨끗하게 씻어주세요. 그리고 반으로 잘라주세요.

2_ 감자칼로 반으로 자른 비트의 껍질을 깎아주세요. 반으로 자른 후 깎아야 덜 미끄러워요. 감자칼도 무시하면 안 돼요. 손을 베일 수도 있고 비트물도 스며들 수 있으므로 꼭 일회용 비닐장갑을 끼고 손질하세요.

3_ 껍질을 깎은 비트는 깍뚝썰기로 잘라주세요. 비트를 손질하다 보면, 빨간 물이 나오는데 여기저기 묻을 수 있으니 조심하세요.

4_ 잘게 자른 비트는 채소다지기에 넣고 갈아주세요. 입자 크기는 아기가 잘 먹을 수 있을 정도로 조절해 주세요.

5_ 저는 약간 더 잘게 다졌어요. 비트 자체가 푹 익은 상태여서 특유의 식감이 있어요.

6_ 바로 죽을 만들 30g을 제외하고, 30ml 이유식 큐브로 5개가 나왔어요.

7_ 하루 뒤에 지퍼백으로 옮겨 담은 후 냉동 보관하면 돼요. 비트는 소량만 넣어도 빨간색이 확 살아나요.

(TIP) 비트는 철분이 많은 식재료예요.

• 비트에는 철분이 많이 들어 있어요. 적혈구 생성 및 혈액 조절에 효과적이어서 빈혈 예방에 좋아요. 소고기와도 궁합이 좋은 재료예요. 소고기와 비트를 함께 사용하면 빈혈 예방에 아주 좋은 이유식을 만들 수 있어요. 그래서 저는 비트를 이용해 소고기비트애호박죽을 만들었어요.

• 비트는 사오자마자 신선하게 사용하는 게 좋아요. 오래 두면 질산염 수치가 높아져서 안 좋다고 하니 신선할 때 사용하세요.

• 보통 이유식 큐브로 만드는 건 1개 정도면 충분해요. 많이 샀다면, 나머지 비트는 피클로 만들어두면 맛있게 먹을 수 있어요.

15 | 새송이버섯

1_ 새송이버섯은 흐르는 물에 휘리릭 한 번 씻어줘요. 원래 버섯은 물에 씻는 게 아니라지만 아기가 먹을 거라서 살짝 씻어줬어요. 버섯 아랫부분을 잘라주세요. 표고버섯은 갓 부분만 사용했는데, 새송이버섯은 대까지 사용해도 돼요.

2_ 아랫부분을 잘라주고 계량해보니 31g 정도 나왔어요. 이유식 한 번 만들 분량이에요. 반으로 잘라서 반달썰기로 잘라주세요.

3_ 채소다지기로 다져요. 버섯은 익히지 않고 생으로 다져서 보관해요. 익혀서 보관해도 되지만 약간 질겨져요. 생으로 보관해도 어차피 이유식 만들 때 가열하니까 괜찮아요. 버섯은 채소다지기가 필수예요. 칼로 다지려면 좀 힘들지 않을까 싶어요.

4_ 버섯은 조금 더 작은 입자로 다져줬어요. 손질이 끝나면 이유식 만들 때 바로 넣어서 끓이면 돼요. 많이 만들었다면 이유식 큐브에 넣어서 냉동실에 보관하면 돼요. 하루 후에 꺼내서 지퍼백에 보관하고요.

(TIP) 버섯은 무기질과 단백질을 고루 갖춘 식재료예요.

- 생후 6개월이 지나면서부터 버섯도 새로운 재료로 추가할 수 있어요. 양송이버섯은 다른 버섯에 비해 식감이 부드럽고 질기지 않아 처음 먹여보는 버섯으로 좋아요. 튼이의 경우에는 양송이버섯을 먹이기 전에 표고버섯을 이미 먹여봤는데요. 딱히 이상이 없었기 때문에 이어서 새송이버섯을 넣고 만들어주었어요. 다음에는 양송이버섯이나 팽이버섯을 이용해서 만들어보려고 해요.

- 이유식 식단표를 보고 새송이버섯이 필요한 날을 대략 생각해서 손질하고 필요한 만큼만 큐브로 보관해주세요. 그러면 아무래도 버리는 게 적을 테니까요.

- 저는 식단표를 짤 때 새송이버섯은 한 번만 넣었어요. 다음 이유식에서는 팽이버섯이나 양송이버섯을 넣기 위해서요. 그래서 저는 큐브로 보관하지 않고 필요한 만큼만 손질해서 사용했어요. 손질 방법은 똑같으니 큐브로 보관하려면 양을 많이 잡고 시작하면 돼요.

1_ 초기 이유식과 마찬가지로 중기 이유식에서도 줄기는 사용하지 않았어요. 후기쯤 되면 줄기까지 사용해도 될 것 같아요. 비타민은 깨끗이 씻어서 부드러운 잎 부분만 모두 떼어냈답니다.

2_ 손질한 비타민을 계량해보니 59g 나왔어요. 이유식 한 번 만들 때 30g씩 넣는다면 두 번 정도 넣을 분량이에요.

3_ 끓는 물에 비타민을 넣고 1분에서 1분 30초 정도 데쳐주세요.

4_ 데친 비타민을 채소다지기에 넣어서 다져주세요. 그런데 잎채소는 확실히 제대로 잘 안 다져져요. 그래도 일단 채소다지기에 넣고 어느 정도 잘려진 상태에서 칼로 다지는 게 쉬워요.

5_ 어느 정도 다져진 비타민을 꺼내서 입자를 봐가면서 칼로 좀 더 잘게 다져줍니다. 아기에게 맞는 입자로 조절해가면서 다져주세요.

6_ 이유식 만들 때 바로 사용할 20g짜리 하나와 큐브에 보관할 1개가 나왔어요.

1_ 청경채도 비타민과 똑같이 손질하면 돼요. 부드러운 잎 부분만 사용해요.

2_ 끓는 물에 1분 정도 데쳐주면 숨이 죽어요.

3_ 데친 청경채는 입자를 보면서 칼로 다져줍니다.

4_ 이유식에 사용할 것만 빼놓고 남는 건 이유식 큐브에 보관해요. 위에는 비타민, 밑에는 청경채를 담았어요.

청경채 손질법

137

18 | 밤

1_ 밤을 껍질째 준비했어요. 조금 더 편하게 하려면 그냥 껍질 깐 밤으로 사용해도 됩니다.

2_ 잘 씻은 밤을 찜기에 올려서 쪄줍니다. 물은 넉넉하게 넣어줘야 냄비가 안 탑니다. 센 불에서 20분, 약한 불로 10분 정도 찐 다음 불을 끄고 10분 정도 뜸을 들이면 돼요. 찬물에 30분 정도 담가두면 껍질이 잘 벗겨져요.

3_ 밤은 반으로 잘라서 속살만 파주세요. 이 작업이 상당히 오래 걸려요. 밤 2~3개를 팠더니 26g 정도 나왔어요.

4_ 속살만 파낸 밤을 다져주세요. 채소다지기로 다져도 돼요. 양이 얼마 안돼서 그냥 손으로 다졌는데 손목이 너무 아팠어요. 꼭 다지기를 쓰세요. 이유식에 사용할 것만 빼놓고 남는 건 이유식 큐브에 보관하시면 돼요.

> **TIP** 밤은 위장과 비장을 보호해줘요.
> • 밤은 위장과 비장을 보호하고 소화를 돕는 효능이 있어요. 닭고기와 밤을 함께 섭취하면 몸에 부족한 피를 보충해주기 때문에 빈혈 예방에 도움이 됩니다.
> • 밤은 소고기와는 궁합이 좋지 않으니 이유식에 넣을 때는 닭고기와 함께 만들어주세요.

19 | 구기자

1_ 구기자는 한 스푼 정도 사용해요. 물에 한 번 씻어준 다음 물에 넣고 끓이면 돼요.

2_ 구기자를 물에 넣고 20분 정도 놔두세요.

3_ 20분 정도 지난 후에 불을 켜고 끓여요. 팔팔 끓으면 약한 불로 낮춰 30~40분 정도 우려내주세요. 이때 물 양을 넉넉하게 넣어야 원하는 양이 나와요.

4_ 다 우려낸 후 구기자는 건져내고 구기자물만 남겨주세요. 양이 많으면, 식은 후에 모유저장팩에 넣어서 냉동 보관해서 사용해도 돼요.

TIP 구기자 우려낸 물로 이유식을 만들어보세요.

• 구기자를 우려낸 물을 사용해서 이유식을 만들어 먹이면 좋아요.

• 구기자는 단맛이 있어서 아기들이 먹기에 좋고, 소화 흡수를 촉진해서 속을 편안하게 만들어줘요. 또 해독 작용을 하기 때문에 독소와 노폐물의 배출을 돕고 혈액순환을 원활하게 만들어주는 효과도 있어요.

• 구기자와 닭의 궁합도 좋기 때문에 입맛이 없는 아기들에게 먹이는 이유식으로 아주 좋아요.

미역 | 20

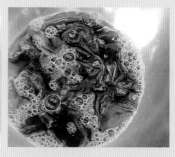

1_ 말린 미역은 물에 불려서 사용해요. 생미역이 있다면 물에 깨끗하게 씻어서 사용하면 돼요.

2_ 손질한 미역을 끓는 물에 살짝 데쳐주세요. 약간 질긴 미역을 사용한다면 조금 더 데쳐주어도 돼요.

3_ 미역줄기도 넣을까 하다가 처음 맛보는 식재료라 부드러운 잎 부분만 사용했어요.

4_ 가위로 미역을 잘게 잘라주세요.

5_ 믹서에 물을 약간 넣고 윙윙 갈아주세요. 어느 정도 입자가 나오게 조절해가면서 갈아요. 채소다지기에는 안 해봐서 모르겠지만 믹서에서도 잘 갈렸어요. 칼로 다지려면 미끌거려서 조금 힘들 것 같아요. 양이 많으면 이유식에 사용할 것만 빼놓고, 남는 건 이유식 큐브에 보관하면 돼요.

TIP 미역과 소고기의 궁합이 좋아요.

미역과 소고기는 궁합이 아주 좋아요. 미역의 끈적한 부분에 식이섬유가 많이 들어 있어 콜레스테롤과 지방을 배출하는 데 도움을 줍니다.

1_ 연근은 깨끗하게 씻은 후 감자칼로 껍질을 벗겨내요. 연근 구멍 안에 있는 불순물은 물로 씻어도 쉽게 빠지지 않는데 이때는 젓가락을 이용해 빼주면 됩니다.

2_ 연근은 0.5cm 두께로 썰어요. 연근은 갈변을 막기 위해 껍질을 벗기는 즉시 식초물에 담가주세요. 갈변도 방지하고 연근 특유의 아린 맛도 제거할 수 있어요.

3_ 혹시 식초물에 담그지 않았다면 데칠 때 물에 식초를 몇 방울 떨어뜨려도 좋아요. 식초물은 연근이 잠길 정도의 물에 식초 두어 방울이면 돼요. 약 20분 정도 삶아 주세요. 연근 자체가 아삭한 식감이 있기 때문에 처음 맛보는 아기는 거부할 수도 있어서 푹 삶아주었어요.

4_ 연근 30g을 계량했어요. 연근은 조리해도 아삭한 질감이 그대로 남아 있어요.

5_ 아기가 딱딱하다고 느낄 수 있으므로 되도록 곱게 다져서 사용하는 게 좋아요. 그래서 믹서에 곱게 갈았어요. 입자가 거의 없을 정도로요. 양을 많이 만드셨다면 큐브에 넣어서 냉동 보관해서 사용하세요.

(TIP) 연근은 빈혈과 변비, 감기 예방에 좋아요.

• 연근은 비타민 C와 철분, 식이섬유가 풍부해 빈혈과 변비, 감기 예방에 좋아요.

• 연근은 굵고 길며 껍질에 흠집이 없고 흙이 묻어 있는 것을 고르세요.

• 이유식 재료로 사용하고 남은 연근은 연근조림으로 만들어 어른 반찬으로 활용할 수 있어요.

1_ 말린 대추는 깨끗한 물에 베이킹소다를 넣고 씻어주세요.

2_ 냄비에 씻은 대추와 물을 붓고 팔팔 끓여주세요. 20분 정도 중간 불로 익혔어요. 어느 정도 대추가 통통해지는 느낌이 든다 할 때 불을 끄면 돼요.

3_ 익힌 대추는 칼로 배를 가른 다음 씨를 빼냅니다.

4_ 작은 포크로 긁어서 껍질과 속살을 분리해줘요.

5_ 열심히 모아서 22g까지 만들었어요. 30g을 채우려고 했는데 손이 아파서 더 못했어요.

6_ 속살은 칼로 다져주세요.

TIP 대추는 꼭 껍질을 제거하고 넣어주세요.

대추는 당도가 높아요. 특히 엽산, 비타민 C, 칼륨 등 영양 성분이 풍부해요. 삶은 대추를 체에 내려 이유식에 첨가하면 단맛은 물론 칼슘이 더해져 뼈를 튼튼하게 만드는 역할을 해요. 주의할 점은 먼저 아기에게 알레르기 반응이 나타나지 않는지 살펴봐야 해요. 또한, 대추 껍질이 소화를 방해하기 때문에, 힘들더라도 반드시 껍질을 제거하고 이유식에 넣어주세요. 대추 손질하는 게 너무 어렵다면 손질되어 있는 말린 대추를 활용해보세요. 인터넷에서 쉽게 구입할 수 있어요.

검은콩 | 23

1_ 검은콩은 반나절 이상 불려요. 이유식 만들기 전날 미리 물에 담가서 냉장고에 보관해둬도 좋아요. 최소 7~8시간 이상 불렸다가 삶아야 껍질도 잘 벗겨지고 삶는 시간도 단축돼요.

2_ 냄비에 넉넉하게 물을 넣고 검은콩을 삶아줍니다.

3_ 삶다 보면 흰색 거품이 올라오는데 사포닌 성분이라 몸에 좋다고 해요. 그래서 거품을 건어내지 않고 삶았어요. 센 불에서 끓이다가 끓기 시작하면 중간 불로 줄여 20분 이상 푹 삶아주세요. 검은콩 자체가 덜 삶으면 조금 딱딱하더라고요.

TIP 검은콩은 최대한 미세하게 갈아주세요.

검은콩 같은 경우 작은 입자라도 딱딱하게 느껴지기 때문에 조금 미세하게 갈아주는 게 좋아요. 검은콩을 먹여보고 싶은데 손질할 자신이 없는 경우에는 검은콩가루를 추천합니다. 이유식을 만들 때 1스푼씩 넣으면 고소하고 맛있어요.

4_ 하나씩 손으로 까면 너무 힘들겠죠. 큰 볼에 넣고 찬물을 부어준 다음 빨래 빨듯이 박박 손으로 비벼주면 슬슬 벗겨져요. 안 벗겨진 콩은 손으로 벗겨주면 됩니다.

5_ 껍질을 벗긴 콩은 채소다지기나 믹서에 넣고 입자를 봐가면서 갈아줍니다. 양이 많거나 오래 보관하려면 이유식 큐브에 담아서 냉동 보관해주세요.

중기 이유식 1단계

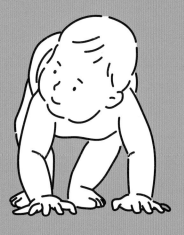

완분 아기인 튼이는 생후 150일부터 초기 이유식을 시작했어요. 초기 이유식 1단계와 초기 이유식 2단계를 거쳐 두 달 동안 진행한 후 생후 210일부터 중기 이유식으로 넘어가게 됐어요. 꼭 초기 이유식을 두 달 동안 해야 되는 건 아니에요. 미음에서 죽으로 넘어가는 단계인데, 이 시기에 아기가 부담스러워하거나 잘 못 먹고, 헛구역질을 한다면 초기 이유식을 조금 더 진행해도 돼요. 그리고 입자 크기가 점점 커지게 되는데 아기가 부담스러워할 때면 언제든 다시 곱게 갈아주기도 하면서, 엄마가 아기한테 최대한 맞춰주는 게 중요해요.

* 10번째 레시피의 새로운 재료 중 적채는, 양배추의 한 종류이기 때문에 적채 대신 양배추를 사용하셔도 됩니다.

중기 이유식 1단계

1	2	3	4	5	6
D+210	D+211	D+212	D+213	D+214	D+215
(p.146) 닭고기시금치죽 소고기브로콜리죽 (p.148)	닭고기시금치죽 소고기브로콜리죽	닭고기시금치죽 소고기브로콜리죽	(p.150) 닭고기브로콜리당근죽 소고기애호박죽 (p.152)	닭고기브로콜리당근죽 소고기애호박죽	닭고기브로콜리당근죽 소고기애호박죽
NEW : 시금치	-	-	NEW : 당근	-	-
7	**8**	**9**	**10**	**11**	**12**
D+216	D+217	D+218	D+219	D+220	D+221
(p.154) 소고기아욱죽 닭고기애호박브로콜리죽 (p.156)	소고기아욱죽 닭고기애호박브로콜리죽	소고기아욱죽 닭고기애호박브로콜리죽	(p.158) 닭고기적채사과죽 소고기배추감자죽 (p.160)	닭고기적채사과죽 소고기배추감자죽	닭고기적채사과죽 소고기배추감자죽
NEW : 아욱	-	-	NEW : 배추, 적채	-	-
13	**14**	**15**	**16**	**17**	**18**
D+222	D+223	D+224	D+225	D+226	D+227
(p.162) 닭고기양파시금치죽 소고기애호박브로콜리죽 (p.164)	닭고기양파시금치죽 소고기애호박브로콜리죽	닭고기양파시금치죽 소고기애호박브로콜리죽	(p.166) 소고기아욱표고버섯죽 닭고기양파당근죽 (p.168)	소고기아욱표고버섯죽 닭고기양파당근죽	소고기아욱표고버섯죽 닭고기양파당근죽
NEW : 양파	-	-	NEW : 표고버섯	-	-
19	**20**	**21**	**22**	**23**	**24**
D+228	D+229	D+230	D+231	D+232	D+233
(p.172) 소고기비트애호박죽 닭고기사과고구마죽 (p.170)	소고기비트애호박죽 닭고기사과고구마죽	소고기비트애호박죽 닭고기사과고구마죽	(p.174) 소고기새송이비타민죽 닭고기청경채당근죽 (p.176)	소고기새송이비타민죽 닭고기청경채당근죽	소고기새송이비타민죽 닭고기청경채당근죽
NEW : 비트	-	-	NEW : 새송이버섯	-	-
25	**26**	**27**	**28**	**29**	**30**
D+234	D+235	D+236	D+237	D+238	D+239
(p.178) 닭고기밤양파죽 소고기오이감자죽 (p.180)	닭고기밤양파죽 소고기오이감자죽	닭고기밤양파죽 소고기오이감자죽	(p.184) 소고기미역죽 닭고기고구마적채죽 (p.182)	소고기미역죽 닭고기고구마적채죽	소고기미역죽 닭고기고구마적채죽
NEW : 밤	-	-	NEW : 미역	-	-

• 새로운 재료 : 시금치, 당근, 아욱, 배추, 적채, 양파, 표고버섯, 비트, 새송이버섯, 밤, 미역

닭고기시금치죽

12배죽

중기 이유식이 시작되었어요. 이제부터는 중기 이유식용 쌀가루를 이용할 거예요. 초기용 쌀가루가 아주 고운 가루 형태였다면, 중기용 쌀가루는 쌀알이 2~3등분으로 잘려진 형태예요. 사실 중기용 쌀가루를 직접 만들어서 쓰는 경우도 있어요. 중기용 쌀가루를 사서 만들면 불릴 필요도, 믹서에 갈 필요도 없이 바로 사용하면 되니 참 편해요.

준비물

중기 쌀가루 40g
닭안심 30g
시금치 30g
물 또는 육수 480ml

완성량

120ml씩 3일분
└ 끓이는 시간에 따라 완성량이
　조금 다를 수 있어요.

닭고기시금치죽
만들기

1_ 시금치는 손질해서 흐르는 물에 깨끗
이 씻어요. 줄기는 잘리네고 잎 부분
만 사용합니다.

2_ 끓는 물에 손질한 시금치를 넣고 1분
정도 데쳐주세요.

3_ 데친 시금치는 칼로 잘게 다져주
세요. 잘게 다진 시금치 30g을 준
비해요.

4_ 중기 이유식용 쌀가루 40g을 준
비해요.

5_ 냄비에 찬물 80ml과 쌀가루 40g
을 넣고 풀어준 후에 물 또는 닭고
기 육수 400ml를 부어주세요. 육
수를 사용하면 훨씬 더 맛있어요.

6_ 냉동 보관해둔 닭고기 큐브 30g
짜리 1개를 꺼내서 넣어주세요.

7_ 센 불로 끓이며 저어주세요. 확
끓어오르면 약한 불로 줄인 뒤 약
7~8분 정도 저어가며 쌀이 푸욱
퍼질 때까지 끓여주세요.

8_ 쌀이 퍼진 뒤 다진 시금치 30g
을 넣어주세요. 약한 불에서 계
속 저어주며 2분 정도 끓여요.
처음부터 약 10분 정도 끓인다
고 보면 돼요.

9_ 다 끓이고 나면 이 정도의 농도
가 돼요. 12배죽으로 만든 레시
피예요.

10_ 입자 크기는 이 정도예요. 먹어
보니 부담스러울 정도는 아니
라 튼이한테 그냥 먹였어요. 꽤
잘 먹었어요.

11_ 처음으로 죽 형태로 된 이유식을 만들어봤는데 미음이랑은 확실히 다
르죠? 닭고기와 시금치 알갱이들이 보여요.

12_ 110ml씩 3일분 분량이 나왔어요. 제가 알려드린 레시피대로 만들면
평균적으로 120ml씩 3일분은 나오니 참고하세요. 한 김 식힌 후 당
장 내일 먹일 1개는 냉장 보관해주세요. 2, 3일 차에 먹일 이유식은
냉동 보관하면 돼요. 먹일 때는 전자레인지에 40~50초 정도 데우면
적당해요.

소고기
브로콜리죽

12배죽

하루에 2개의 이유식을 만들다보니 시간이 조금 걸리긴 하지만, 그래도 생각보다는 할 만해요. 밥솥 이유식으로 바꿀까 고민 중이지만, 일단 냄비로 계속 만들고 있어요. 조금이라도 편하게 만들고 싶다면, 이 레시피대로 밥솥에 하면 됩니다. 사실 중기부터 밥솥 이유식을 하면 정말 신세계예요. 너무 편해요.

준비물

중기 쌀가루 40g
소고기 30g
브로콜리 30g
물 또는 육수 480ml

완성량

140ml씩 3일분

└─이상하게 닭고기랑 똑같이 만드는데도 소고기가
　양이 조금 더 많이 나와요. 닭고기로 만든 이유식이나
　소고기로 만든 이유식이나 평균 120ml라고 보면 돼요.

1_ 소고기 30g을 준비해요. 냉동해둔 소고기 큐브가 있다면 30g짜리 1개를 꺼내주세요. 그리고 찬물에 20분 정도 담가 핏물을 빼주세요.

2_ 소고기 핏물을 뺄 동안 브로콜리를 손질해요. 브로콜리는 꽃 부분만 사용해요. 브로콜리도 미리 손질해서 데친 후에 큐브로 냉동 보관해두면 훨씬 더 편합니다.

3_ 데친 후 다진 브로콜리 30g을 준비해요. 냉동해둔 큐브가 있으면 하나를 꺼내놓으세요.

4_ 핏물을 제거한 소고기는 끓는 물에 넣어 익혀주세요.

5_ 믹서에 익힌 소고기와 80ml의 물을 넣고 갈아주세요.

6_ 쌀가루 40g을 찬물 100ml에 풀어줍니다.

7_ 쌀가루 푼 물에 소고기 갈아놓은 것과 소고기 육수 300ml를 넣어줍니다. 전체적인 물(또는 육수)의 양이 480ml가 들어가면 돼요.

8_ 마지막으로 갈아놓거나 냉동 큐브로 만들어둔 브로콜리 30g을 넣어요. 방금 데친 브로콜리라면 처음부터 안 넣고, 끓이다가 마지막쯤 넣어줘도 좋아요.

9_ 센 불로 끓이다가 확 끓어오르면 약한 불로 줄인 후 약 10분 정도 끓여줘요.

10_ 다 끓이면 이 정도의 농도로 완성됩니다. 소고기는 한 번 갈아줬더니 입자가 더 작아졌어요.

11_ 총 140ml씩 3일분 분량이 나왔어요. 한 김 식힌 뒤 바로 먹일 건 냉장 보관하고, 2, 3일 차에 먹일 건 냉동 보관하면 돼요. 먹일 때는 전자레인지에 40~50초 정도 데우면 됩니다.

닭고기
브로콜리당근죽

12배죽

첫 번째 중기 이유식에서는 닭고기시금치죽과 소고기브로콜리죽을 만들었어요. 이 번에는 닭고기브로콜리당근죽과 소고기애호박죽을 만들 거예요. 이제부터는 이유 식 큐브로 만들어둔 덕분에 아주 간편하게 만들 수 있답니다.

준비물

닭고기 30g
브로콜리 30g
당근 20g
중기 쌀가루 40g
물 또는 육수 480ml

완성량

140ml씩 3일분

ㄴ끓이는 시간에 따라 완성량이
  조금씩 달라질 수 있어요.

1_ 당근은 손질한 뒤 바로 20g을 계량
해주세요. 브로콜리는 이유식 큐브로
냉동 보관해둔 것을 1개 꺼냈어요.

2_ 찬물 80ml에 중기용 쌀가루 40g을
넣고 풀어주세요.

3_ 닭고기 육수 400ml를 넣어주세요.
총 물(또는 육수)의 양이 480ml 들
어가면 돼요.

4_ 30g짜리 닭고기 큐브 1개를 냄비에
넣어주세요. 브로콜리와 당근은 잠시
옆에 준비해주세요.

5_ 센 불에서 저어가며 끓이다가 확
끓어오르면 약한 불로 줄여 7분
정도 끓여주세요.

6_ 준비해둔 당근과 브로콜리를 넣
고 저어가며 3분 정도 더 끓여주
세요.

7_ 다 끓이고 나면 이 정도의 농도
로 완성돼요. 입자 크기도 아기
가 먹기에 괜찮은 정도예요.

8_ 140ml씩 3일 분량이 나왔어요.
한 김 식혔다가 바로 먹일 건 냉
장 보관하고, 2, 3일 차에 먹일 건
냉동 보관해주세요. 먹일 때는 전
자레인지에 40~50초만 데우면
돼요.

소고기애호박죽

12배죽

한 번에 두 개씩 만들다보니 시간이 조금 걸리긴 하지만, 그래도 나름 할 만해요. 육수와 고기, 채소 큐브만 있으면 든든합니다. 소고기와 애호박은 궁합이 좋은 식재료예요. 위장이 약한 아기들에게 좋고 알레르기 반응이 가장 적은 애호박이기 때문에 이유식 재료로 좋아요.

준비물

소고기 30g
애호박 30g
중기 쌀가루 40g
육수 또는 물 480ml

완성량

120ml씩 3일분

1_ 소고기 큐브 30g 하나를 꺼내 찬물에 담가 핏물을 빼주세요. 20분 정도 담가두면 녹으면서 핏물이 빠져요. 중간에 물을 한 번 갈아줘도 좋아요.

2_ 핏물을 뺀 소고기는 3~5분간 삶아주세요.

3_ 찬물 200ml에 중기 쌀가루 40g을 넣고 풀어주세요.

4_ 쌀가루 푼 물에 소고기와 소고기 육수 280ml를 부어줍니다. 소고기 육수를 만든 후 남은 걸로 사용한 거라 280ml가 있어서 찬물 200ml를 더해 만든 거예요. 제가 사용한 용량과 똑같지 않아도 되니, 총 물(또는 육수)의 양이 480ml만 되게 맞춰주세요.

5_ 냄비는 불 위에 올리고 손질해둔 애호박 30g을 준비합니다. 냉동해둔 큐브가 있으면 꺼내놓으시면 돼요.

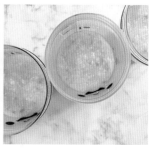

6_ 센 불에서 끓이다가 확 끓어오르면 약한 불로 줄여서 7~8분 정도 저어가며 끓여주세요.

7_ 손질해둔 애호박 30g(혹은 냉동해둔 애호박 큐브)을 넣고 약한 불로 2~3분 더 끓여주세요.

8_ 소고기애호박죽 완성입니다. 120ml씩 3일 분량이 나왔어요. 그때그때 분량이 조금씩 다르긴 한데, 평균적으로 120ml씩 3일분 나와요.

중기

소고기아욱죽

12배죽

소고기와 아욱은 궁합이 좋은 식재료예요. 변비 예방에도 좋은 아욱은 아기 이유식 재료로 쓰기에 좋아요. 남은 아욱은 어른 된장국으로 끓여 먹어도 좋아요. 튼이 이유식 만들고 남은 아욱은 줄기가 더 많아서 아욱줄기된장국이 되었지만요.

준비물

소고기 30g
아욱 30g
중기 쌀가루 40g
물 또는 소고기 육수 480ml

완성량

120ml씩 3일분

1_ 30g짜리 소고기 큐브 하나를 꺼내 찬물에 20분 정도 담가 핏물을 빼주세요.

2_ 소고기 육수도 찬물에 해동해주세요. 모유저장팩에 육수를 200ml씩 소분 해뒀는데요. 사용하고 싶은 만큼 사용하고 나머지 양은 그냥 물을 추가하면 돼요.

3_ 중기 쌀가루 40g을 찬물 80ml에 넣고 풀어주세요. 소고기 육수는 400ml 활용할 거예요.

4_ 핏물을 뺀 소고기는 3~5분 정도 삶아주세요.

5_ 쌀가루 푼 물에 소고기 육수 400ml를 넣어주세요. 얼린 게 다 안 녹았어도 그냥 부어주면 돼요. 삶아둔 소고기도 넣어주세요.

6_ 센 불에서 끓여주다가 확 끓어오르면 약한 불로 줄이고 7~8분 정도 저어가며 끓여주세요.

7_ 손질해둔 아욱 30g을 넣고 2~3분 정도 약한 불에서 저어가며 더 끓여주세요.

8_ 소고기아욱죽 완성입니다. 육수랑 소고기 큐브를 이용하니까 금방이죠. 120ml씩 3일분 나왔어요.

닭고기애호박 브로콜리죽

12배죽

닭고기에는 양질의 단백질과 마그네슘, 요오드가 풍부해서 애호박에 부족한 영양소를 보충해줍니다. 닭고기와 브로콜리도 궁합이 좋은 식재료예요. 이번 죽은 큐브만을 이용해서 정말 간편하게 만들었어요. 만들어둔 채소 큐브가 하나씩 늘어나면서 어느 순간이 되면 큐브만으로 이유식을 만들 수 있어요.

준비물

닭고기 30g

애호박 30g

브로콜리 30g

중기 쌀가루 40g

물 또는 닭고기 육수 490ml

└닭고기로 만들 때 양이 적은 듯해서
　물의 양을 10ml 더 넣어봤어요.

완성량

130ml씩 3일분

1_ 이유식 만들기 전에 미리 냉동실에
얼려둔 닭고기 육수 200ml짜리 2팩
을 찬물에 담가 해동해주세요.

2_ 찬물 90ml에 중기 쌀가루 40g을 풀
어주세요.

3_ 닭고기, 애호박, 브로콜리 큐브를 하
나씩 꺼냈어요. 중기 이유식의 꽃은
큐브라는 게 실감나는 순간입니다.
재료 손질 따로 할 필요 없이 미리 만
들어둔 이유식 큐브를 활용했어요.
시간도 단축되고 너무 편하네요.

4_ 쌀가루 푼 물에 닭고기 큐브만 먼저
넣어 끓이다가 채소 큐브를 넣곤 하는
데요. 그냥 싹 다 한꺼번에 넣었어요.

5_ 닭고기 육수 200ml짜리 2개도 넣었
습니다. 센 불에서 저어가며 끓이다가
확 끓어오르면 약한 불로 줄이고 10
분 정도 끓이면 돼요. 채소를 나중에
넣는 거랑 비교해봤는데 딱히 다른
점은 모르겠어요. 그냥 큐브만 있으면
한꺼번에 다 넣고 끓여도 될 것 같아
요. 실제로 밥솥 이유식 하는 분들은
전부 한 번에 넣고 만들더라고요.

6_ 완성입니다. 브로콜리 알갱이들이 보
이네요. 130ml씩 3일분이 나왔어요.
평소보다 물을 10ml 더 넣어서일까
요. 양이 조금 늘긴 했어요. 그때그때
끓이는 시간에 따라 양은 조금씩 다
를 수 있어요.

닭고기
적채사과죽

12배죽

양배추 종류 중 하나인 적채와 닭고기, 그리고 사과를 넣은 죽이에요. 맛이 달달한 죽이에요. 이 셋은 서로 궁합이 꽤 좋은 편이라 같이 먹으면 좋아요. 적채가 없다면 양배추를 대신 넣어도 상관없어요.

준비물

닭고기 30g
사과 30g
적채 30g
중기 쌀가루 40g
닭고기 육수 또는 물 480ml

완성량

130ml씩 3일분

1_ 사과는 껍질과 씨를 제거한 뒤 30g을
계량해서 준비해요.

2_ 믹서에 사과를 넣고 한두 번 윙윙 갈
아주세요. 채소다지기로 다져도 됩니
다. 입자가 조금 있게 갈거나 다져주
세요. 강판에 갈아도 돼요.

(TIP) 단맛 나는 이유식을 만들어주세요.

아기들이 이유식을 잘 안 먹어서 걱정이라면 가끔
과일을 함께 넣어서 만들어주세요. 그럼 달달해서
잘 먹어요.

3_ 찬물 80ml에 중기 쌀가루 40g
을 넣고 풀어주세요.

4_ 닭고기 30g, 적채 30g 사과 30g
이 모두 준비되었어요. 미리 준비
해둔 닭고기와 적채 냉동 큐브를
꺼내놓으시면 됩니다.

5_ 냉동 보관해둔 닭고기 육수는 찬
물에 해동한 후에 쌀가루를 푼
물에 넣어주세요. 다 해동되지
않았어도 그냥 넣으시면 돼요.
어차피 끓이면서 녹아요. 닭고기
큐브 30g도 넣어주세요.

6_ 닭고기 큐브를 넣고 끓이는데, 적
채와 사과는 나중에 넣을 거예요.
센 불에서 끓이다가 확 끓어오르
면 약한 불로 줄인 뒤 6~7분 정
도 저어가며 끓여주세요.

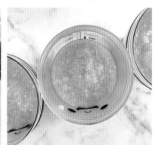

7_ 적채 30g, 사과 30g을 넣은 뒤 3~4
분 저어가며 더 끓여주세요. 사실 적
채와 사과를 처음부터 함께 넣고 끓
여도 상관없어요.

8_ 다 끓이고 나면 이 정도 농도로 완성
됩니다. 어느 정도 입자가 있는 죽 형
태예요.

9_ 적채가 들어가니 보라색이 나서 예
뻐요. 달달한 냄새가 한가득입니다.
130ml씩 3일분 완성했어요.

소고기 배추감자죽

12배죽

소고기와 배추는 찰떡궁합이래요. 배추에 부족한 단백질을 소고기로 보충할 수 있고, 영양의 밸런스를 맞출 수 있어서요. 소고기와 피해야 할 궁합은 고구마, 밤, 부추예요. 그래서 고구마 대신 감자를 넣었어요. 고구마는 닭고기와 궁합이 좋아요.

준비물

소고기 30g
배추 30g
감자 30g
중기 쌀가루 40g
소고기 육수 또는 물 480ml

완성량

120~140ml씩 3일분

1_ 냉동된 소고기 큐브 30g 1개를 찬물에 20분 정도 담가 핏물을 빼주세요. 핏물을 제거한 소고기는 끓는 물에 3~5분 정도 삶아주세요.

2_ 냉동 보관한 소고기 육수 200ml 2팩을 꺼내 찬물에 해동해주세요. 보통 2팩을 사용하는데 저는 소고기 육수가 1팩만 남아 있어서 1팩만 사용했어요.

3_ 찬물 280ml에 중기용 쌀가루 40g을 풀어주세요. 이번에는 소고기 육수를 200ml만 넣었어요.

4_ 배추는 부드러운 잎 부분만 30g 사용합니다. V자로 줄기 부분을 잘라주세요.

5_ 배추는 믹서에 윙윙 몇 번 갈아서 입자가 조금 있게 만들어주세요. 채소다지기로 다져도 됩니다.

6_ 배추 30g, 감자 30g을 준비해주세요. 감자는 이유식 큐브로 만든 것을 사용했어요.

7_ 쌀가루 풀어둔 물에 소고기 육수 200ml를 넣어주세요.

8_ 핏물을 빼서 삶아둔 소고기를 넣어주세요. 센 불에서 저어가며 끓이다가 확 끓어오르면 약한 불로 줄여 6~7분 정도 끓여주세요.

9_ 손질해둔 배추 30g과 감자 큐브 30g을 넣고 저어가며 3~4분 정도 더 끓여주세요.

10_ 입자 크기는 이 정도예요. 튼이는 거부감 없이 잘 먹었어요.

11_ 소고기배추감자죽이 완성됐어요. 평균 120~140ml씩 3일분 나온다고 보시면 돼요.

TIP 1 **소고기는 한 번 삶아서 사용하면 맛이 깔끔해요.**
소고기 넣은 이유식을 만들 때 핏물만 제거하고 그냥 넣어도 되지만, 조금 더 깔끔한 맛을 원한다면 한 번 삶은 뒤 넣으면 더 좋아요.

TIP 2 **이유식 식단을 보면서 재료의 총 양을 준비해요.**
이번에 처음으로 들어간 식재료가 배추였어요. 배추 같은 경우 이유식 큐브로 만들어둘까 하다가, 식단표를 보니 4주 안에 배추가 추가로 들어가는 식단이 없었어요. 그래서 배추는 30g만 계량해서 이유식에 사용했어요. 배추가 들어가는 식단이 많다면 큐브로 만들어서 사용하면 훨씬 더 편합니다.

닭고기
양파시금치죽

12배죽

닭고기와 양파, 시금치 셋의 궁합도 찰떡궁합이랍니다. 양파가 들어가 달달한 맛도 있어 아기들이 잘 먹는 이유식 중 하나예요. 원래 어른들 먹는 요리에도 양파를 많이 넣을수록 달달하잖아요.

준비물

닭고기 큐브 1개 30g

양파 30g

시금치 큐브 1개 30g

중기 쌀가루 40g

닭고기 육수+물 480ml

완성량

130ml씩 3일분

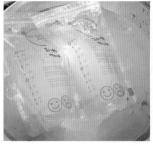 

1_ 냉동 보관해둔 닭고기 육수 200ml 2팩을 찬물에 해동해주세요. 이유식을 만들기 전에 미리 찬물에 넣어두면 좋아요.

2_ 찬물 80ml에 중기 쌀가루 40g을 넣고 저어주세요

3_ 쌀가루 푼 물에 닭고기 육수 400ml를 넣어주세요.

4_ 준비해둔 닭고기 큐브를 넣어주세요.

5_ 센 불에서 저어가며 끓이다가 확 끓어오르면 약한 불로 줄여 7~8분 정도 저어가며 끓여주세요.

6_ 양파 30g, 시금치 큐브 1개 30g을 넣고 약한 불로 2~3분 더 저어가며 끓여주세요. 다 끓이고 나면 걸쭉한 농도의 죽이 완성돼요.

7_ 입자 크기는 이 정도인데 트이는 무리 없이 잘 먹었어요. 나중에는 입자를 조금 더 크게 만들어 줘도 될 것 같아요.

8_ 130ml씩 3일분이 나왔어요. 다음날 바로 먹일 1개는 냉장 보관하고, 나머지 2, 3일 차에 먹일 2개는 냉동 보관해주세요.

중기

소고기애호박
브로콜리죽

12배죽

소고기와 애호박, 브로콜리는 서로 궁합이 좋은 식재료예요. 애호박과 브로콜리의 경우 거의 대부분의 아기들이 초기 이유식에서 미음 형태로 맛본 재료들입니다. 중기 이유식에서 자주 사용해도 괜찮답니다.

준비물

소고기 30g

애호박 30g

브로콜리 30g

중기 쌀가루 40g

소고기 육수+물 480ml

완성량

120ml씩 3일분

1_ 냉동 보관한 소고기 육수 200ml 2팩을 찬물에 해동해주세요.

2_ 냉동된 소고기 큐브 30g짜리 1개도 찬물에 20분 정도 담가 핏물을 빼주세요.

(**TIP**) **소고기, 브로콜리는 꼭 큐브로 만들어두세요.**

소고기와 애호박, 브로콜리는 초기 이유식에서 모두 맛본 재료이라 아기가 거부감 없이 잘 먹어요. 특히 애호박과 브로콜리는 계속해서 자주 사용하는 재료이므로, 큐브로 만들어놓으면 훨씬 편합니다.

3_ 찬물 80ml에 중기 쌀가루 40g을 풀어주세요.

4_ 핏물을 제거한 소고기는 끓는 물에 3~5분 정도 익혀주세요.

5_ 소고기 30g과 애호박 큐브 1개 30g, 브로콜리 큐브 1개 30g을 준비해주세요. 확실히 채소 큐브가 있으니까 훨씬 편해요.

6_ 쌀가루를 푼 물에 소고기 육수 400ml와 익힌 소고기를 넣고 먼저 끓여요. 채소 큐브도 다 같이 넣고 끓여도 상관없어요.

7_ 센 불에서 끓이다가 확 끓어오르면 약한 불로 줄여 7~8분 정도 저어가며 끓여주세요. 애호박과 브로콜리 큐브를 넣고 2~3분 정도 약한 불에서 더 끓여주세요.

8_ 소고기애호박브로콜리죽 완성입니다. 120ml씩 3일분이 나왔어요. 다음날 바로 먹일 1개는 냉장 보관하고, 나머지 2, 3일 차에 먹일 2개는 냉동 보관해주세요.

중기

소고기아욱
표고버섯죽

12배죽

소고기와 아욱, 표고버섯은 궁합이 잘 맞는 재료들이에요. 표고버섯의 비타민이 소고기에 있는 칼슘과 철분의 흡수를 도와 뼈가 튼튼하게 자라게 해줘요. 특히 표고버섯을 말리면 비타민 D가 더욱 풍부해진다고 하니 말린 표고버섯을 이용해도 좋아요.

소고기 30g
아욱 30g
표고버섯 20g
중기 쌀가루 40g
소고기 육수+물 480ml

완성량

130ml씩 3일분

1_ 소고기 육수 200ml 2팩을 찬물에 해동해주세요.

2_ 냉동된 소고기 큐브 30g짜리 1개도 찬물에 20분 정도 담가 씻물을 빼주세요.

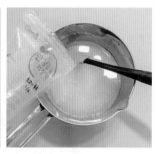

3_ 찬물 80ml에 중기 쌀가루 40g을 풀어주세요.

4_ 핏물을 제거한 소고기는 끓는 물에서 3~5분 정도 삶은 뒤 건져내주세요. 익힌 소고기 30g, 표고버섯 20g, 아욱 큐브 1개 30g을 준비해주세요.

5_ 쌀가루 푼 물에 소고기 육수 400ml를 넣어주세요.

6_ 소고기와 아욱 큐브, 표고버섯을 모두 넣어주세요.

7_ 센 물에서 저어가며 끓이다가 확 끓어오르면 약한 불로 줄여 9~10분 정도 끓여주세요.

8_ 소고기와 아욱의 조합은 항상 맛있어요. 그런데 확실히 표고버섯 향이 강하긴 하네요. 130ml씩 3일분이 만들어졌어요.

닭고기
양파당근죽

12배죽

닭고기와 양파, 당근은 서로 궁합이 좋은 식재료들이에요. 이렇게 넣고 만들었더니 진짜 맛있는 닭죽이 완성됐어요. 저도 만들면서 많이 떠먹었어요. 닭고기양파당근죽은 달달하면서도 당근 맛이 살짝 가미된 느낌이에요. 진짜 맛있는 일반 닭죽이에요.

준비물

닭고기 30g
양파 30g
당근 30g
중기 쌀가루 40g
닭고기 육수+물 480ml

완성량

130ml씩 3일분

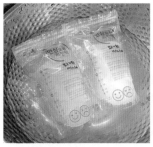

1_ 냉동 보관한 닭고기 육수 200ml 2팩을 찬물에 해동합니다.

2_ 찬물 80ml에 중기 쌀가루 40g을 넣고 풀어주세요.

3_ 이번에도 모두 이유식 큐브로 만들 수 있어서 진짜 간편했어요. 닭고기 큐브 30g, 양파 큐브 30g, 당근 큐브 30g을 준비해주세요.

4_ 닭고기 육수 400ml를 쌀가루 푼 물에 넣어주세요.

5_ 닭고기 큐브 1개도 퐁당 넣어주세요.

6_ 채소 큐브는 나중에 넣어주기 위해 옆에 준비해줘요.

7_ 센 불에서 저어가며 끓이다가 확 끓어오르면 약한 불로 줄여 7~8분 정도 끓여요.

8_ 양파, 당근 큐브를 넣고 2~3분 정도 약한 불에서 더 끓여주세요.

9_ 닭고기양파당근죽이 완성됐어요. 당근이 들어가서 색깔도 예뻐요. 130ml씩 3일분이 나왔어요.

닭고기
사과고구마죽

12배죽

사과는 펙틴 성분이 있어서 고구마와 함께 먹으면 장 기능을 촉진해 소화를 도와줘요. 고구마는 담백한 맛의 닭고기와 궁합이 잘 맞아요. 고구마의 부족한 단백질을 닭고기가 보충해줘서 영양학적으로 좋아요. 이 셋의 궁합은 이유식 재료로도 딱이죠.

준비물

닭고기 30g
사과 30g
고구마 30g
중기 쌀가루 40g
닭고기 육수+물 480ml

완성량

130ml씩 3일분

1_ 냉동된 닭고기 육수 200ml 2팩을 찬물에 담기 헤동해주세요.

2_ 사과 1개를 준비해 껍질과 씨를 제거하고 30g을 계량해둬요. 사과는 강판에 갈아줘요. 믹서에 갈거나 채소다지기를 활용해도 돼요.

(TIP) **사과는 이유식 큐브로 만들지 않아요.**

사과는 이유식 큐브로 만들지 않았어요. 필요하면 그때그때 사서 이유식 재료로 사용해요. 남은 사과는 퓌레로 만들어 먹이거나 스푼으로 긁어서 간식으로 먹여도 좋아요.

3_ 고구마는 쪄서 껍질을 벗긴 후 으깨서 30g을 준비해주세요.

4_ 찬물 80ml에 중기 쌀가루 40g을 풀어주세요.

5_ 닭고기 큐브 1개 30g, 사과 30g, 고구마 30g을 준비해요. 사과는 시간이 조금 지나니 갈변해서 색이 변하더라고요.

6_ 쌀가루를 푼 물에 닭고기 육수 400ml, 닭고기 큐브, 사과, 고구마를 모두 넣어주세요.

7_ 센 불에서 저어가며 끓이다가 끓어오르면 약한 불로 줄이고 9~10분 정도 저어가며 끓여주세요.

8_ 사과와 고구마가 들어가서 달달하게 맛있는 이유식이 완성되었어요. 130ml씩 3일분이 나왔어요.

소고기
비트애호박죽

12배죽

소고기는 비트, 애호박과 궁합이 좋아요. 특히 비트와는 최고의 궁합이에요. 이 둘은 철분이 가득한 식재료여서 빈혈 예방에 탁월한 효과가 있답니다. 비트가 들어가서 아주 새빨간 이유식이 만들어지니 너무 놀라지 마세요.

준비물

소고기 30g
비트 30g
애호박 30g
중기 쌀가루 40g
소고기 육수+물 480ml

완성량

140ml씩 3일분

1_ 냉동해둔 소고기 육수 200ml 2팩을
찬물에 해동해주세요.

2_ 냉동 소고기 큐브 30g짜리 1개를 꺼
내 찬물에 20분 정도 담가 핏물을 빼
주세요.

3_ 찬물 80ml에 중기 쌀가루 40g을 넣
고 풀어주세요.

4_ 핏물을 제거한 소고기는 3~5분 정도
삶아서 익혀주세요.

5_ 쌀가루 푼 물에 익힌 소고기와 소고
기 육수 400ml를 넣어줍니다. 손질
한 비트와 애호박을 각각 30g씩 준비
합니다. 큐브가 있다면 준비해주세요.

6_ 비트는 바로 넣어서 끓여줍니다.

7_ 색깔이 새빨갛게 변했어요. 센 불에
끓이다가 확 끓어오르면 약한 불로
줄이고 7~8분 정도 저어가며 끓여주
세요. 그리고 애호박을 넣어주세요.
애호박을 넣고 2~3분 더 저어가며
끓여주세요.

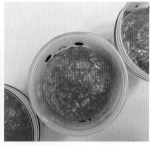

8_ 빨간 소고기비트애호박죽 완성입니
다. 140ml씩 3일분이 나왔어요. 비트
를 30g 넣었더니 빨간색이 엄청 진
해요.

소고기
새송이비타민죽

10배죽

소고기와 새송이버섯은 최고의 궁합이에요. 새송이버섯의 식이섬유는 소고기 섭취로 인한 콜레스테롤 수치를 떨어뜨려줘요. 여기에 비타민이 가득하다는 채소, 비타민까지 넣은 이유식을 만들었어요.

준비물

소고기 30g
새송이버섯 30g
비타민 20g
중기 쌀가루 50g
소고기 육수+물 500ml

완성량

150ml씩 3일분

1_ 냉동실에 보관한 소고기 큐브 30g
짜리 1개를 찬물에 20분 정도 담가
핏물을 빼주세요.

2_ 냉동 보관한 소고기 육수 200ml짜리
2팩도 찬물에 해동해주세요.

3_ 핏물을 제거한 소고기는 3~5분간 삶
아주세요.

4_ 익힌 소고기 30g, 새송이버섯 30g,
비타민 20g을 준비해주세요.

5_ 찬물 100ml에 중기 쌀가루 50g을 넣
고 풀어주세요.

6_ 쌀가루 푼 물에 해동한 소고기 육수
400ml를 모두 넣어주세요. 소고기,
새송이버섯, 비타민 손질한 것도 모두
넣어주세요.

7_ 센 불에서 끓이다가 확 끓어오르면
약한 불로 줄여요. 약한 불에서 저어
가며 9~10분 정도 더 끓여주세요.

8_ 소고기새송이비타민죽 완성입니다.
입자는 이 정도 크기예요. 150ml씩 3
일분 나왔어요.

TIP **12배죽에서 10배죽으로 바꿔보세요.**

• 지난번까지는 중기 쌀가루 40g에 12배죽으로 만들었는데요. 튼이가 잘 먹길래 이번부터는 농도를 조금 더 되직하게 해줄까 싶어서 중기 쌀가루 50g
에 10배죽으로 육수와 물 500ml를 넣고 만들어봤어요. 이렇게 하면 조금 더 되직한 10배죽이 150ml씩 3일분 나오거든요. 그런데 결론은 10배죽으
로 먹여봤더니 튼이가 웩웩 하면서 헛구역질을 하고, 잘 못 먹는 것 같아서 다시 12배죽으로 해주었어요.

• 아기가 잘 먹는다면 10배죽으로 해주시고, 튼이처럼 잘 못 먹으면 12배죽으로 조금 묽게 만들어주세요. 소고기새송이비타민죽을 12배죽으로 하려면,
중기 쌀가루 40g, 소고기 육수와 물 480ml로 만들면 돼요.

• 12배죽에서 10배죽으로 넘어가볼까 해서 만들어봤는데, 튼이는 아직 적응이 안 되나 봐요. 이럴 경우 먹이다가 물을 추가해주면 돼요. 저도 먹이다가
분유 탈 때처럼 끓인 물을 조금 더 부어서 묽은 농도로 조절해줬더니 잘 먹었어요.

닭고기
청경채당근죽

10배죽

닭고기와 청경채, 당근은 궁합이 좋은 식재료예요. 실제로 만들고 나서 맛보니 꽤 맛있는 닭죽이더라고요. 10배죽으로 만들어보려고요. 아기가 잘 못 먹으면 12배죽으로 만들어도 돼요.

준비물

닭고기 큐브 1개 30g
청경채 20~30g
당근 큐브 1개 30g
중기 쌀가루 50g
닭고기 육수+물 500ml
└12배죽으로 하려면 중기 쌀가루 40g에
　닭고기 육수+물 480ml로 만들면 돼요.

완성량

150ml씩 3일분

1_ 우선 닭고기 육수 2팩(400ml)을 찬
물에 담가 해동해주세요.

2_ 닭고기와 당근은 30g씩 큐브로 냉동
해놔서 편하게 사용했어요. 청경채는
손질한 걸로 준비했어요.

3_ 닭고기 육수 400ml를 사용할 거라,
찬물 100ml에 중기 쌀가루 50g을
풀어줬어요.

4_ 쌀가루 푼 물에 닭고기 육수 400ml,
닭고기 큐브, 당근 큐브, 청경채까지
모두 넣어주세요.

5_ 센 불에서 저어가며 끓이다가 확 끓
어오르면 약한 불로 줄여 10분 정도
끓여주세요.

6_ 당근과 청경채가 들어가서 더 맛있을
것 같은 색감이죠. 150ml씩 3일분이
완성됐습니다. 10배죽으로 만들었더
니 튼이가 먹기 부담스러워해서, 먹
이면서 물을 조금 더 추가해서 먹었
어요.

닭고기밤양파죽

10배죽

밤은 위장과 비장을 보호하고 소화를 돕는 효능이 있어요. 닭고기와 밤을 함께 섭취하면 몸에 부족한 피를 보충해주기 때문에 빈혈 예방에 도움이 돼요. 그리고 달달한 양파까지 들어가서 감칠맛이 더해요. 밤은 소고기와는 궁합이 좋지 않으니 닭고기와 함께 만들어주세요.

준비물

닭고기 큐브 1개 30g
밤 26g (20~30g)
양파 큐브 1개 30g
중기 쌀가루 50g
닭고기 육수+물 500ml
└12배죽은 중기 쌀가루 40g에 닭고기 육수+물 480ml로 만들어요.

완성량

160ml씩 3일분

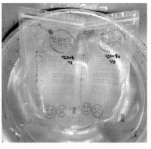

1_ 닭고기 육수 200ml짜리 2팩을 찬물에 해동해주세요.

2_ 닭고기 큐브 1개, 쪄서 다져놓은 밤 26g, 양파 큐브 1개를 준비해주세요.

3_ 찬물 100ml에 중기 쌀가루 50g을 넣고 풀어주세요.

4_ 쌀가루를 푼 물에 닭고기, 닭고기 육수 400ml, 밤, 양파를 모두 넣어주세요.

5_ 센 불에서 끓이다가 확 끓어오르면 약한 불로 줄여 10분 정도 저어가며 끓여주세요.

6_ 밤이랑 양파가 들어가서 더 달달한 이유식이 완성되었어요. 160ml씩 3일분이 나왔어요. 10배죽이라 조금 힘들어해서 먹이기 전에 물을 조금 추가해줬어요. 아기가 힘들어할 때는 엄마가 아기에게 언제든지 맞춰서 농도를 조절해주세요.

중기

소고기오이감자죽

10배죽

소고기, 오이, 감자의 조합은 뭔가 이상하게 느껴지지만 생각보다 괜찮았어요. 찾아
보니 서로 궁합이 좋지 않다거나 그런 게 아니어서 같이 먹어도 되더라고요.

준비물

소고기 30g

오이 30g

감자 30g

중기 쌀가루 50g

소고기 육수+물 500ml

ㄴ12배죽은 중기 쌀가루 40g에 소고기 육수+물 480ml로 만들어요.

완성량

170~180ml씩 3일분

1_ 냉동해둔 소고기 큐브 1개는 찬물에 20분 정도 담가 핏물을 빼주세요.

2_ 소고기 육수 200ml짜리 2팩도 찬물에 해동해주세요.

3_ 오이는 껍질과 씨를 제거한 후 잘게 다져줍니다.

4_ 핏물을 뺀 소고기는 3~5분간 익혀주세요

5_ 찬물 100ml에 중기 쌀가루 50g을 넣고 풀어주세요.

6_ 쌀가루 푼 물에 소고기 육수 400ml, 삶은 소고기, 오이, 감자를 모두 넣어주세요.

7_ 센 불에서 끓이다가 확 끓어오르면 약한 불로 줄여 10분 징도 더 끓여주세요.

8_ 170~180ml씩 3일분이 나왔어요. 같은 레시피로 만늘었는데도 오이에 수분이 많아서인지 양도 꽤 많아졌어요. 아기들이 먹는 양을 보면서 조절해주세요.

닭고기
고구마적채죽

12배죽

닭고기는 고구마와 궁합이 좋아요. 고구마는 소고기와는 절대 함께 사용하면 안 돼요. 적채 대신 양배추를 사용해도 돼요. 고구마와 양배추 모두 소화가 잘 되는 식재료라 장 건강에도 도움이 돼요.

준비물

닭고기 30g
고구마 30g
적채 30g
중기 쌀가루 50g
닭고기 육수+물 600ml

완성량

180ml씩 3일분

(TIP) **12배죽, 10배죽은 아이의 상황에 따라 조절해주세요.**

• 중기 이유식을 시작한 지 한 달이 다 되어가는 시점에서 묽기나 양을 조절했어요. 농도를 조금 더 되직하게 10배죽으로 했더니 튼이가 부담스러워 해서, 다시 12배죽으로 만들어주었어요. 양을 조금 더 늘렸는데도 잘 먹더라고요.

• 튼이는 하루에 두 끼 이유식을 먹었는데 보통 한 끼에 170~190ml씩 먹었어요. 튼이 외할머니가 보더니 이거 진짜 다 먹어도 되는 거냐며, 무슨 아기가 이렇게 많이 먹냐고 걱정하셨죠. 더군다나 이유식을 먹고도 분유를 40~50ml씩 먹었거든요. 너무 많이 먹는 거 아닌가 싶어서 계산해보니, 하루 총 수유 양(+이유식)이 그리 많지 않았어요. 총 1,000ml가 넘지는 않았으니까요. 이유식은 두 끼를 매번 남기지 않고 먹었지만, 분유는 잘 안 먹더라고요. 이런 식으로 점점 분유 양이 줄고 이유식에 적응해가나 봅니다.

• 아이에 따라 이유식과 분유 양이 다르기 때문에 아이가 적응하는 것을 지켜보면서 조절해주시면 돼요.

• 이 시기부터 아기들의 먹는 양이 점점 늘어나요. 하루에 먹는 총 수유 양(+이유식)이 1,000ml를 넘는 경우도 있는데요. 그리 큰 문제는 없다고 합니다. 아기들마다 적게 먹거나 많이 먹는 먹성의 차이가 있으니까요.

1_ 닭고기 육수 200ml짜리 2팩을 찬물에 해동해주세요.

2_ 닭고기, 고구마, 적채 큐브 각 1개씩 준비해주세요. 이번에는 큐브가 모두 있어서 매우 쉽게 만들었어요.

3_ 찬물 200ml에 중기 쌀가루 50g을 넣고 풀어주세요.

4_ 쌀가루 푼 물에 닭고기 육수 400ml, 닭고기, 고구마, 적채 큐브를 모두 넣어주세요.

5_ 센 불에서 저어가며 끓여주다가 확 끓어오르면 약한 불로 줄이고 10분 정도 더 저어가며 끓여주세요.

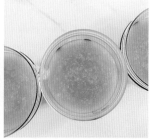

6_ 적채가 들어가서 고운 빛이 도는 이유식이 완성됐어요. 쌀가루와 육수 양을 늘려서 180ml씩 3일분이 나왔어요.

소고기미역죽

12배죽

소고기와 미역은 궁합이 좋은 식재료예요. 저도 소고기미역국을 엄청 좋아하거든요. 미역의 끈적끈적한 부분이 식이섬유로 콜레스테롤과 지방을 배출하는 데 도움을 줘요.

1_ 말린 미역이라면 물에 불려서 사용해요. 생미역은 깨끗하게 씻어서 30g을 준비해요. 미역줄기도 넣을까 하다가 처음 맛보는 식재료라 부드러운 잎 부분만 사용했어요.

2_ 손질한 미역은 끓는 물에 살짝 데쳐주세요. 약간 질긴 미역을 사용한다면 조금 더 데쳐주세요.

3_ 데친 미역을 가위로 잘게 잘라주세요.

4_ 믹서에 물을 약간 넣고 윙윙 갈아주세요. 어느 정도 입자가 있게끔요. 채소다지기에 다져도 돼요. 칼로 다지려면 미끌거려서 힘들 것 같아서요.

5_ 찬물 200ml에 중기 쌀가루 50g을 넣고 풀어주세요.

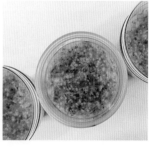

6_ 핏물을 뺀 소고기는 3~5분 정도 삶아서 건져낸 뒤 갈아놓은 미역과 함께 준비해주세요.

7_ 쌀가루 푼 물에 소고기 육수 400ml, 삶은 소고기, 미역까지 모두 넣고 끓여주세요. 센 불에서 끓이다가 확 끓어오르면 약한 불로 줄이고 10분 정도 더 끓여주면 돼요.

8_ 180ml씩 3일분이 나왔어요. 간장 조금 넣고 참기름, 소금 넣으면 딱 소고기미역국 맛이 날 것 같은 느낌이지만, 진짜 밍밍해요. 아기들이 먹는 이유식이라 간을 안 하니까요.

중기 이유식 2단계

중기 이유식을 시작하려고 마음먹었을 때 식단표 짜는 게 진짜 힘들었어요. 중기부터는 하루에 두 끼씩 먹으니까 나름 겹치지 않게 짜려다 보니 더 그랬던 것 같아요. 그리고 이유식 재료별로 궁합이 안 좋은 재료도 있어서 자료 찾아보는 데 시간이 꽤 오래 걸렸네요. 중기 이유식에서 먹을 수 있는 식재료라면, 제가 만든 식단표에서 다른 식재료로 변경하여 만들어줘도 좋아요.

중기 이유식 2단계

1	2	3	4	5	6
D+240	D+241	D+242	D+243	D+244	D+245
(p.190) 닭고기연두부브로콜리죽 소고기배추애호박죽 (p.192)	닭고기연두부브로콜리죽 소고기배추애호박죽	닭고기연두부브로콜리죽 소고기배추애호박죽	(p.194) 닭고기구기자죽 소고기표고버섯당근죽 (p.196)	닭고기구기자죽 소고기표고버섯당근죽	닭고기구기자죽 소고기표고버섯당근죽
NEW : 연두부	-	-	NEW : 구기자	-	-

7	8	9	10	11	12
D+246	D+247	D+248	D+249	D+250	D+251
(p.200) 소고기검은콩비타민죽 닭고기감자당근죽 (p.198)	소고기검은콩비타민죽 닭고기감자당근죽	소고기검은콩비타민죽 닭고기감자당근죽	(p.202) 닭고기연근연두부죽 소고기비타민비트죽 (p.204)	닭고기연근연두부죽 소고기비타민비트죽	닭고기연근연두부죽 소고기비타민비트죽
NEW : 검은콩	-	-	NEW : 연근	-	-

13	14	15	16	17	18
D+252	D+253	D+254	D+255	D+256	D+257
(p.206) 닭고기양송이단호박죽 소고기미역표고버섯죽 (p.208)	닭고기양송이단호박죽 소고기미역표고버섯죽	닭고기양송이단호박죽 소고기미역표고버섯죽	(p.210) 닭고기구기자대추죽 소고기아욱감자죽 (p.212)	닭고기구기자대추죽 소고기아욱감자죽	닭고기구기자대추죽 소고기아욱감자죽
NEW : 양송이버섯	-	-	NEW : 대추	-	-

19	20	21	22	23	24
D+258	D+259	D+260	D+261	D+262	D+263
(p.216) 소고기무배추애호박죽 닭고기고구마청경채죽 (p.214)	소고기무배추애호박죽 닭고기고구마청경채죽	소고기무배추애호박죽 닭고기고구마청경채죽	소고기팽이버섯 비트아욱죽(p.220) 닭고기비트양파죽(p.218)	소고기팽이버섯 비트아욱죽 닭고기비트양파죽	소고기팽이버섯 비트아욱죽 닭고기비트양파죽
NEW : 무	-	-	NEW : 팽이버섯	-	-

25	26	27	28	29	30
D+264	D+265	D+266	D+267	D+268	D+269
(p.224) 소고기적채무죽 닭고기시금치당근죽 (p.222)	소고기적채무죽 닭고기시금치당근죽	소고기적채무죽 닭고기시금치당근죽	(p.226) 달걀시금치고구마애호박죽 소고기단호박양파죽 (p.228)	달걀시금치고구마애호박죽 소고기단호박양파죽	달걀시금치고구마애호박죽 소고기단호박양파죽
-	-	-	NEW : 달걀노른자	-	-

• 새로운 재료 : 연두부, 구기자, 검은콩, 연근, 양송이버섯, 대추, 무, 팽이버섯, 달걀노른자

닭고기
연두부브로콜리죽

12배죽

닭고기와 브로콜리는 궁합이 좋은 식재료예요. 이번에는 새로운 식재료인 연두부를 추가한 죽을 만들어봤어요. 두부가 들어간 이유식을 만들 때는 시금치는 피해주세요. 두부와 시금치는 궁합이 좋지 않아요.

준비물

닭고기 30g
연두부 30g
브로콜리 30g
중기 쌀가루 50g
닭고기 육수+물 600ml

완성량

190ml씩 3일분

닭고기
연두부브로콜리죽
만들기

1_ 닭고기 육수 200ml짜리 2팩을 찬물
에 해동해주세요.

2_ 연두부 30g을 준비해요. 마트에서
키즈연두부를 팔아요. 없으면 어른이
먹는 연두부를 사용해도 돼요.

3_ 연두부를 으깨주세요.

4_ 닭고기와 브로콜리 냉동 큐브 1개씩
과 으깨놓은 연두부를 준비해주세요.

5_ 찬물 200ml에 중기 쌀가루 50g을 넣
어서 풀어주세요.

6_ 쌀가루 푼 물에 닭고기 육수 400ml,
닭고기, 연두부, 브로콜리까지 모두
넣어주세요.

7_ 센 불에서 저어가며 끓여주다가 확
끓어오르면 약한 불로 줄이고 10분
정도 더 끓여주세요.

8_ 완성입니다. 브로콜리가 들어가서 초
록색 알갱이가 보여요. 190ml씩 3일
분이 나왔어요.

소고기 배추애호박죽

12배죽

소고기와 배추, 애호박은 서로 궁합이 좋은 식재료예요. 배추, 애호박 큐브를 미리 만들어놨다면 더욱 간편하게 만들 수 있어요.

준비물

소고기 30g
배추 30g
애호박 30g
중기 쌀가루 50g
소고기 육수+물 600ml

소고기
배추애호박죽
만들기

완성량

190ml씩 3일분

1_ 먼저 소고기 육수 200ml짜리 2팩을 찬물에 해동해주세요.

2_ 냉동 보관한 소고기 큐브 1개는 찬물에 20분 정도 담가 핏물을 제거해주세요.

3_ 배추는 V자로 잘라 잎 부분만 사용해요.

4_ 손질한 배추를 믹서에 넣고 윙윙 몇 번 갈아주세요. 입자가 작게 나와요.

5_ 핏물 빼놓은 소고기 큐브 1개, 갈아놓은 배추, 애호박 큐브 1개를 준비해주세요.

6_ 찬물 200ml에 중기 쌀가루 50g을 넣고 풀어주세요. 쌀가루 푼 물에 소고기, 소고기 육수 400ml, 배추, 애호박까지 모두 넣고 끓여주세요.

7_ 센 불에서 끓이다가 확 끓어오르면 약한 불로 줄이고 10분 정도 더 끓여주세요.

8_ 맛있는 소고기죽 완성입니다. 190ml씩 3일분 나왔어요. 배추와 애호박이 들어가서 살짝 달착지근하면서도 구수한 맛이에요.

닭고기구기자죽

12배죽

구기자를 우려낸 물을 사용해서 이유식을 만들면 좋아요. 구기자는 단맛이 있어서 아기들이 먹기에 좋고, 소화 흡수를 촉진해 속을 편안하게 해줘요. 해독 작용을 하기 때문에 독소와 노폐물 배출을 돕고 혈액순환도 잘 돼요. 그리고 구기자와 닭의 궁합도 좋기 때문에 입맛이 없는 아기들에게 먹이는 이유식으로 아주 좋아요

준비물

닭고기 30g
구기자 1스푼
중기 쌀가루 50g
구기자 우려낸 물+찬물 600ml

└ 구기자 물만 600ml 사용해도 되는데요.
  끓인 후 모자라면 찬물을 보충해주세요.

완성량

170ml씩 3일분

TIP 구기자 물 넣은 닭죽을 만들어보세요.

• 구기자 물을 넣고 닭죽을 끓이면 아기들이 그렇게
  잘 먹는대요. 어른들이 먹어도 맛있어요. 그래서 입
  맛 없어 하거나 감기 기운 있을 때 먹이면 좋은 메
  뉴예요.

• 구기자 물 600ml를 만든다면, 물 1리터를 넣고 끓
  여주세요. 남은 구기자 물은 모유저장팩에 담아
  냉동 보관해주세요. 다음에 닭고기 이유식을 만들
  때 활용하면 좋아요.

1_ 구기자는 1스푼 정도 사용해요. 물에
한 번 씻어준 다음 물에 넣고 20분 정
도 놔둔 후에 끓여요. 팔팔 끓으면 약
한 불로 낮춰 30~40분 정도 우려내
주세요. 이때 물 양을 넉넉하게 넣어야
원하는 양이 나와요. 혹시 모사라면 생
수 혹은 닭고기 육수로 채워요.

2_ 다 우려낸 후 구기자는 건져내고 구
기자 물만 남겨주세요.

3_ 구기자 물이 생각보다 많이 안 나와서
냉동해둔 닭고기 육수 200ml짜리 1팩
을 찬물에 해동했어요.

4_ 닭고기 육수 혹은 물 200ml에 중기
쌀가루 50g을 넣어서 풀어주세요.

5_ 구기자 물은 400ml 정도 나왔어
요. 구기자 물 400ml도 쌀가루
푼 냄비에 부어주세요.

6_ 닭고기 큐브 30g짜리 1개도 넣
어주세요.

7_ 센 불로 끓이다가 확 끓어오르면
약한 불로 줄이고 10분 정도 저
어가며 끓여주세요.

8_ 구기자 물로 만들어서인지 구수
한 냄새가 나요. 170ml씩 3일분
나왔어요.

중기

소고기
표고버섯당근죽

12배죽

처음 짰던 식단표에는 소고기양배추당근죽이었어요. 그런데 알고 보니 양배추랑 당근 궁합이 안 좋아서 바꿨어요. 양배추는 변비에 좋은 식재료인데, 익힌 당근은 변비에 나쁜 재료거든요. 그래서 양배추 대신 표고버섯을 넣었어요.

준비물

소고기 30g
중기 쌀가루 50g
소고기 육수 또는 물 600ml
표고버섯 30g
당근 30g

완성량

190ml씩 3일분

1_ 소고기 육수 200ml짜리 2팩을 찬물에 담가 해동해주세요.

2_ 냉동해둔 소고기 큐브 30g짜리 1개도 찬물에 20분 정도 담가 핏물을 빼주세요.

TIP 표고버섯과 당근 향이 강해서 아기가 거부할 수도 있어요.

표고버섯과 당근, 모두 향이 강한 식재료라 아기들이 거부할 수도 있어요. 튼이 같은 경우에는 이것저것 다 잘 먹기에 이것도 잘 먹었어요. 냄새에 민감한 아기이거나, 평소 잘 안 먹는 아이라면, 표고버섯과 당근의 양을 조금 줄여서 만들어주세요.

3_ 핏물을 제거한 소고기는 끓는 물에 3~4분 정도 익혀준 다음 거름망에 걸러서 준비해주세요.

4_ 익힌 소고기 30g, 잘게 다져놓은 표고버섯 30g, 냉동해둔 당근 큐브 30g을 준비해주세요.

5_ 찬물 200ml에 중기 쌀가루 50g을 넣어 풀어주세요.

6_ 쌀가루를 푼 물에 익힌 소고기, 소고기 육수 400ml, 표고버섯, 당근을 모두 넣어주세요.

7_ 센 불에서 끓이다가 확 끓어오르면 약한 불로 줄이고 10분 정도 저어가며 더 끓어주세요.

8_ 소고기표고버섯당근죽이 완성되었어요. 190ml씩 3일분이 나왔어요.

닭고기감자당근죽

12배죽

닭고기와 감자, 당근은 이미 먹어본 식재료인데다 미리 만들어둔 큐브가 있어서 정말 편하게 만들 수 있었어요. 재료 간의 궁합도 좋아요.

준비물

중기 쌀가루 50g
닭고기 30g
감자 30g
당근 30g
닭고기 육수+물 600ml

완성량

180ml씩 3일분

1_ 냉동 보관해둔 닭고기 육수 200ml짜리 2팩을 찬물에 담가 해동해주세요.

2_ 찬물 200ml에 중기 쌀가루 50g을 넣어서 풀어주세요.

3_ 냉동해둔 닭고기, 감자, 당근 큐브를 하나씩 꺼내서 준비해주세요.

4_ 쌀가루 푼 물에 닭고기 육수 400ml, 닭고기, 감자, 당근을 모두 넣어주세요.

5_ 센 불에서 끓이다가 확 끓어오르면 약한 불로 줄이고 10분 정도 더 저어가며 끓여주세요.

6_ 감자와 당근이 들어간 닭죽 완성입니다. 180ml씩 3일분이 나왔어요.

소고기
검은콩비타민죽

12배죽

그동안 튼이가 콩 종류는 한 번도 먹어보지 않았어요. 보통 초기 이유식에 완두콩을 사용하는데, 재료 손질이 살짝 두려워서 안 했거든요. 그래도 중기 이유식이니까 콩도 먹여봐야 할 것 같아서 검은콩으로 시작해보았어요. 검은콩의 검정 색소에 안토시아닌 성분이 함유되어 있어서 두뇌 발달과 시력에 좋은 효과가 있답니다.

준비물

소고기 30g
중기 쌀가루 50g
검은콩 30g
비타민 30g
소고기 육수+물 600ml

완성량

180ml씩 3일분

1_ 검은콩은 반나절 이상 불려야 돼요. 이유식 만들기 전날 미리 물에 담가서 냉장고에 보관해둬도 좋아요. 최소 7~8시간 이상 불렸다가 삶아야 껍질도 잘 벗겨지고 삶는 시간도 단축돼요.

2_ 냄비에 넉넉하게 물을 넣고 검은콩을 삶아줍니다. 삶다 보면 흰색 거품이 올라오는데 사포닌 성분이라 몸에 좋다고 하니, 거품은 걷어내지 않아도 돼요. 센 불에서 끓이다가 끓기 시작하면 중간 불로 줄여 20분 이상 푹 삶아요. 덜 삶으면 조금 딱딱해요.

3_ 큰 볼 안에 삶은 콩을 넣고 찬물을 부어준 다음 빨래 빨듯이 박박 손으로 비벼주면 껍질이 슬슬 벗겨져요. 안 벗겨진 곳은 손으로 벗겨주면 됩니다.

4_ 껍질을 벗긴 콩을 채소다지기나 믹서에 넣고 입자를 봐가면서 갈아줍니다. 검은콩은 작은 입자라도 딱딱하게 느껴지기 때문에 미세하게 갈아주는 게 좋아요. 검은콩을 이유식 큐브에 보관하려면 이렇게 손질한 다음 큐브에 하나씩 담아주시면 돼요.

5_ 소고기 육수 200ml짜리 2팩은 찬물에 담가 해동해주세요.

6_ 소고기 큐브 30g짜리 1개도 찬물에 20분 정도 담가 핏물을 빼주세요.

7_ 핏물 뺀 소고기는 끓는 물에 3~4분 정도 익혀서 준비하고, 삶아서 갈아놓은 검은콩과 냉동해둔 비타민 큐브 1개를 각각 준비합니다.

8_ 찬물 200ml에 중기 쌀가루 50g을 풀어주세요.

9_ 쌀가루 푼 물에 익힌 소고기, 소고기 육수 400ml, 검은콩, 비타민 큐브를 한꺼번에 넣어주세요.

10_ 센 불에서 끓이다가 확 끓어오르면 약한 불로 줄이고 10분 정도 저어가며 조금 더 끓여주면 끝이에요.

11_ 몸에 좋다는 검은콩과 이름 그대로 비타민 덩어리라는 비타민까지 들어간 소고기죽이에요. 완전 영양 만점! 180ml씩 3일분이 나왔어요.

중기

닭고기
연근연두부죽

12배죽

두부는 단백질이 풍부한 식재료이기 때문에 6개월부터 먹여도 돼요. 대신 두유는 먹이는 시기를 조금 늦춰야 한다네요. 지난번에도 연두부를 이용해 이유식을 해줬는데 잘 먹더라고요. 알레르기 반응이 없다면 다음 이유식에 활용해도 돼요. 이번에 새로 들어가는 식재료는 연근이에요. 연근은 비타민 C와 철분, 식이섬유가 풍부해 빈혈과 변비, 감기 예방에 좋은 재료예요.

준비물

닭고기 30g
연근 30g
연두부 60g
중기 쌀가루 50g
닭고기 육수+물 600m
식초물
ㄴ연근이 잠길 정도의 물에 식초 2방울

완성량

180ml씩 3일분

1_ 연근은 깨끗하게 씻은 후 감자 칼로 껍질을 벗겨내요. 0.5cm 두께로 썰어주세요. 연근은 껍질을 벗기자마자 갈변하므로 써는 즉시 식초물(연근 잠긴 물에 식초 2방울)에 담가주세요. 연근 특유의 아린 맛도 제거할 수 있어요.

2_ 식초물에 담그지 않았다면, 데칠 때 물에 식초를 몇 방울 떨어뜨려도 좋아요. 약 20분 정도 삶아주세요. 연근 자체가 아삭한 식감이 있기 때문에 처음 맛보는 아기는 거부할 수도 있어서 푹 삶아주는 게 좋아요.

3_ 삶은 연근 30g을 계량해요. 연근은 조리해도 아삭한 질감이 그대로 남아 있어요. 아기가 딱딱하다고 느낄 수 있으므로 되도록 곱게 다져서 사용하는 게 좋아요. 입자가 거의 없을 정도로 믹서에 곱게 갈아주세요.

4_ 닭고기 육수 200ml짜리 2팩을 찬물에 담가 해동해주세요.

5_ 연두부 60g을 으깨주세요. 키즈연두부 혹은 어른용 연두부면 돼요.

6_ 냉동해둔 닭고기 큐브 1개, 삶아서 갈아놓은 연근, 으깬 연두부를 준비해주세요.

7_ 찬물 200ml에 중기 쌀가루 50g을 풀어주세요.

8_ 쌀가루 푼 물에 닭고기 큐브, 닭고기 육수 400ml, 연근, 연두부를 모두 넣어주세요.

9_ 센 불에서 끓이다가 확 끓어오르면 약한 불로 줄인 후에 저어가며 10분 정도 더 끓여주세요.

10_ 몸에 좋다는 연근과 연두부가 들어간 닭죽 완성입니다. 180ml씩 3일분이 나왔어요.

TIP 연근은 굵고 길며 껍질에 흠집이 없고 흙이 묻어 있는 것을 고르세요.

• 연근 구멍 안에 있는 불순물은 물로 씻어도 쉽게 빠지지 않아요. 이때는 젓가락을 이용해 빼면 됩니다. 연근은 껍질을 벗기자마자 갈변하므로 써는 즉시 식초물에 담가줘야 해요. 그러면 연근 특유의 아린 맛도 제거할 수 있어요. 식초물은 연근이 잠길 정도의 물에 식초 두어 방울을 떨어뜨리면 됩니다. 연근을 데칠 때 식초 몇 방울을 떨어뜨려도 갈변 방지에 도움이 돼요.

• 닭고기연근연두부죽은 연근이 들어가서 살짝 쌉싸름할까 싶어 걱정했는데 제 입맛에도 맛있었어요. 처음 먹여본 식재료인데 튼이도 다행히 알레르기 반응 없이 잘 먹었어요. 중기 이유식부터 연근을 사용할 수 있으니 한번 먹여보는 것도 좋아요. 그런데 아기마다 다르지만 연근이 들어가면 절대 안 먹는 아기도 있어요. 그래도 다양한 재료를 시도해봐야 아기의 편식을 예방할 수 있다고 생각해요.

소고기
비타민비트죽

12배죽

소고기와 비타민, 비트는 궁합이 좋아서 함께 먹이기 괜찮은 식재료예요. 비트가 들어가 빨간색이 나오는 이유식이죠. 비트는 파스타 먹으러 갔을 때 피클로 나온 것만 먹어봐서 원래 약간 새콤달콤한 맛인 줄 알았는데 그냥 무와 맛이 비슷해요. 하지만 영양 성분은 최고인 죽이랍니다.

준비물

소고기 30g
비트 30g
비타민 30g
중기 쌀가루 50g
소고기 육수+물 600ml

완성량

180ml씩 3일분

1_ 냉동해둔 소고기 육수 200ml짜리 2 팩을 찬물에 해동해주세요.

2_ 소고기 큐브 30g짜리 1개도 찬물에 20분 정도 담가 핏물을 빼줍니다.

3_ 핏물을 제거한 소고기는 끓는 물에 3~4분 정도 익혀서 준비해주세요. 냉동해둔 비타민과 비트 큐브도 1개 씩 준비해주세요.

4_ 찬물 200ml에 중기 쌀가루 50g을 풀어주세요.

5_ 쌀가루 푼 물에 소고기 육수 400ml, 비타민, 비트, 익힌 소고기를 모두 넣어주세요

6_ 센 불에서 끓이다가 확 끓어오르면 약한 불로 줄이고 10분 정도 더 저어가며 끓여주세요.

7_ 비트가 들어간 빨간색의 이유식이 완성됐어요. 180ml씩 3일분이 나왔습니다.

닭고기
양송이단호박죽

12배죽

튼이가 지금까지 먹어본 버섯은 표고버섯밖에 없었어요. 이번에는 양송이버섯을 넣고 이유식을 만들어봤습니다. 중기 이유식부터는 버섯을 사용할 수 있으니 아기에게 다양한 버섯을 맛보게 해줘도 좋아요. 양송이버섯 향이 나면서 단호박이 들어 있어 단맛도 살짝 나는 이유식이에요. 닭고기와 궁합이 좋은 재료들이니 이유식으로 만들어주기에 딱이죠.

준비물

닭고기 30g
양송이버섯 30g
단호박 30g
중기 쌀가루 50g
닭고기 육수+물 600ml

완성량

180ml씩 3일분

1_ 양송이버섯은 갓 부분만 사용해요.
칼이나 손으로 갓 부분의 껍질을 벗
겨주세요. 부드러워서 손으로 해도
잘 벗겨져요.

2_ 양송이버섯은 껍질을 벗기면 이렇게
하얀 속살이 드러나요.

3_ 손질한 버섯은 듬성듬성 썰어서
채소다지기로 다져주세요. 손으
로 직접 다져도 됩니다.

4_ 이유식에 사용할 30g을 계량하
고 나머지는 이유식 큐브에 담아
서 냉동 보관하면 돼요.

5_ 냉동 보관해둔 200ml짜리 닭고
기 육수 2팩을 꺼내 찬물에 해동
해주세요.

6_ 갈아놓은 양송이버섯과 냉동해
둔 닭고기, 단호박 큐브를 1개씩
준비해주세요.

7_ 쌀가루 50g을 찬물 200ml에 풀
어주세요.

8_ 닭고기, 양송이버섯, 단호박, 닭
고기 육수 400ml를 모두 넣어
주세요.

9_ 센 불에서 끓이다가 확 끓어오르
면 약한 불로 줄이고 9~10분간
저어가며 끓여주세요.

10_ 단호박이 들어가서 예쁜 노란색
색감의 죽이 완성됐어요. 180ml
씩 3일분이 나왔어요.

소고기
미역표고버섯죽

12배죽

소고기는 미역, 표고버섯 모두와 궁합이 좋은 식재료예요. 표고버섯 향이 자칫 강할
수 있으니 아기에 따라 양을 조절해서 넣어주세요.

준비물

소고기 30g
미역 20~30g
표고버섯 15~30g
중기 쌀가루 50g
소고기 육수+물 600ml

완성량

190ml씩 3일분

1_ 소고기 육수 200ml짜리 2팩은 찬물에 해동해주세요.

2_ 냉동 보관해둔 소고기 큐브도 찬물에 20분 정도 담가 핏물을 빼주세요.

TIP 표고버섯은 향이 강하므로 양을 조절해주세요.

표고버섯의 향이 강해서 신경 쓰인다면 조금만 넣고 만들어주세요. 저는 30g을 넣었는데 향이 굉장히 진했어요. 튼이가 안 먹을까 봐 걱정했는데, 역시나 3일 내내 잘 먹었어요.

3_ 미역은 살짝 데친 후 다져서 30g을 준비해주세요.

4_ 핏물을 제거한 소고기는 끓는 물에 3~5분 정도 익힌 후 준비해주세요. 데쳐서 다진 미역과 냉동해둔 표고버섯 큐브 15~30g도 준비해주세요.

5_ 중기 쌀가루 50g을 찬물 200ml에 풀어줍니다.

6_ 쌀가루 푼 물에 소고기, 미역, 표고버섯, 소고기 육수 400ml를 모두 넣어주세요.

7_ 센 불에서 끓이다가 확 끓어오르면 약한 불로 줄이고 10분 정도 저어가며 더 끓여주세요.

8_ 표고버섯 향이 진하게 나는 소고기미역죽이 완성됐어요. 미역에 수분이 많아서인지 190ml씩 3일분이 나왔어요.

닭고기
구기자대추죽

12배죽

닭고기와 구기자, 대추는 서로서로 궁합이 좋은 식재료예요. 아기들이 잘 먹는 이유식 중 하나입니다.

준비물

닭고기 30g
구기자 물 600ml
대추 20~30g
중기 쌀가루 50g

완성량

190ml씩 3일분

1_ 구기자는 한 번 씻은 후 냄비에 물을 붓고 20분 징도 담가뒀다가 끓여주세요. 센 불에서 끓이다가 끓어오르면 약한 불로 줄여 40분 정도 더 끓이면 구기자 물이 우러나요.

2_ 냉동해둔 닭고기 큐브 1개와 삶아서 껍질을 벗기고 다져놓은 대추 속살을 준비합니다.

TIP 구기자 물은 냉동 보관해요.

• 구기자 물 600ml를 만든다면, 물 1리터를 넣고 끓여주세요. 남은 구기자 물은 모유저장팩에 담아 냉동 보관해주세요. 다음에 닭고기 이유식을 만들 때 활용하면 좋아요.
• 대추 손질이 어려우면 씨를 제거하고 손질해놓은 말린 대추를 시중에서 구입해보세요. 그러면 좀 더 간편하게 활용할 수 있어요.

3_ 끓여낸 구기자 물에서 구기자를 건져내고 우러난 물을 준비합니다.

4_ 구기자 물 600ml에 중기 쌀가루 50g을 넣고 풀어줍니다.

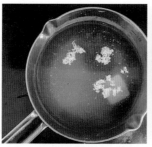

5_ 쌀가루 푼 구기자 물에 닭고기와 대추를 넣어주세요.

6_ 센 불에서 끓이다가 확 끓어오르면 약한 불로 줄이고 10분 정도 더 저어가며 끓여주세요.

7_ 구수한 냄새가 나는 닭고기구기자대추죽 완성입니다. 190ml씩 3일분이 나왔어요.

소고기아욱감자죽

12배죽

소고기와 아욱은 궁합이 좋은 식재료예요. 그리고 소고기는 고구마, 밤과는 궁합이
안 좋지만 감자는 괜찮습니다. 소고기와 아욱, 감자까지 들어가서 고소하고 맛있는
이유식이에요.

준비물

소고기 30g
아욱 30g
감자 30g
중기 쌀가루 50g
소고기 육수+물 600ml

완성량

200ml씩 3일분

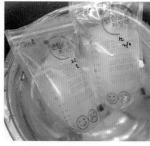

1_ 소고기 육수 200ml짜리 2팩은 찬물
에 담가 해동해주세요.

2_ 냉동 보관한 소고기 큐브 1개를 찬물
에 20분 정도 담가 핏물을 빼줍니다.

3_ 핏물을 제거한 소고기는 끓는 물에
3~5분 정도 익혀서 준비합니다. 냉동
해둔 아욱과 감자 큐브도 1개씩 준비
해주세요.

4_ 쌀가루 50g을 찬물 200ml에 풀어준
다음, 그 물에 소고기 육수 400ml, 소
고기, 감자, 아욱을 모두 넣어주세요.

5_ 센 불에서 끓이다가 확 끓어오르면 약
한 불로 줄이고 10분 정도 더 끓여주
세요.

6_ 완성입니다. 200ml씩 3일분이 나왔
어요. 매번 똑같은 양인데 끓이는 시
간이나 식재료의 수분 함유량에 따라
조금씩 양이 다르게 나오기도 합니다.

중기

닭고기
고구마청경채죽

12배죽

닭고기와 고구마, 청경채는 서로 궁합이 꽤 좋은 식재료예요. 고구마가 들어가서 달달한 맛이 나니 아기도 잘 먹었어요.

214

준비물

닭고기 30g
고구마 30g
청경채 30g
중기 쌀가루 50g
닭고기 육수+물 600ml

완성량

170ml씩 3일분

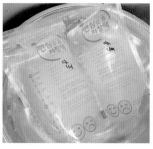

1_ 냉동 보관해둔 닭고기 육수 200ml
짜리 2팩을 찬물에 해동해주세요.

2_ 닭고기, 고구마, 청경채 큐브를 1개씩
준비해주세요.

3_ 중기 쌀가루 50g을 찬물 200ml에
풀어줍니다.

4_ 쌀가루 푼 물에 닭고기 육수 400ml
와 큐브들을 모두 넣어주세요.

5_ 센 불에서 끓이다가 확 끓어오르면
약한 불로 줄이고 10분 동안 저어가
며 더 끓여주세요.

6_ 닭고기, 고구마, 청경채가 들어간 죽
완성입니다. 170ml씩 3일분이 나왔
어요.

소고기
무배추애호박죽

12배죽

이제 중기 이유식 막바지로 가다 보니 냉동 보관한 큐브들 중 남는 재료를 하나씩 더 추가해서 소진해도 좋아요. 육류 한 가지와 채소 두세 가지를 넣어서 만들어보세요. 소고기무배추애호박죽은 배추 때문에 노랗게 예쁜 색감이 나와요. 된장국을 떠 올리게 하는 조합이었는데, 튼이는 3일 내내 남김없이 잘 먹었어요.

준비물

소고기 30g
무 30g
배추 30g
애호박 30g
중기 쌀가루 50g
소고기 육수+물 600ml

완성량

200ml씩 3일분

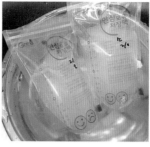

1_ 소고기 육수 200ml짜리 2팩은 찬물
에 해동해주세요.

2_ 냉동 보관해둔 소고기 큐브도 찬물에
20분 정노 남가 핏불을 빼주세요.

3_ 무는 껍질을 벗기고 30g을 계량
한 후에 듬성듬성 썰어주세요.

4_ 끓는 물에 무를 살짝 데쳐준 다
음 칼로 다져놓습니다.

5_ 배추는 V자 모양으로 잘라 잎 부
분만 30g 계량해주세요. 그리고
다져줍니다. 익히지 않고 생으로
사용할 거예요. 한번 데쳐도 좋
아요.

6_ 핏물을 제거한 소고기는 끓는 물
에 3~4분 정도 익혀서 준비해주
세요. 갈아놓은 무와 배추, 냉동
보관해둔 애호박 큐브 1개를 모
두 준비해주세요.

7_ 쌀가루 50g을 찬물 200ml에 풀
어줍니다.

8_ 준비한 소고기 육수 400ml에
소고기, 무, 배추, 애호박을 모두
넣어주세요.

9_ 센 불에서 끓이다가 확 끓어오르
면 약한 불로 줄여 10분 정도 더
끓여주세요.

10_ 배추, 무가 들어가서인지 양이
더 나온 것 같아요. 200ml씩 3
일분이 나왔어요.

중기

닭고기비트양파죽

12배죽

비트가 들어가면 이유식 색이 빨개져요. 소량만 넣어도 색이 확 살아나요. 겉으로 보기에는 너무 빨간색이라 이상할 것 같지만, 맛은 좋아요. 양파가 들어가서 감칠맛도 나고요. 튼이도 3일 내내 입가에 새빨갛게 묻히면서 잘 먹었어요.

준비물

닭고기 30g
비트 30g
양파 30g
중기 쌀가루 50g
닭고기 육수+물 600ml

완성량

170ml씩 3일분

1_ 닭고기 육수 200ml짜리 2팩을 찬물에 담가 해동해주세요.

2_ 닭고기, 비트, 양파 큐브를 각 1개씩 준비합니다.

3_ 중기 쌀가루 50g을 찬물 200ml에 풀어주세요.

4_ 쌀가루 푼 물에 닭고기 육수 400ml, 닭고기, 비트, 양파를 모두 넣어주세요.

5_ 센 불에서 끓이다가 확 끓어오르면, 약한 불로 줄이고 10분 정도 더 저어가며 끓여주세요.

6_ 새빨간 비주얼의 닭고기비트양파죽이 완성됐어요. 170ml씩 3일분이 나왔어요.

소고기팽이버섯 비트아욱죽

12배죽

중기 이유식부터는 대부분의 버섯을 모두 사용할 수 있으니, 골고루 넣어서 맛있는 이유식을 만들어주세요. 표고버섯, 팽이버섯, 양송이버섯 세 가지 종류를 모두 사용 해봤는데 튼이도 잘 먹었어요.

준비물

소고기 30g
팽이버섯 40g
비트 30g
아욱 30g
중기 쌀가루 50g
소고기 육수+물 600ml

완성량

190ml씩 3일분

1_ 팽이버섯은 밑동을 싹둑 잘라주세요.

2_ 팽이버섯 40g을 계량해주세요. 깨끗한 물로 씻은 다음 잘게 다져주세요. 팽이버섯은 한 부분으로 모아 가로로 잡고 채 썰듯이 썰면 잘 다져져요.

3_ 소고기 육수 200ml짜리 2팩을 찬물에 담가 해동해주세요.

4_ 냉동 보관한 소고기 큐브도 찬물에 20분 정도 담가 핏물을 빼주세요.

5_ 핏물을 제거한 소고기는 끓는 물에 3~5분 정도 익힌 다음 준비해주세요. 다진 팽이버섯, 냉동 보관해둔 비트와 아욱 큐브도 1개씩 준비해주세요.

6_ 중기 쌀가루 50g을 찬물 200ml에 풀어주세요.

7_ 쌀가루 푼 물에 소고기 육수 400ml, 팽이버섯, 비트, 아욱을 모두 넣어주세요.

8_ 센 불에서 끓이다가 확 끓어오르면 약한 불로 줄이고 10분 정도 더 저어가며 끓여주세요.

9_ 팽이버섯이 들어가서 버섯 식감이 나는 죽이 완성됐어요. 190ml씩 3일분 나왔어요.

닭고기
시금치당근죽

12배죽

닭고기와 시금치, 당근의 조합은 정말 좋아요. 양파를 추가해도 맛있어요. 튼이도 3일 내내 잘 먹었어요.

준비물

닭고기 30g

시금치 30g

당근 20~30g

중기 쌀가루 50g

닭고기 육수+물 600ml

완성량

180ml씩 3일분

1_ 닭고기 육수 200ml짜리 1개만 찬 물에 해동해주세요. 나머지 400ml 는 생수를 넣었어요. 닭고기 육수를 400ml 넣어도 돼요. 나중에 물을 200ml 넣으면 돼요.

2_ 냉동 보관해둔 닭고기, 시금치, 당근 큐브를 1개씩 순비합니다.

3_ 중기 쌀가루 50g을 찬물 400ml에 풀어주세요.

4_ 쌀가루를 푼 물에 닭고기, 닭고기 육 수 200ml, 시금치, 당근을 모두 넣어 주세요.

5_ 센 불에서 끓이다가 확 끓어오르면 약한 불로 줄이고 10분 정도 더 저어 가며 끓여주세요.

6_ 완성입니다. 180ml씩 3일분이 나왔 어요.

소고기적채무죽

12배죽

적채가 들어가서 보라색이 예쁜 이유식입니다. 적채가 없으면 일반 양배추로 만들어도 됩니다. 적채와 무가 들어가니 살짝 단맛이 돌면서 맛있어요. 튼이도 3일 내내 잘 먹은 이유식이에요.

준비물

소고기 30g
적채 30g
무 30g
중기 쌀가루 50g
소고기 육수+물 600ml

완성량

170ml씩 3일분

1_ 소고기 육수 200ml짜리 2팩을 찬물에 담가 해동해주세요.

2_ 소고기 큐브도 꺼내 찬물에 20분 정도 담가 핏물을 빼줍니다.

3_ 무는 30g 계량한 다음 듬성듬성 썰어서 끓는 물에 데친 후에 잘게 다져줍니다.

4_ 핏물을 제거한 소고기는 끓는 물에 3~5분 정도 익혀서 준비합니다. 다진 무와 냉동해둔 적채 큐브 1개도 준비합니다.

5_ 중기 쌀가루 50g을 찬물 200ml에 풀어주세요.

6_ 쌀가루 푼 물에 소고기 육수 400ml, 소고기, 적채, 무를 모두 넣고 끓여주세요. 센 불에서 끓이다가 확 끓어오르면 약한 불로 줄이고 10분 정도 더 저어가며 끓여주세요.

7_ 보라색이 예쁜 이유식이 완성됐어요. 170ml씩 3일분이 나왔어요.

225

달걀시금치 고구마애호박죽

10배죽

튼이 8개월 인생 처음으로 먹는 달걀이에요. 달걀은 돌 이전에 먹일 때는 노른자만 사용합니다. 흰자는 알레르기 반응을 일으키기 쉬워서 돌 지나고 먹이길 권장해요. 중기 이유식 마지막이기도 해서 10배죽으로 만들어줬는데 잘 먹었어요. 이제 후기 이유식으로 넘어가면 죽을 졸업하고 무른 밥으로 넘어가는데요. 그전에 연습이라 생각하고 원래 먹던 것보다 조금 더 되직하게 만들어봤어요.

준비물

달걀노른자 1개
시금치 30g
고구마 30g
애호박 30g
중기 쌀가루 60g
물 600ml

완성량

200ml씩 3일분

1_ 달걀노른자와 냉동해둔 시금치, 고구마, 애호박 큐브를 1개씩 준비합니다.

2_ 중기 쌀가루 60g을 물 600ml에 풀어주세요. 중기 이유식 마지막이라 조금 더 되직하게 만들어주려고 10배죽으로 했어요.

3_ 쌀가루 푼 물에 시금치, 고구마, 애호박 큐브를 넣어주세요.

4_ 센 불에서 끓이다가 확 끓어오르면 약한 불에서 7~8분 정도 더 저어가며 끓여주세요.

5_ 그릇에 달걀노른자를 잘 풀어준 다음 냄비에 휘휘 둘러가며 넣어줍니다. 한꺼번에 훅 넣으면 뭉쳐요.

6_ 잘 저어가며 2~3분 정도 더 끓여주세요.

7_ 달걀이 들어가니 더 맛있을 것 같아요. 200ml씩 3일분 나왔어요.

중기

소고기
단호박양파죽

10배죽

마지막 중기 이유식인데 밥솥으로 만들어봤어요. 이제 후기 이유식으로 넘어가면 하루 세 끼를 먹게 돼요. 냄비로 두 끼까지는 만들었는데 세 끼면 힘들 것 같아서요. 결론은 밥솥으로 진작부터 할 걸 그랬어요. 진짜 편하더라고요. 일단 후기 이유식에서는 밥솥을 활용할 예정이라 미리 중기 마지막 식단을 활용해봤어요. 이유식 밥솥은 따로 구매하지 않고 기존에 사용하던 밥솥(6인용 전기밥솥)으로 만들었습니다.

준비물

소고기 30g
단호박 30g
양파 30g
중기 쌀가루 60g
소고기 육수+물 600ml

완성량

150ml씩 3일분

└ 냄비 이유식과 양은 동일한데 완성량이
  적게 나왔어요. 밥솥을 이용할 때는 쌀의 양과
  육수의 양을 조금씩 더 늘려야 합니다.

1_ 소고기 육수 200ml짜리 2팩을 찬물에 해동해주세요.

2_ 냉동해둔 소고기 큐브 1개를 찬물에 20분 정도 담가 핏물을 빼줍니다.

3_ 쌀가루 60g을 준비해주세요.

4_ 찬물 200ml에 쌀가루 60g을 넣고 풀어주세요.

5_ 핏물을 제거한 소고기는 끓는 물에 3~5분 정도 익혀서 준비합니다.

6_ 밥솥 내솥에 쌀가루 푼 물 200ml와 소고기 육수 400ml, 익힌 소고기, 단호박과 양파 큐브 각각 1개를 모두 넣어주세요. 만능찜 모드를 눌러주세요(밥솥 종류에 따라 사용 모드는 다를 수 있어요. 저는 쿠첸 6인용 전기밥솥이에요. 후기에서는 죽 모드로 사용했어요). 50분 기다리면 돼요.

7_ 짠! 50분 지나고 열었는데 순간 망한 줄 알았어요. 그런데 휘휘 저어보니 죽처럼 변했어요. 이래서 밥솥이 편하다고 한 거였군요.

8_ 냄비로 만든 이유식과 크게 다르게 없어요. 양이 조금 덜 나오긴 합니다. 쌀과 물의 양을 조절해줘야 해요.

TIP 이유식의 신세계, 밥솥 이유식

• 중기 이유식에서 밥솥을 사용하지 않았던 이유 중 하나는 한 번 만들 때 1시간이 소요된다고 해서 두 가지를 만들려면 2시간이 걸린다고 생각했어요. 그런데 냄비로 하다가 밥솥으로 해보니 이 방법이 훨씬 나았어요. 후기부터는 밥솥을 더 많이 활용할 거예요. 밥솥 칸막이를 활용해서 한 번에 세 가지를 만드는 이유식 방법을 알려드릴게요.

• 저는 쿠첸 6인용 밥솥의 만능찜 모드로 만들었어요. 후기 이유식에서는 양이 많아져서 그런지 만능찜 모드로 했을 때 죽이 넘쳤어요. 그래서 죽 모드로 바꿔서 했더니 넘치지 않았어요. 각자 갖고 있는 밥솥 모델에 따라 모드 사용법은 달라질 수 있어요. 만능찜 모드나 죽 모드를 모두 해보시고, 알맞은 모드를 찾는 방법을 추천드려요. 더 자세한 방법은 후기 이유식 편에서 알려드릴게요.

단호박사과매시
단호박매시

단호박사과매시	단호박매시
단호박 90g	단호박 90g
사과 20g	건포도 5g
	└건포도를 제외하고 단호박으로만 만들어도 좋아요

단호박사과매시

 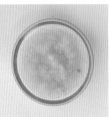

1_ 단호박은 껍질과 씨를 제거하고, 찜기에 20분 이상 푹 찐 후 으깨주세요. 사과는 강판에 갈아주세요.

2_ 으깬 단호박과 갈아낸 사과를 섞어주면 완성입니다.

단호박매시

1_ 단호박은 껍질과 씨를 제거하고, 찜기에 20분 이상 푹 쪄서 준비하고, 건포도는 끓는 물에 넣고 중간 불에서 1분간 삶아주세요. 물기를 제거한 후에 잘게 다져주세요.

2_ 단호박은 포크나 매셔를 이용하여 으깬 후에 다진 건포도를 섞어주면 완성입니다

230

바나나매시
바나나아보카도매시

바나나매시	바나나 아보카도매시
바나나 80g └약 2/3개, 아기가 잘 먹는다면 바나나 1개 사용 가능	**바나나 50g** **아보카도 30g**

바나나매시

1_ 바나나는 껍질을 벗긴 후에 양쪽 끝 부분을 0.5~1cm 정도씩 잘라주세요.

2_ 바나나를 볼에 넣고 포크나 매셔로 으깨주세요.

바나나아보카도매시

1_ 아보카도는 칼날을 깊게 넣고 한 바퀴 둘러서 칼집을 내고, 반대 방향으로 비틀어 2등분해요. 칼을 이용해 씨의 중앙 부분을 콕 찍어 빼낸 다음, 스푼을 한 바퀴 돌려 껍질을 제거합니다.

2_ 바나나는 양쪽 끝부분을 제거한 후에 아보카도와 함께 포크나 매셔로 으깨면서 섞어주세요.

231

바나나아보카도스무디
바나나스무디

바나나아보카도스무디	바나나스무디
바나나 30g	바나나 80g
아보카도 30g	물 100ml
물 100ml	└혹은 모유,
└혹은 모유, 분유도 가능	분유도 가능

바나나아보카도스무디

1_ 바나나는 껍질을 벗기고 양쪽 끝부분을 0.5~1cm 정도씩 잘라주세요. 아보카도는 손질해서(바나나아보카도 매시 참고) 적당한 크기로 잘라주세요.

2_ 믹서에 바나나와 아보카도, 물(혹은 모유, 분유)을 넣어 곱게 갈아주면 완성이에요. 이때 생수(혹은 모유, 분유)의 양을 조절해서 농도를 맞춰주세요.

바나나스무디

1_ 바나나는 껍질을 벗기고 양쪽 끝부분을 0.5~1cm 정도씩 제거한 후에 적당한 크기로 잘라주세요.

2_ 믹서에 바나나와 물(혹은 모유, 분유)을 넣고 곱게 갈아주면 완성이에요. 이때 생수(혹은 모유, 분유)의 양을 조절해서 농도를 맞춰주세요.

사과당근주스
배대추차

사과당근주스	배대추차
사과 120g	배 300g
당근 20g	말린 대추 30g
물 50ml	물 1L

사과당근주스

1_ 사과는 껍질과 씨를 제거하고, 당근은 껍질을 벗긴 후 적당한 크기로 잘라주세요. 믹서에 손질한 사과와 당근을 넣고 곱게 갈아줍니다.

2_ 그릇 위에 거름망, 젖은 거즈를 올리고, 갈아놓은 사과와 당근을 넣고 짜면 완성입니다. 거즈가 없으면 거름망에 바로 올려 건더기를 걸러내고 즙만 먹이면 돼요.

배대추차

1_ 배는 껍질과 씨를 제거하고, 적당한 크기로 썰어주세요. 말린 대추는 물에 한번 씻어주세요. 냄비에 배와 대추를 넣고 센 불에서 끓이다가 확 끓어오르면 약한 불로 줄여주세요.

2_ 약 40~50분 정도 끓인 후에 거름망에 걸러주세요. 식혀서 먹여도 되고, 따뜻하게 먹여도 좋아요. 너무 진하다고 느껴지면 물을 섞어주세요.

233

단호박찜케이크
바나나찜케이크

단호박찜케이크	바나나찜케이크
단호박 50g	바나나 1개
달걀노른자 1개	달걀노른자 1개
분유 10ml(1스푼)	분유 10ml(1스푼)
ㄴ혹은 모유도 가능	ㄴ혹은 모유도 가능

단호박찜케이크

1_ 단호박은 껍질과 씨를 제거하고, 찜기에 20분 이상 푹 찐 후 으깨서 준비해요. 달걀노른자는 풀어서 준비합니다.

2_ 볼에 으깬 단호박, 달걀노른자 1개, 분유(모유)를 넣어 섞어주세요. 내열용기에 담아 찜기에 약 15분간 쪄줍니다.

바나나찜케이크

1_ 바나나는 껍질을 벗긴 후, 양쪽 끝부분을 0.5~1cm 정도씩 제거한 후 으깨서 준비해요. 달걀노른자는 풀어서 준비합니다.

2_ 볼에 으깬 바나나, 달걀노른자 1개, 분유(모유)를 넣어 섞어주세요. 내열용기에 담아 찜기에 약 15분간 쪄줍니다.

중기 간식

양송이수프
감자수프

양송이수프	감자수프
양송이버섯 3개(40g)	감자 60g
양파 10g	양파 10g
분유 120ml	분유 120ml
끓는 물 400ml	**최종 150ml**
최종 140ml	

양송이수프

1_ 양송이버섯은 갓 부분만 사용해요. 껍질을 제거하고, 적당한 크기로 잘라주세요. 끓는 물에 양파를 넣고 2분간 삶아서 건져내요. 양송이버섯을 넣고 1분간 더 삶아줍니다.

2_ 한 김 식힌 양송이버섯은 믹서에 분유 120ml와 함께 넣고 갈아 주세요. 양파는 잘게 다져주세요. 냄비에 양송이버섯과 다진 양파를 넣고 센 불에서 저어가며 끓이다가 확 끓어오르면 불을 꺼주세요.

감자수프

1_ 감자는 껍질을 벗겨 적당한 크기로 썰어 냄비에 물과 함께 넣고 중간 불에서 10분간 푹 삶은 후에 포크나 매셔로 으깨주세요. 양파는 끓는 물에 넣고 2분 정도 삶은 후에 잘게 다져주세요.

2_ 으깬 감자, 다진 양파, 분유를 냄비에 넣고 센 불에서 저어가며 끓이다가 확 끓어오르면 불을 꺼주세요.

235

만 9~11개월

후기 이유식

후기 이유식은 어른의 식사 시간에 맞춰 하루에 3번 먹여요. 하지만 어른 식사 시간에 딱 맞게 먹일 순 없더라고요. 엄마 밥도 먹어야 되고 아기 밥도 줘야 되고요. 어른 식사 시간을 굳이 맞출 필요는 없지만, 이유식 먹는 시간을 비슷하게 정해서 매일 같은 시간에 규칙적으로 먹이는 게 좋아요.

후기 이유식 하기 전에
알아두면 좋아요

후기 이유식에 대한
기본 정보 ————

하루에 3번 먹여요

후기 이유식은 어른의 식사 시간에 맞춰 하루에 3번 먹여요. 하지만 이게 어른 식사 시간에 딱 맞게 먹일 순 없더라고요. 엄마 밥도 먹어야 되고 아기 밥도 줘야 되고요. 어른 식사 시간을 굳이 맞출 필요는 없지만, 이유식 먹는 시간을 비슷하게 정해서 매일 같은 시간에 규칙적으로 먹이는 게 좋아요.

그리고 이유식을 먹은 후 바로 수유하면 돼요. 이유식을 먹인 후 1~2시간 간격을 두고 모유나 분유를 주면, 식사가 아닌 간식처럼 분유(모유)를 주는 셈이 되어서 하루 종일 배가 부른 상태가 돼요. 이유식을 먹는 양이 늘지 않아 양껏 식사하는 데 문제가 생길 수 있으므로 수유는 이유식 직후에 하는 것이 좋아요.

이유식을 먹인 후 바로 수유를 했는데 전혀 먹지 않는 경우에는 억지로 먹이지 마세요. 이미 배가 부른 상태일 수 있어요. 아기마다 먹는 이유식의 양이 다르고, 수유 양이 다르기 때문에 반드시 똑같이 할 필요는 없답니다.

후기 이유식 양과 분유량

모유나 분유 양은 점차 줄여나가는 게 중요해요. 9~12개월에는 모유나 분유만으로 영양을 모두 보충할 수 없기 때문에 하루 세 끼 이유식을 먹여야 해요. 한 끼에 덩어리가 많은 이유식을 적어도 120ml 이상, 즉 종이컵으로 3분의 2 이상 먹여야 합니다. 잘 먹는 아이는 아이 밥그릇으로 한 그릇 정도 먹어요. 튼이는 후기 이유식에서 180~200ml 정도 먹었어요. 이제는 서서히 이유식이 주식이 되어야 해요. 덩어리도 조금씩 많이 주어야 나중에는 밥 형태로 먹이게 돼요. 후기 이유식을 진행하면서 분유량은 서서히 줄어들게 돼요. 평균적으로 하루 총 분유량은 500~600ml 정도가 적당해요.

시간	분유 / 이유식	먹는 양
오전 10시	분유	200ml
오후 12시	이유식①	200ml+분유 60~80ml
오후 3시	이유식②	200ml+분유 60~80ml
오후 6시	이유식③	200ml+분유 60~80ml
밤 9시	분유	240ml

튼이의 이유식 스케줄을 적어봤어요. 매번 똑같지는 않고 그날그날 다르지만 보통 이런 패턴이에요. 간식은 하루에 2번 정도 주는데 이유식과 이유식 사이 시간에 주었어요. 과일, 아기 과자, 아기 주스 등의 간식이요.

튼이는 이유식을 한 끼에 200ml씩 먹었어요. 많이 먹을 때는 240ml까지도 먹었어요. 너무 많이 먹는 건 아닐까 싶은데, 이미 튼이는 돌 지난 아기의 몸이었어요. 의사 선생님께 여쭤보니 먹고 싶어 하면 더 먹어도 된다고 했어요. 그래서 일단 후기 이유식에서는 평균 200ml 정도이고, 많이 만든 날은 240ml씩 먹이기도 했어요. 이유식을 많이 먹은 날에는 이유식 뒤에 분유를 바로 붙여서 먹이지는 않았어요. 만약 후기 이유식에서 한 끼에 120~160ml 정도 먹는 아기라면 바로 이어서 분유를 먹이면 됩니다.

한편 후기 이유식을 진행하면서 갑자기 수유 양이 확 줄어서 걱정되는 경우도 있는데요. 보통 이 시기부터 아기들이 먹는 이유식의 양이 점차 늘어나요. 한 끼에 200~240ml씩 거뜬하게 먹는 아기들도 많아요. 그러면서 자연스럽게 분유의 수유 양이 줄어드는데요. 저도 튼이가 후기 이유식을 시작하면서 하루에 먹는 분유의 양이 400ml 정도밖에 되지 않아서 걱정이 많았어요. 담당 소아과 선생님에게 여쭤보니 하루 세 끼 이유식을 180~200ml씩 잘 먹는 아기라면, 분유 양이 400ml 정도여도 큰 문제가 없다고 했어요. 그래도 신경 쓰인다면 세 끼 이유식 뒤에 바로 분유를 붙여서 조금이라도 먹여주세요.

숟가락을 쥐어주세요

처음에는 엄마가 숟가락으로 먹여주고, 8개월쯤 되면 아이 스스로 숟가락을 사용해서 먹을 수 있게 도와줘야 해요. 가끔 숟가락을 장난감 대신 가지고 놀기도 하는데, 시간이 좀 지나면 숟가락을 어떻게 잡는지 알게 돼요. 엄마가 사용하는 것을 보면서 숟가락이 입으로 들어가야 한다는 것도 알게 된다고 합니다.

그래도 숟가락을 뒤집어 잡고 입에 넣는 등 숟가락 사용이 서툴기 때문에 엄마가 옆에서 숟가락을 바로 잡는 것을 자꾸 보여줘야 합니다. 아이가 제대로 숟가락을 쥐면 숟가락 위에 음식을 얹어줍니다. 물론 숟가락에 음식을 얹어줘도 처음부터 잘 먹는 아이는 없어요. 하지만 숟가락질을 배우는 자연스러운 과정이므로 아이가 스스로 먹는 법을 배울 때까지 인내심을 갖고 도와주세요.

저도 후기 이유식부터는 아이 주도 이유식을 할까 고민했어요. 그래서 핑거푸드로 시도해보았어요. 후기 이유식 중반쯤부터 주먹밥을 만들어서 손으로 집어먹는 방법을 가르쳐주었어요.

식사 예절을 배워야 해요

아기는 부모가 식사하는 모습을 보면서 숟가락을 이용해 밥 먹는 방법, 예절 등을 자연스럽게 익힐 수 있어요. 어른들이 텔레비전을 보거나 한쪽 손으로 스마트폰을 조작하면서 식사를 한다면, 아기들은 그대로 보고 배울 수밖에 없어요.

제자리에 앉아서 식사를 즐길 수 있도록 분위기를 만들어주고 안 되는 것은 단호하게 안 된다고 일러주어야 합니다. 잘 먹는 것만큼이나 좋은 식습관을 형성하면서 식사 예절을 배우는 것 역시 이유식의 중요한 목표예요. 먹는 시간을 30분으로 제한하고 아이가 잘 먹지 않고 장난을 치면 상을 치워 식사가 끝났다는 것을 분명히 해야 합니다.

돌이 가까워지면 부모와 같은 시간에 같은 식탁에서 어른들이 꼭꼭 씹어 먹는 것을 보면서 식사 예절을 배우게 하는 데 힘써야 합니다.

지금 이 시기에는 사실 아기한테 가르쳐줘도 잘 모르겠죠? 하지만 이왕이면 밥 먹을 때는 밥에만 집중하도록 도와주세요. 텔레비전을 틀어놓거나 스마트폰을 보여준다거나, 그런 건 하지 않으려고 노력했어요. 어릴 때부터 식사 예절을 배우는 건 정말 중요하다고 생각해요.

양치질을 해주세요

후기 이유식을 시작할 때쯤이면 우리 아가들도 이가 났을 거예요. 아직 이가 나지 않은 아기들도 있을 텐데 보통은 2개 이상은 난 상태죠. 튼이는 이가 좀 빨리 난 편이에요. 후기 이유식 초반에 이가 6개 났어요. 아랫니 앞니 2개, 윗니 앞니와 옆니까지 4개 총 6개였어요. 때문에 식사 후 가제 수건이나 유아용 칫솔로 양치질을 해주는 게 좋아요.

무른 밥과 진밥의 차이

후기 이유식에서 제일 궁금했던 부분은 무른 밥과 진밥의 차이점이었어요. 그게 그거 아닌가 싶었거든요. 이유식을 만들 때 들어가는 물의 양으로 구분지어 말하더라고요. 후기 이유식에서는 무른 밥을 먹인 후 진밥으로 넘어가면 돼요.

초기 이유식(5~6개월) : 미음
중기 이유식(7~8개월) : 죽
후기 이유식(9~10개월) : 무른 밥
완료기 이유식(11~12개월) : 진밥

대략 이런 순서인데 무른 밥과 진밥은 거의 비슷해요. 중기 이유식 죽과 같은데 쌀알 그대로 사용하는 것으로 생각하면 됩니다. 중기 이유식에서는 조각낸 쌀알로 만들었죠. 후기 이유식에서는 쌀알 그대로 넣고 만들면 돼요.

불린 쌀 기준 물의 양은 다음과 같이 하면 돼요.

초기 이유식 : 10배죽(쌀가루는 20배)

중기 이유식 : 6배죽(쌀가루는 12배)

후기 이유식 : 4배 무른 밥

후기 이유식 중후반과 완료기 이유식 : 2배 진밥

이렇게 생각하면 쉬워요. 앞니가 올라오는 시기이지만 아직 어른이 먹는 밥은 무리예요. 잇몸이나 앞니로 오물오물 씹을 수 있는 무른 밥과 진밥을 주는 것이 좋아요. 밥을 일찍부터 먹이면 소화 불량이 될 수 있고 먹는 양도 늘지 않는답니다.

돌까지는 무른 밥에서 진밥으로 서서히 진행하면서 먹여야 씹는 연습이 제대로 되어 나중에 단단한 음식도 잘 먹을 수 있고, 먹는 양도 차츰 늘려갈 수 있어요.

사실 튼이가 되직한 걸 잘 먹을 거라 생각해서 식단표를 짤 때 후기 이유식 첫 달은 무른 밥으로 하고, 둘째 달은 진밥으로 진행하려고 했어요. 이건 아기가 먹는 것을 보면서 상황에 맞게 진행하는 게 좋아요. 튼이는 물을 4배로 만들어 무른 밥을 해줬는데도 가끔 헛구역질을 하면서 잘 못 먹었거든요.

이 부분은 엄마가 아기에게 맞춰서 만들어주면 돼요. 되직한 이유식을 잘 먹는 아기라면 금방 진밥으로 넘어가도 되지만, 부담스러워하는 아기라면 물 양을 5배로 시작해서 차츰 줄여나가는 걸 추천합니다.

후기 이유식은 2개월에서 3개월 정도 진행합니다. 튼이의 경우 후기 이유식은 2개월 동안 진행했어요. 아기들에 따라 다르지만, 3개월 정도 해도 돼요. 튼이는 후기 이유식 1단계에서 4배 무른 밥을 먹었고, 후기 이유식 2단계에서 2배 진밥을 먹었어요. 이때 진밥을 잘 먹었다면 후기 이유식을 한 달 더 진행하려고 했는데요. 튼이는 모든 재료가 섞여 있는 진밥을 싫어했어요. 그래서 후기 이유식은 2개월로 마무리하고, 바로 완료기 이유식(유아식)으로 넘어갔습니다. 후기 이유식을 3개월 진행한다면, 책에 있는 식단표와 재료 궁합을 참고하여 추가로 식단표를 만들어보세요.(249쪽 식재료별 메뉴 목록 참고)

후기 이유식에서
사용할 재료와 피해야 할 식재료 ——————

육류, 단백질 섭취가 중요해요

소고기, 닭고기, 흰살생선, 콩 제품 등 하루 1회 이유식에는 꼭 단백질 식품 한 가지를 끼워 넣어야 해요. 고기는 반드시 먹어야 하는데 이 시기에는 육류를 매일 먹는 것이 철분과 아연의 보충을 위해 매우 중요합니다.

틴이는 매일 소고기, 닭고기, 흰살생선(해산물 또는 달걀)을 모두 넣어서 식단표를 짰어요. 이 중 소고기는 꼭 매일매일 섭취할 수 있게 해주세요.

흰살생선과 궁합이 좋은 식재료 : 양배추, 당근, 브로콜리, 사과, 비트, 시금치, 양파, 완두콩, 두부(옥수수는 궁합이 좋지 않으니 피할 것)

연어와 궁합이 좋은 식재료 : 양파, 파프리카

멸치와 궁합이 좋은 식재료 : 연어, 표고버섯, 달걀노른자, 우유(시금치는 피할 것)

새우와 궁합이 좋은 식재료 : 표고버섯, 완두콩, 아욱

치즈와 궁합이 좋은 식재료 : 브로콜리, 양파, 감자

달걀과 궁합이 좋은 식재료 : 애호박, 당근, 시금치, 피망, 단호박, 청경채, 미역, 오이, 토마토

후기 이유식에서 사용 가능한 식재료

곡류	○	모두 가능
	△	-
	×	-
육류	○	닭가슴살, 닭안심, 소고기안심, 소고기우둔살, 기름기 적은 돼지고기
	△	-
	×	오리고기(예: 훈제 오리)
생선류 / 해조류	○	흰살생선, 잔멸치, 미역, 새우, 구운김, 다시마, 게살, 연어, 톳, 황태, 매생이, 파래
	△	조갯살
	×	-
유제품 / 달걀	○	치즈, 플레인요거트(무설탕), 달걀(노른자, 흰자 둘 다 가능), 버터(소량으로, 무염버터 사용 가능)
	△	-
	×	생우유
콩류	○	모두 가능
	△	-
	×	-
채소류	○	중기 이유식 재료에서 사용한 채소 (단호박, 애호박, 감자, 고구마, 당근, 오이, 시금치, 양배추, 브로콜리, 콜리플라워, 버섯 등) + 파프리카, 파, 부추, 토마토, 가지, 케일, 아스파라거스, 콩나물, 아보카도, 옥수수, 셀러리, 우엉
	△	-
	×	-
견과류	○	건포도, 밤, 잣, 호두, 들깨, 참깨, 땅콩, 아몬드, 피스타치오 (초기 이유식부터 땅콩 시도 가능, 고운 가루 형태나 100% 견과류버터 형태로 활용 가능)
	△	-
	×	모든 견과류를 통째로 주는 것(질식 위험)
과일류	○	사과, 배, 바나나, 멜론, 한라봉, 블루베리, 파인애플
	△	딸기, 키위(생후 6개월 이후 먹을 수 있는 과일이나 간혹 알레르기 발생할 수 있으니 주의)
	×	-

- 참기름 사용이 가능하며, 기름이 필요할 때는 포도씨유 사용을 권장해요.
- 새우, 조갯살, 전복은 알레르기 반응이 없다면 가능하나 되도록 돌 이후부터 사용을 권장해요.
- 달걀은 초기 이유식부터 노른자를 사용할 수 있어요. 노른자 사용 후 알레르기 반응 없이 괜찮았다면 1~2개월 후 달걀흰자까지 사용 가능해요. 초·중기 이유식에서 달걀노른자를 먹이고 괜찮았다면 후기 이유식에서 달걀흰자까지 먹일 수 있습니다.
- 소면, 쌀국수, 파스타도 가능해요.(처음 먹이는 국수로는 쌀국수가 좋음)
- 돌 이전까지 생우유와 꿀은 반드시 피하는 게 좋아요.

세상 쉽고 맛있는 튼이 이유식

미역과 궁합이 좋은 식재료 : 두부, 콩

중기 이유식 때 사용했던 식재료와 대부분의 곡류, 새우, 게살, 연어, 조갯살(10개월 이후부터) 등을 식재료로 사용할 수 있어요. 조개, 새우, 게, 생선, 딸기, 토마토, 귤, 레몬, 오렌지, 달걀흰자 등은 알레르기가 있는 아이라면 돌까지 먹이지 않는 것이 좋아요.

후기 이유식부터는 채소와 육류 또한 곱게 다지거나 갈지 않아도 돼요. 적당한 크기로 다져 아이가 잇몸이나 혀로 으깰 수 있을 정도로 부드럽게 조리하면 돼요. 하지만 우엉처럼 섬유질이 질기고 단단한 채소는 피하는 게 좋아요.

가끔은 특식도 만들어주세요. 예를 들면, 리조또, 주먹밥, 완자, 핑거푸드, 덮밥, 국수, 달걀찜, 전 등이 있어요.

그리고 중요한 것은, 아기들마다 먹는 패턴이 다르기 때문에 입자 크기를 부담스러워 한다면 후기 이유식이라도 곱게 다져서 먹여주세요.

돌 이전에 먹이면 안 되는 음식

식품 알레르기 진단을 받은 아기가 아니라면 달걀, 밀, 생선 모두 돌 전에 먹일 수 있어요. 어떤 음식이든 처음 먹일 때 조금씩 시도하며 상태를 지켜봐야 한다는 원칙만 지켜주면 되는데요. 새로운 식재료는 반드시 하나씩 추가하고 3일 이상 먹여보면서 아기의 상태를 꼭 확인해주세요. 대부분의 음식을 먹일 수 있지만, 알레르기 이외의 다른 우려 때문에 몇몇 음식은 돌 전에 먹이지 않아요.

꿀

꿀에는 보툴리누스균이 포함된 경우가 있기 때문에 어른에게는 문제가 되지 않는 양의 꿀이라도 아기에게는 위험할 수 있어요. 보툴리누스균이나 독소가 몸에 들어오면 두통, 구토와 같은 증상이 나타나고, 심한 경우에는 호흡곤란이나 마비로 사망할 수도 있어요. 실제로 돌 이전에 꿀을 먹은 아기가 사망하는 일이 있었어요. 돌 이전 아기라면 꿀은 절대 먹이지 마세요.

생우유

분유와 생우유는 영양 성분에 차이가 있어요. 철분이 부족한 생우유는 돌 전의 아기에게는 먹이지 않아야 해요. 생우유로 영양 공급을 하는 경우 신장에 부담을 주기도 하고 빈혈, 위장 출혈 등을 일으킬 수 있어요.

기도에 걸릴 수 있는 음식

특히 땅콩과 견과류(아몬드, 잣, 호두, 캐슈너트 등)는 통째로 먹이면 안 돼요. 아기들은 음식을 잘못 삼켜 기도에 걸리는 경우가 많은데, 가장 흔한 원인이 땅콩과 견과류입니다. 세 돌까지는 통째로 먹이지 않아야 합니다. 아기 과자도 입 안에서 잘 녹는 것을 선택해요. 핑거 푸드를 만들 때도 아기의 씹는 능력을 고려해야 합니다. 끈적끈적한 떡도 기도에 달라붙으면 매우 위험합니다. 어떤 음식이든 아기들이 먹다가 기도에 걸릴 수 있으니 항상 아이를 잘 살펴 사고를 미연에 방지해야 해요.

후기 이유식 준비하기

세상 쉽고 맛있는 튼이 이유식

후기 이유식 재료별 메뉴 ————

후기 이유식 식단표를 짜면서 여러 가지 메뉴를 식재료별로 정리해놓은 메뉴 목록이에요. 소고기, 닭고기, 해산물 별로 각각 30여 개씩 적어 놓은 거라 식단표 짤 때 도움이 될 거예요. 이것만으로도 두 달 치는 금방 짤 수 있어요.

이유식 재료별 메뉴

소고기	닭고기	해산물
소고기아욱표고버섯	닭고기양파단호박	대구살시금치비트
소고기단호박아욱	닭고기적채감자	대구살연두부단호박
소고기비트적채	닭고기고구마감자	대구살매생이양파
소고기청경채가지	닭고기고구마사과	대구살무비타민
소고기가지당근연두부	닭고기양파시금치당근	게살브로콜리당근양파
소고기느타리버섯애호박	닭고기고구마적채	게실두부딩근
소고기두부단호박	닭고기브로콜리당근	게살브로콜리파프리카

이유식 재료별 메뉴

소고기	닭고기	해산물
소고기검은콩가지들깨	닭고기적채사과	게살브로콜리애호박치즈
소고기비타민새송이버섯	닭고기아스파라거스치즈감자	새우살적채애호박
소고기버섯브로콜리	닭고기퀴노아연두부	새우살당근양파단호박
소고기무들깨	닭고기청경채당근	새우살표고애호박치즈
소고기아스파라거스케일	닭고기단호박양파치즈	밥새우애호박표고버섯
소고기양파애호박	닭고기고구마비타민	밥새우애호박느타리버섯
소고기우엉양배추치즈	닭고기구기자밤	연어청경채브로콜리
소고기무미역두부	닭고기콩나물양파	연어새송이양파치즈
소고기양배추감자양송이	닭고기애호박브로콜리	멸치당근김가루
소고기비타민비트	닭고기밤양파	멸치단호박톳
소고기버섯양파치즈	닭고기고구마아보카도	김가루당근양파
소고기단호박양파	닭고기구기자대추	대구살닭안심양파참깨
소고기생이비잇비트	닭고기부엉양파	대구살당근고구미
소고기버섯당근양파	닭고기애호박연두부콩	새우살잔멸치양파
소고기당근시금치애호박	닭고기당근달걀	대구살매생이콩나물
소고기브로콜리단호박양송이	닭고기완두콩시금치	대구살시금치당근팽이버섯
소고기완두콩미역애호박	닭고기아욱양파당근	새우살단호박콜리플라워
소고기사과양파케일적채	닭고기고구마당근양파	대구살시금치애호박
소고기가지당근양파	닭고기청경채케일당근	새우살애호박양송이치즈
소고기느타리버섯들깨	닭고기양파당근아욱두부	대구살아스파라거스당근양파
소고기감자비트배추		새우살잔멸치파래양파
소고기사과양파케일		게살매생이애호박당근

• **기타** : 건포도적채치즈, 달걀애호박당근시금치, 퀴노아

밥솥 칸막이로 한 번에
3가지 이유식 만들기 ————

냄비 이유식을 하던 내 맘을 돌린 밥솥 칸막이

다음 페이지에 나오는 이 판때기가 바로 후기 이유식의 신세계를 맛보게 해준다는 밥솥 칸막이입니다. 밥솥 칸막이는 말 그대로 밥솥 안에 넣고 칸을 나눠주는 역할을 해요. 예를 들어 일반 어른 밥을 지을 때도 하나는 백미밥, 하나는 콩밥, 하나는 흑미밥 이런 식으로 할 수 있어요.

그렇다면 이유식을 만들 때는? 하나는 소고기 이유식, 하나는 닭고기 이유식, 하나는 해산물 이유식 이런 식으로 가능합니다. 사실 다들 중기 이유식부터는 밥솥이 편하다는데, 저는 중기 끝까지 냄비 이유식을 했어요. 이유식 하는 날에는 한 번에 두 가지 이유식을 냄비에 끓였는데 나름대로 할만 했어요. 그런데 후기 이유식에서는 세 가지를 만들어야 해서 살짝 걱정이 되었어요. 냄비로 세 가지, 물론 가능하겠지만 너무 힘들 것 같았죠. 그래서 검색하다가 찾아낸 게 밥솥 칸막이에요. 후기 밥솥 이유식, 후기 밥솥 칸막이 이유식 등등 진짜 어마어마한 후기를 모조리 읽어봤어요. 물론 단점이 있긴 했어요. 하지만 그 모든 것을 뛰어넘는 장점이 있기에 다들 만족하고 사용 중이라는 의견이 대다수였어요. 그래서 저도 결국 밥솥 칸막이를 샀어요. 쇼핑몰에 가서 검색해보면, 쿠쿠, 쿠첸 등 10인용, 7인용, 6인용 등 브랜드별, 용량별 모델이 적혀 있어요. 이유식 만들 때 사용할 밥솥에 맞는 것으로 선택하면 돼요.

●밥솥 칸막이 세척 및 사용법

스테인리스 제품은 첫 사용 전에 키친타월에 식용유를 묻혀서 닦아줘야 해요.
역시 검은 게 묻어나왔어요. 닦고 난 후에는 끓는 물에 5분 정도 삶아주세요. 끓
는 물에 식초를 몇 방울 넣은 다음, 칸막이도 같이 넣고 5분 정도 삶아요. 그리
고 다시 세제로 깨끗하게 세척했어요.

밥솥 칸막이로 후기 밥솥 이유식 도전

밥솥칸막이 사용법

●불린 쌀 양 맞추기

중기 이유식까지는 쌀가루를 이용했기 때문에 불린 쌀은 처음 사용해보았어요. 그런데 생쌀을 얼마나 불려야 원하
는 만큼의 불린 쌀이 나올지 모르겠는 거예요. 일단 생쌀 300g을 불려보기로 했습니다.

생쌀 300g을 물에 담가 2시간 정도 불려봤어요. 그랬더
니 375g이 나오더라고요.

다음에는 최종 완성량을 조금 줄일까 해서 쌀의 양을 줄
여봤어요. 생쌀 250g을 2시간 이상 불렸더니 319g의 불
린 쌀이 나왔어요. 이렇게 몇 번 해본 결과, 약간의 차이
가 있지만 약 70g 정도씩 더 늘어났어요.

●불린 쌀 밥솥에 넣기

밥솥 내솥 안에 불린 쌀을 전체적으로 평평하게 펴서 넣어주세요. 이때 전체적
으로 고르게 넣어줘야 농도가 비슷하게 만들어져요. 한 칸에 쌀 양을 더 많이
넣거나, 적게 넣으면 농도가 확 달라지니 주의하세요.

● 밥솥 안에서 칸막이 조립하기

밥솥 칸막이는 2개로 되어 있는데 작은 것을 먼저 넣어주세요. 이때 주의할 점이 있어요.

주의사항
1. 내솥 안에서 칸막이를 조립해야 합니다.
2. 미리 조립한 후에 넣으면 내솥 코팅이 벗겨질 수 있어요.

큰 칸막이를 작은 칸막이 부분의 홈에 맞게 위에서 아래 방향으로 끼워줍니다. Y자 형태가 되어야 해요. 조립해보면 3개의 면적이 똑같지 않아요. 한 부분이 다른 두 개의 부분보다 넓기 때문에 양이 조금 달리 나와요. 넓은 부분에 있는 이유식의 양이 조금 더 많아요. 세 가지 이유식의 양이 조금 다르게 나오는 게 단점이긴 하지만, 그 이상으로 간편하니 꼭 활용해보세요.

● 세 가지 이유식 재료 준비

세 가지 종류의 이유식을 한 번에 만들어 봤습니다. 이 세 가지를 3일 동안 아침, 점심, 저녁 이유식으로 먹이게 됩니다.

1. 소고기감자아욱
2. 닭고기적채감자
3. 밥새우애호박새송이버섯

ㄴ 후기 이유식의 꽃 역시 큐브입니다.
　재료 손질을 미리 해서 큐브로 만들어두면 이유식 만드는 시간을 훨씬 더 단축할 수 있어요.

ㄴ 소고기 큐브는 냉동실에서 꺼내 찬물에 20분 정도 담가 핏물을 제거합니다. 핏물을 제거한 소고기는 끓는 물에 넣어 불순물을 제거하고 익힌 다음에 넣어주세요. 핏물을 제거한 후에 바로 넣어도 되지만, 소고기의 잡냄새를 제거하기 위해서는 한 번 익혀서 넣는 게 훨씬 좋아요.

ㄴ 냉동 보관한 육수도 미리 꺼내 절반 이상은 해동해두세요.
　냉동해둔 육수는 이유식 만들기 전날에 미리 냉장고에 옮겨두는 게 좋아요. 많이 녹지 않은 상태에서 밥솥에 넣고 죽 모드로 만들면 넘쳐 흐를 수 있어요.

● 재료와 육수 넣기

칸마다 하나씩 재료를 모두 넣어줍니다.
그리고 불린 쌀 대비 4배의 육수와 물을 부어주세요. 아기가 농도를 부담스러워 한다면 5배로 시작해도 좋아요. 예를 들어 불린 쌀 370g이라면 육수와 물을 합친 총량이 1,480ml 들어가면 돼요.

● 육수는 한 가지로 통일!

밥솥에 세 가지 이유식을 만드는 데 단점이 바로 육수예요. 소고기 육수, 닭고기 육수 등 육수를 따로 사용할 수 없어요. 칸막이가 칸마다 완벽 차단이 되는 게 아니고 육수나 물은 통하게 되어 있거든요. 그래서 저는 채소 육수로만 사용했어요. 채소 육수 만드는 법은 따로 정리해서 알려드릴게요. 그런데 이 점이 저에게는 장점으로 느껴졌어요. 육수를 한 종류로만 만들어두니까 훨씬 편했거든요.

육수 양이 꽤 들어가요. 그도 그럴 것이 아홉 끼의 이유식을 한 번에 만드는 거라 채소 육수로 1L 정도 넣고 나머지는 물로 채워 넣었어요.

저는 6인용 밥솥이라 이 정도가 최대의 양이었어요. 더 많은 양을 만들기에는 무리가 있었어요. 그런데 200~240ml씩 9개의 이유식을 만드는 데는 괜찮았어요. 6인용 밥솥(쿠첸)으로도 충분했어요.

두근두근, 과연 잘 될지 걱정과 설레는 맘이 교차했어요. 사실 밥솥 칸막이로 하기 전에 시험 삼아 밥솥으로 세 끼를 만들어봤거든요. 그런데 처참히 실패했던 경험이 있어요. 밥솥 밖으로 막 튀어나오고 난리도 아니었어요.
결국 세 번 해보고 문제점을 찾았어요. 이유는 만능찜 기능 때문이었어요. 이건 밥솥마다 달라서 어떤 분들은 만능찜 모드로 잘 되는 분도 있을 거예요. 그런데 제가 사용하는 밥솥의 경우 만능찜으로 50분을 돌렸더니, 이유식이 튀어나오고 밥솥 주위로 물이 흥건해졌어요. 그러니 반드시 갖고 있는 밥솥의 기능으로 시험 가동을 해보시길 추천해요.

●죽 모드로 1시간

그래서 죽 모드로 해봤는데 성공했어요. 그 후로 밥솥 칸막이를 이용해 늘 죽 모드 1시간으로 설정하는데, 이때까지 밥솥 폭발한 적 없이 잘 만들었어요. 죽 모드로 만들었을 때 실패했다면, 만능 찜 모드로 해보길 추천합니다.

●밥솥 이유식 완성

죽 모드로 1시간 돌린 후 뚜껑을 열어보고 처음에는 실패한 줄 알았어요. 아니 큐브가 그대로 있는 거예요. 그런데 이게 성공한 거예요.

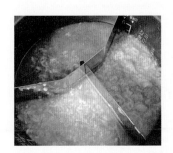

짠! 스파츌라나 주걱으로 섞어주면 이렇게 변신해요. 완전 감격!

이번에는 퍼내는 게 또 걱정이었어요. 세 칸으로 나뉘어 있어서 이유식을 담을 때 힘들지 않을까 했는데요. 적당한 크기의 스푼과 국자 중간 크기 정도 되는 조리도구가 있으면 퍼내기 쉬워요. 이것도 처음에는 좀 어려웠는데, 몇 번 하다 보니 잘 되더라고요. 사진은 첫날 한 거라 엉성해요.

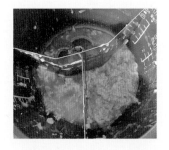

하다 보면 요령이 생겨요. 이유식을 옮겨 담을 큰 그릇 3개, 큰 스푼형 주걱 3개를 밥솥 옆에 준비해 놓은 후에 메뉴마다 조금씩 순차적으로 덜어서 담다 보면 쉽게 담을 수 있어요. 칸마다 조금씩 퍼내야지 한 칸만 집중적으로 퍼내면 옆으로 확 쏠릴 수 있어요. 칸막이가 고정되어 있는 게 아니라서요. 이 부분은 몇 번 실제로 해보면 어떻게 해야 되는구나 감이 옵니다. 작은 입자의 이유식 재료는 옆으로 약간 섞일 순 있어요. 제가 해본 결과 그 정도는 크게 신경 쓰이지 않았어요.

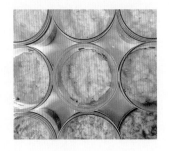

짠! 세 가지 이유식을 밥솥 칸막이로 처음 시도해서 성공한 아홉 끼의 이유식이에요. 꽤 괜찮죠? 저도 생각했던 것보다는 잘 나와서 매우 만족했어요.

● 2주 정도 사용해본 후기

밥솥으로 세 가지 이유식을 6번 정도 시도해봤을 때 사진입니다. 완전 대만족이었어요. 솔직히 단점이 있긴 한데 그 단점을 모두 덮을 만큼의 장점이 있었어요. 그것은 바로 한 번에 세 가지, 아홉 끼의 이유식이 가능하다는 점이었죠.

생쌀은 최소 1~2시간 이상 불려줬어요. 처음에는 생쌀 300g을 불려서 했는데, 이유식 완성량이 200ml 이상씩 9개가 나왔어요. 그리고 양을 좀 줄여볼까 해서 생쌀 250g을 불려서 했더니 이유식 완성량이 150~200ml 정도로 9개씩 나오더라고요.

만들 때마다 약간씩 양의 차이, 농도의 차이가 생기는데요. 농도 같은 경우 먹일 때 너무 되직하면 물을 추가해서 먹이곤 했어요. 양이 150ml씩 나온 이유식을 먹인 후 분유를 이어서 80ml 정도 더 먹였고요. 평균적으로 튼이는 한 번에 200~240ml의 이유식(+분유)을 먹었어요.

생쌀과 불린 쌀의 양	육수+물의 양(4배 무른 밥)	총 완성량
생쌀 300g → 불린 쌀 370g(+70g)	1,480ml	180~240ml × 9개
생쌀 250g → 불린 쌀 320g(+70g)	1,280ml	150~200ml × 9개

· 총 완성량은 평균적인 양을 적은 거예요. 이 부분은 매번 똑같지 않기 때문에 대략적인 양만 봐주세요.

● 밥솥 칸막이의 장점과 단점

장점	단점
1. 한 번에 세 가지, 9개의 이유식이 가능하다.	1. 육수는 한 가지로 통일해야 한다.(물이 섞이는 구조)
2. 밥솥에 넣은 후 1시간 정도면 완성된다.	2. 밥솥 칸막이는 고정형이 아니다.(건드리면 움직인다)
3. 큐브만 미리 준비해도 어마어마한 시간이 단축된다.	3. 서로 다른 이유식 재료 중 작은 입자는 섞일 수 있다.
4. 냄비 이유식에 비하면 설거지 양이 확 줄었다.	4. 향이 강하거나 색이 강한 재료의 영향을 받는다.
	5. 세 칸의 완성량이 똑같이 나오지 않는다.

앞에서도 얘기했지만 분명히 단점이 있어요. 단, 이 모든 단점을 덮을 만한 장점이 있다는 것이죠. 한 번에 세 가지, 9개의 이유식이 가능하다는 것! 이것만으로도 다른 단점은 눈에 들어오지도 않아요. 실제로 사용해보니 무시 못하겠더라고요. **참고로 제가 사용하는 밥솥은 쿠첸 6인용 전기밥솥입니다. 압력밥솥이 아니고 일반 전기밥솥입니다.**

후기 이유식 시작!
밥솥으로 하나씩 세 가지 메뉴
만들기(실패담) ————

밥솥 칸막이를 사용하기 전에
이유식 한 종류씩 만들어보기

드디어 후기 이유식 첫 번째 레시피입니다.

소고기아욱표고버섯 무른 밥, 닭고기양파단호박 무른 밥, 대구살시금치비트 무른 밥, 이 세 가지를 만드는 첫날 이야기예요.

우선 밥솥 칸막이를 사용하기 전에 미리 밥솥으로 하나씩 만들어보기로 했어요. 쌀의 양이나 육수 양의 적당량을 알아보기 위해서요. 그 결과 밥솥 밖으로 이유식이 넘치고, 물이 새어 나오고 난리도 아니었어요. 그런데 이런 시행착오를 거치고 나니 그 후로는 잘 되더라고요. 실패한 경험담도 도움이 될까 해서 적어봅니다.

하나씩 해보니 꽤 오래 걸리네요

밥솥에 한 가지씩 만들다 보니 시간이 꽤 걸렸어요. 물론 이유식이 만들어지는 한 시간 동안 밥솥 앞을 지키고 서 있는 게 아니라 다른 일을 하면서 기다릴 수 있는 게 장점이긴 하죠. 냄비 이유식으로 할 때는 계속 저어줘야 하니까요.

그런데 또 밥솥 칸막이는 더더욱 편해요. 다음 이유식부터는 밥솥 칸막이를 이용해 한 번에 세 가지 이유식으로 9끼 만드는 방법을 알려드릴 거예요.

하루 세 끼 먹이려니 정말 어째야 하나 걱정이 많았어요. 그런데 하다 보니 또 다 하게 되더라고요. 후기 이유식을 시작하기 전, 저처럼 겁먹었던 분들, 모두 할 수 있어요.

생각보다 어렵지 않아요. 여기까지 직접 만든 이유식을 먹인 분들은 모두 대단하신 거예요. 우리 후기 이유식도 힘내봅시다!

|후기 이유식 시작하기 전에 참고하세요!|

후기 이유식 식단표에서 첫 번째 세 가지 메뉴를, 밥솥으로 한 번에 한 가지 이유식으로 만든다면, 다음과 같은 양으로 해보세요.

생쌀 100g을 불리면 불린 쌀 130g이 나와요. 여기에 물+육수를 4~5배 잡고 만드시면 됩니다. 이렇게 할 경우 총 200ml씩 3일 치 분량이 나와요. 냄비로 만들 때도 위와 같이 하면 돼요. 밥솥 칸막이 레시피는 다음 레시피부터 시작할게요.

|어른용 밥솥을 사용해도 될까요?|

네. 우선 후기 이유식에서 밥솥 칸막이를 사용하기로 결정했다면, 최소 6인용 이상의 밥솥이 필요해요. 작은 이유식 밥솥으로는 한 번에 3가지 9끼의 이유식을 만들기에는 역부족이에요. 한 번에 들어가는 재료와 육수의 양이 매우 많아요. 저는 쿠첸 6인용 전기밥솥을 사용했어요. 혹시 냄새가 배이거나 망가지지 않을까 걱정했는데 괜찮았어요. 일단 이유식을 만들고 난 후에는 밥솥 내솥과 속 뚜껑, 증기 배출구 등을 모조리 분리해서 세척했어요. 그리고 이유식을 만들기 전에 밥솥에 있는 자동세척 기능을 활용해서 한 번 더 세척한 후에 만들었어요. 자동세척 기능은 20분 정도 작동하는데요. 소고기 핏물 빼는 시간에 하면 딱 알맞았어요.

닭고기양파단호박 무른 밥(죽)

남은 중기 쌀가루 10배죽

후기 이유식에서는 쌀알 그대로 사용하는 거라 일반 쌀을 불려서 사용해요. 저는 중기 이유식용 조각 쌀가루가 남아서 남은 것으로 만들어봤어요. 저처럼 중기용 쌀가루가 남은 분들은 후기 시작할 때 모두 사용한 후에 일반 쌀로 넘어가도 돼요. 아니면 일반 쌀이랑 섞어서 만들어도 됩니다. 밥솥을 이용한 첫 번째 후기 이유식은 닭고기양파단호박죽이에요.

1_ 중기 이유식 쌀가루 50g과 물 500ml 를 준비해요.

2_ 닭고기 큐브 30g, 양파 큐브 30g, 단호박 큐브 30g을 준비해주세요.

3_ 밥솥에 중기 쌀가루 50g, 물 500ml, 큐브 3개를 모두 넣어주세요. 와, 진짜 쉽다! 하면서 스스로 감탄하며 만능찜 기능을 눌렀어요.

4_ 거의 다 되어갈 때 쯤 소리가 이상해서 가보니, 밥솥이 막 노랑이 이유식을 토하고 있는 거예요. 충격! 심지어 닭고기 큐브는 그대로 있었어요. 그런데 신기하게도 익는 다 익었더라고요.

5_ 처참한 밥솥 뚜껑! 증기 배출구로 이유식이 막 튀어나와요. 온 바닥에 물이 흥건했어요. 대체 뭐가 문제였을까 하면서 망연자실했어요. 이 다음 이유식부터 밥솥 칸막이를 사용할 예정이라 완전 멘붕이었죠. 이런 식이라면 칸막이도 못 쓰겠구나 했거든요.

6_ 밥솥 폭발과 함께 증발해버린 이유식. 그래도 살아남은 이유식이 조금 있었어요. 80ml씩 3개만 간신히 담았어요. 80ml를 먹인 후에는 분유를 120~140ml씩 보충해줬어요. 첫 번째는 이렇게 해서 처참하게 실패했습니다.

대구살시금치비트 무른 밥(죽)

남은 중기 쌀가루 10배죽

두 번째로 시도해봅니다. 그래도 위로가 되는 건, 밥솥 이유식은 설거지할 게 많이 없다는 점이었어요. 내솥만 휘리릭 씻어서 다시 두 번째 메뉴를 도전해봅니다.

1_ 엑시 이번에노 남은 중기 쌀가루를 탈탈 털어서 만들었어요. 이때까지만 해도 양이 좀 더 나오겠거니 했는데, 마지막에 너무 많이 나와서 깜짝 놀랐어요.

2_ 이것은 남은 쌀가루도 만들어서 정확한 양은 적지 않았어요. 중기 쌀가루 대비 10배 양의 물을 넣어주시면 돼요.

3_ 후기 이유식부터 생선살 시식! 제일 처음 먹이는 생선은 흰살생선이 좋아요. 등푸른생선은 돌 이후가 좋아요. 흰살생선 중 가장 많이 사용하는 것은 대구살, 농어살이에요. 저는 직접 생선을 찌고 가시를 발라낼 자신이 없어서 구입해서 만들었어요.

4_ 대구살은 위와 같이 소포장으로 냉동되어 있어요. 80g이라 작은 큐브 1개가 20g이에요.

5_ 저는 후기 이유식에서 40g씩 넣을 거라 두 개만 사용했어요. 대구살과 함께 시금치 큐브, 비트 큐브도 준비해요.

6_ 중기 쌀가루, 물, 큐브를 모두 밥솥에 넣고, 만능찜 모드 50분을 눌렀어요. 하아, 그런데 또 중간에 막 튀어나오려는 기미가 보였어요. 결국 뚜껑 열고 저어가며 익혔어요. 이번에도 실패했습니다.

7_ 그래도 결과물은 꽤 그럴싸해요. 200ml씩 3개를 담았어요.

8_ 사실은 이게 전부가 아니었어요. 중기 쌀가루 남은 양을 다 넣었더니, 7개나 나온 거예요. 200ml짜리 3개, 80ml짜리 3개, 120ml짜리 1개. 결국 나머지는 틈이 친구들 만날 때 같이 먹었어요.

소고기아욱표고버섯 무른 밥

불린 쌀 이용 4배 무른 밥

이렇게 연속 두 번의 실패 이후, 대체 뭐가 문제인지 모르겠는 거예요. 밥솥 이유식을 할 때는 자동 세척을 한 뒤 만들어야 폭발하지 않는다고 해서 그렇게 했는데도 또 폭발! 해동이 덜 된 육수를 넣어도 폭발한다 해서, 그냥 생수를 넣었는데도 폭발! 그래서 이번에는 죽 모드로 만들어봤어요.

1_ 중기 쌀가루를 끝내고 이제 일반 쌀을 시작합니다.

2_ 첫 시도라 우선 생쌀 100g을 물에 불렸어요. 최소 30분 이상 충분히 불려주세요. 보통 1~2시간 이상이 소요됩니다. 쌀알 크기 그대로 처음 먹이기 때문에 잘 으깨져야 아기도 덜 부담스러워해요.

3_ 생쌀 100g을 불렸더니 137g으로 늘어났어요. 물은 빼준 후 준비합니다.

4_ 후기 이유식 초반에는 불린 쌀 대비 육수의 양이 4~5배가 적당해요. 후반으로 가면서 2~3배로 줄여 무른 밥에서 진밥으로 넘어가면 돼요. 일단 전 4배로 시작했어요. 중기 이유식에서 되직한 죽을 잘 못 먹었다면 5배로 잡아주세요.

5_ 소고기 큐브 30g짜리 1개를 꺼내서 20분간 찬물에 담궈 핏물을 제거합니다. 그리고 끓는 물에 익혀주세요. 불순물이 떠오르면 걷어내서 버려주세요.

6_ 소고기, 아욱, 표고버섯 큐브 각각 30g을 준비해주세요.

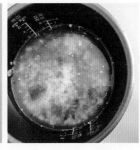

7_ 불린 쌀, 물, 준비한 큐브를 모두 밥솥에 넣어주세요. 죽 모드로 1시간을 눌러주세요.

8_ 대박! 드디어 성공했어요. 원인은 만능찜이었어요. 죽 모드로 돌렸더니 정상적으로 잘 만들어졌어요. 또 밥솥이 넘칠까봐 엄청 긴장했거든요. 200ml씩 3일분 이유식을 완성했어요. 생쌀 100g을 불려 불린 쌀 137g으로 했어요. 물은 불린 쌀의 4배를 넣어 만든 양입니다.

TIP **밥솥 성능에 따라 달라요!**

이 부분은 밥솥의 성능에 따라 다를 수 있음을 참고해주세요. 제가 알아본 바로는 만능찜 기능이 죽 기능보다 압력이 높아서 이유식 만들 때 넘칠 가능성이 높다고 해요. 한편으로는 만능찜 기능으로 성공하는 경우도 많아요. 잘 모르겠다면 저처럼 여러 번 시도해보는 방법을 적극 추천합니다.

후기 이유식 채소 육수 만들기

채소 육수를 만들 때, 이유식을 만들고 남은 자투리 채소를 활용해도 됩니다. 듬뿍 넣을수록 더 맛있는 육수가 만들어져요. 다른 것은 안 넣더라도 양파는 꼭 넣으세요. 훨씬 맛있는 감칠맛이 납니다.

채소 육수 만들기

준비물

물 3L
양파 1~2개
대파 1~2개(뿌리도 가능)
애호박 2/3개
당근 1개
무 1/4~1/3개

완성량

200ml씩 10~12개

1_ 뿌리가 있는 대파 1대, 양파, 애호박, 당근, 무를 준비해주세요.

2_ 대파는 1~2대 정도 있으면 돼요. 파뿌리도 육수 만들 때 사용하면 좋아요. 파뿌리는 깨끗이 씻어서 준비해주세요.

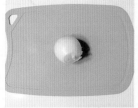

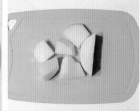

3_ 양파도 1~2개 정도 준비해주세요. 많이 들어갈수록 감칠맛이 더 나요. 양파는 꼭 넣어주세요.

4_ 당근 1개를 3~4cm 크기로 깍뚝 썰어요.

5_ 무는 보통 1/4~1/3개 넣으면 적당해요. 무를 넣으면 달달한 맛이 강해져요. 육수에 꼭 필요한 재료입니다.

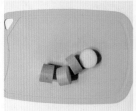

6_ 애호박도 1개 모두 넣어도 되지만, 2/3개를 넣고 나머지는 큐브로 만들었어요.

7_ 냄비에 정수된 물이나 생수를 3L 붓고 손질한 채소를 모두 넣어주세요.

8_ 센 불에서 끓이다가 팔팔 끓어오르면 약한 불로 줄여 40분에서 1시간 정도 우려내주세요.

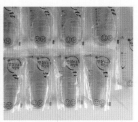

9_ 다 끓인 후에 채소를 건져냅니다. 육수 내고 남은 채소도 다 버렸어요. 1시간 가까이 푹 우려낸 거라 육수 속에 영양분이 다 들어갔겠지 하는 마음에서요. 이유식 만들 때 쓰셔도 되긴 해요.

10_ 어느 정도 식힌 다음 모유저장팩에 옮겨 담으면 돼요. 채소 육수 정말 쉽죠?

11_ 3L의 물을 넣고 육수를 끓이면 보통 200ml짜리 10~12개 정도 나와요. 중기 이유식에서 이 정도 양이면 2~3주는 충분했지만, 하루 세 끼 먹이는 후기 이유식에서는 1주일이면 모두 소진해요. 밥솥 칸막이로 한 번에 세 가지 이유식, 아홉끼를 만들 때 육수의 양이 1~1.5L 정도 들어가거든요. 저는 후기 이유식을 한 번 만들 때, 5팩씩 꺼내서 사용해요. 모자란 양은 정수물이나 생수로 채웁니다.

TIP 1 후기 이유식에서는 채소 육수만 사용했어요.

중기 이유식에서는 소고기 육수, 닭고기 육수를 따로 만들었는데요. 후기 이유식부터는 채소 육수만 만들었어요. 그 이유는, 밥솥 칸막이로 만들 때는 육수가 다 통하는 구조라 한 가지만 사용해야 돼요. 그래서 저는 채소 육수로 통일해서 만들었어요. 채소 육수는 닭고기 이유식, 소고기 이유식, 해산물 이유식 등 어디든 사용 가능해요. 어떻게 보면 더 편해진 거죠.

TIP 2 냉동한 소고기 큐브 보관 방법

후기 이유식부터 소고기나 닭고기는 60g 큐브로 만들어두고 사용해요. 그런데 다이소에서 사온 지퍼백에 60g으로 소분해서 냉동해둔 소고기 큐브 4개가 딱 맞게 들어가네요. 이렇게 딱 맞아떨어질 때 참 기분 좋지 않나요? 다이소에 있는 냉동 지퍼백인데 소 사이즈예요. 날짜 메모 칸도 있어서 좋아요. 참고하세요.

Q 큐브에 계속 보관하면 안 되나요?

이유식 큐브는 밀폐용기가 아니에요. 보통 사용하는 실리콘 큐브 뚜껑은 꼭 닫히는 게 아니라 슬쩍 올려지는 형태죠. 그래서 하루 정도 얼린 후 다음날 지퍼백으로 옮겨 담는 거예요. 이때 더 철저하게 하려면 랩에 한 번 싸서 지퍼백에 보관하시면 돼요.

후기 이유식 해산물 구매하기

● 재료는 어디서 샀나요?

후기 이유식을 진행하면서 해산물은 어디서 구입하는지에 대해 궁금해 하는 분들이 많았어요. 사실 이유식을 만들어 먹였지만, 솔직히 생선은 직접 생물을 쪄서 가시를 발라낼 자신이 없었어요. 시간도 시간이지만 제가 워낙 생선가시를 못 바르는 사람이어서요.

가시 있는 생선은 잘 먹지도 못하네요. 아무튼 이런저런 이유로 해산물 재료는 모두 구입해서 사용했어요. 여러 구입처가 있겠지만 친구들이 추천해준 곳에서 구입했어요. 인터넷 사이트 헬로네이처와 생선파는언니입니다. 모두 직접 구입했어요.

헬로네이처 사이트에 들어가 보면 베이비키친이라는 제품들이 따로 있어요. 아기 이유식 만들 때 사용하기 좋더라고요. 해산물뿐만 아니라 채소류도 다짐 제품으로 판매해요. 40,000원 이상 구매 시 무료 배송이라 40,000원을 채워서 사는 게 나아요. 어차피 대구살, 새우살, 대게살 등 1~2개씩 담다 보면 40,000원이 금방 넘더라고요. 또한 냉장 큐브 제품들은 대부분 유통기한이 길어서 미리 개를 사두어도 괜찮아요.

생선파는언니 제품들은 신선할 때 어획해서 간편하게 조리하실 수 있도록 깔끔하게 손질된 점이 특징이에요. 순살 제품도 생물 그대로 손질해서 만들었어요. 바다에 사는 생선의 특성 때문에 약간의 염분이 있을 수 있으니, 12개월 이전 아기들에게 먹일 때는 쌀뜨물에 한 번 담갔다가 썻어서 사용하세요. 또는 살짝 데쳐서 사용해도 좋아요. 전복이나 관자살은 재료 특성상 오래 데칠 경우, 질겨질 수 있어요. 비린내가 걱정인 경우에도 쌀뜨물에 30분 정도 담가두면 좋아요.

● 밥새우가 뭔가요?

후기 이유식을 하면서 밥새우에 관한 질문도 많이 받았어요. 사실 저도 구입하기 전까진 밥새우가 대체 뭔가 했어요. 알아보니 엄청 작은 새우인데, 아기 이유식 만들 때 많이 사용하더군요. 헬로네이처 사이트에도 팔길래 하나 구입했어요. 밥새우를 넣은 이유식을 만들면 새우깡 냄새가 나요. 고소하니 맛있어서 튼이도 잘 먹었어요. 홈플러스 건어물 매장에서도 밥새우를 팔아요. 소포장되어 있어서 실용적으로 편하게 사용할 수 있어요.

●건포도와 대추

후기 이유식에 새롭게 들어간 재료 중 하나가 바로 건포도였어요. 친정 엄마가 무슨 이유식에 건포도를 넣느냐고 했지만, 튼이는 정말 잘 먹었어요. 무농약 건포도라 같이 구입해봤어요. 대추는 지난번 중기 이유식 때 손질하기 너무 힘들어서, 이번에는 손질되어 있는 제품으로 하나 구입했어요.

●해산물 큐브 제품

제가 직접 구입해본 제품들이에요. 다짐 제품인데 큐브 형태로 되어 있어서 이유식 만들 때 편하더라고요. 대구살과 대게살이고요. 4칸짜리 큐브로 소분되어 있어 냉동 상태로 보관하면 돼요. 한 번에 여러 개 구입해도 좋을 것 같아요.

첫 번째 구입할 때는 대구살이랑 대게살만 구입했는데, 두 번째 구입할 때는 다른 종류들로 구입했어요. 연어, 새우, 멸치, 전복까지. 전복은 후기 이유식부터 줘야 하나 고민하다가 돌 지난 후에 주기로 했지만, 미리 구입해놓았어요.

●이유식 만들 때 이렇게 활용해요

사실 헬로네이처 제품을 구입하기 전 다른 구입처들도 알아봤는데요. 제가 이유식 만들 때 제일 편할 것 같아서 여기로 정착했어요. 다짐 해산물 종류가 여러 가지인 점, 4칸의 큐브로 소분된 점이 괜찮았어요. 한 팩당 80g인데, 후기 이유식에서 한 번 만들 때 반씩 넣었어요. 후기 이유식에서 사용하는 해산물의 재료 양은 40g이에요. 재료를 듬뿍듬뿍 넣고 싶다면 한 팩씩(80g) 넣으면 됩니다.

이런 식으로 멸치 이유식을 만들 때 다짐멸치 반을 떼어낸 후 다른 채소 큐브와 섞어서 만들었어요. 냉동 큐브 사용하듯이 똑같이 사용했어요.

직접 만들었던 멸치 이유식과 소고기, 닭고기 이유식입니다.

• 해산물 이유식을 만들 때 참기름을 활용해보세요. 구입했던 대구살, 게살, 연어살, 멸치, 밥새우를 이용해 이유식을 만들어봤는데요. 대구살은 살짝 비린 듯한 느낌이 있었고, 나머지는 모두 괜찮았어요. 대구살은 제가 생선을 그리 좋아하는 사람이 아니라 그렇게 느꼈을 수도 있는데요. 튼이는 잘 먹었어요. 혹시 생선 넣을 때 좀 비릿하다 싶으면 참기름을 한두 방울 떨어뜨려 주는 것도 좋아요. 비린 게 조금 사그라들면서 고소한 맛이 나니까요.

01 | 가지

1_ 가지는 껍질째 사용하므로, 식초물이 나 베이킹소다로 깨끗하게 씻어주세요. 그리고 가지의 양쪽 끝부분을 잘라주세요.

2_ 가지는 껍질째 생으로 다져서 큐브로 보관해도 되는데요, 저는 한 번 데쳐서 보관했어요. 끓는 물에 5분 정도 데쳐주세요.

3_ 데쳐낸 가지는 한 번 더 잘라줍니다.

4_ 다지기에 넣고 적당한 입자가 될 때까지 갈아줍니다. 후기 이유식이라 그리 곱게 다지지 않아도 돼요.

5_ 30g 큐브에 한 칸씩 담은 후 냉동 보관합니다. 보관 후 하루가 지나면 지퍼백에 옮겨 담아주세요. 이유식 큐브는 밀폐용기가 아니기 때문에 따로 밀봉해서 보관하는 게 더 좋아요. 이렇게 만든 채소 큐브는 보통 3~4주까지도 사용 가능해요.

TIP 가지는 장을 튼튼하게 해줘요.
가지는 장을 튼튼하게 하고 시력을 보호하며, 수분을 보충해주는 좋은 역할을 해요. 가지 특유의 식감 때문에 어릴 때부터 먹이는 게 좋아요. 나중에 편식할 수도 있으니 자주 먹여주세요. 우리 아가들도 후기 이유식을 시작한 후로 가지를 먹을 수 있으니, 이유식에 넣어 맛있게 만들어주세요.

02 | 건포도

1_ 후기 이유식부터 건포도를 먹일 수 있어서 이유식 재료로 준비했어요. 건포도는 달달해서 아기도 좋아해요.

2_ 그냥 사용하기에는 약간 딱딱한 듯해서 물에 살짝 데쳤어요. 끓는 물에 2~3분 정도는 데쳐주세요.

3_ 데친 건포도는 잘게 다져줍니다.

TIP 건포도는 변비 예방에 좋아요.

건포도에는 식이섬유가 많이 들어 있어요. 그래서 장운동을 촉진시켜주어서, 변비를 예방하고, 개선하는 데 뛰어난 효능이 있어요. 또한, 타타르산이란 성분이 들어 있어서 소화 작용을 도와주고, 배변 활동을 개선시켜주는 식재료입니다.

느타리버섯 | 03

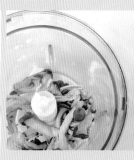

1_ 느타리버섯은 흐르는 물에 살짝 씻어주세요. 그리고 밑동은 모두 잘라주세요. 아기가 먹을 거라 좀 많이 잘라냅니다.

2_ 끓는 물에 3분 정도 데쳐주세요. 소금을 반 스푼 정도 넣어도 됩니다. 저는 그냥 안 넣고 물에만 데쳤어요.

3_ 데친 느타리버섯은 물기를 빼줍니다.

4_ 물기가 빠진 느타리버섯은 잘게 다집니다. 아기가 먹을 수 있을 정도의 입자 크기로요. 손으로 직접 또는 다지기로 다져주세요.

5_ 큐브에 하나씩 담아서 냉동 보관하면 돼요. 하루 정도 얼린 뒤 쏙쏙 꺼내서 랩으로 밀봉하거나 지퍼백에 넣어서 보관해주세요. 보통 2주 내로 소진하길 권장합니다. 저는 3~4주까지도 사용해봤어요. 잘 밀봉해서 냉동 보관하면 괜찮았어요.

04 | 아스파라거스

1_ 마트에 가면 큰 사이즈의 아스파
라거스도 있지만, 좀 더 연한 미
니 아스파라거스로 구입합니다.

2_ 아스파라거스를 깨끗한 물에 씻
어줍니다. 베이킹소다를 뿌려 세
척해줘도 좋아요.

3_ 아랫부분에서 2cm 정도를 잘라
냅니다. 약간 질긴 부분이라 자
르는 게 좋아요. 미니 아스파라
거스라 연하겠지만 그래도 잘라
냈어요.

4_ 다지기에 넣고 다질 거라 일정 크
기로 잘라줍니다. 윗부분을 아예
사용하지 않는 분들도 있는데, 저
는 그냥 다 넣어줬어요. 윗부분이
맛있는 부분이라고 해서요.

5_ 끓는 물에 살짝 데쳐주세요. 어차
피 밥솥 이유식을 할 거라 밥솥에
넣고 죽 모드로 돌리면 푹 익겠지
만 그래도 살짝 데쳐줬어요.

6_ 데쳐낸 아스파라거스는 다지기
에 넣고 윙윙 다져줍니다.

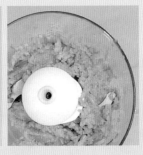

7_ 아기가 먹을 수 있을 정도의 크
기로 다져주세요. 아직은 큰 덩어
리가 부담스럽다면, 조금 더 작게
다져주고, 잘 먹는다면 조금 크게
해줘도 돼요.

8_ 이유식 만드는 날 바로 손질한 거
라 30g을 계량해 놓았어요.

9_ 남은 건 큐브에 쏙쏙 넣어주세요. 미니 아스
파라거스라서 그런지 큐브에 나오는 양도 매
우 적네요. 30g짜리 큐브에 1개 하고 2/3 정
도 나왔어요. 양이 적다 싶다면 큰 사이즈의
아스파라거스를 구입해도 좋을 듯해요.

아스파라거스 손질법

TIP 녹색이 진하고 싱싱한 것을 골라요.

아스파라거스는 큰 것과 미니 사이즈가 있어요. 이유식용으로는 미니 아
스파라거스를 사용해요. 줄기가 연하고 굵은 것, 절단 부위가 길지 않은
것, 잎의 녹색이 진하고 싱싱한 것을 골라요. 줄기에 수염뿌리가 나와 있
지 않은 것이 좋아요.

보관할 때는 신문지에 싸서 물에 살짝 담가서 수분이 종이에 흡수된 상태
로 랩으로 말아 냉장고에 넣으면 돼요. 저는 소량이라 모두 큐브로 만들어
서 사용했어요.

1_ 마트에서 유기농 쌈케일을 사왔어요. 양이 딱 적당해요. 케일은 베이킹소다나 식초물에 잠깐 담궜다가 흐르는 물에 깨끗하게 씻어주세요.

2_ 케일의 억센 줄기 부분을 제거하고 사용해요. 배추 손질할 때와 마찬가지로 줄기 주변으로 V자 형태로 잘라주세요. 부드러운 잎 부분만 데쳐서 사용합니다.

3_ 끓는 물에 케일을 넣고 1~2분 정도로 짧게 데쳐주세요.

4_ 물에 데친 케일은 숨이 죽어 있어요. 그대로 다지기에 다져주세요. 칼로 다져도 되지만 손목 보호를 위하여 다지기는 필수입니다. 잎채소도 잘 다져져요.

5_ 후기 이유식이라 미세하게 다지지 않아도 튼이는 잘 먹었어요. 아기에 따라 다를 수 있으니 우리 아기에게 맞는 크기로 다져주세요.

6_ 이유식을 바로 만들 때 사용할 30g을 제외하고, 나머지를 담았더니 30ml짜리 큐브 2개가 나왔어요. 잎채소는 양이 얼마 안 나와요.

케일 손질법

TIP **베타카로틴 함량이 많아서 몸에 좋아요.**

어른들은 즙을 내서 먹거나 쌈채소로 많이 먹곤 해요. 아기 이유식에 활용하기도 좋아요. 중기 이유식부터 사용할 수 있어요. 튼이는 후기 이유식에서 처음으로 맛보여준 재료예요.

케일은 향이 강한 잎채소라 아기들이 잘 안 먹을 수 있어요. 처음 시도할 때는 양을 조금만 넣어도 돼요. 튼이는 30g을 넣고 만들어줬는데 다행히 잘 먹었어요.

06 | 우엉

1_ 흐르는 물에 우엉을 깨끗하게 씻어줍니다. 흙이 묻어 있기 때문에 솔로 씻거나 칼등으로 긁으며 깨끗하게 씻어주세요.

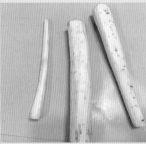

2_ 껍질은 감자칼로 슥슥 깎아주세요.

3_ 적당한 크기로 자른 우엉은 식초를 약간 푼 물에 담가둡니다. 식초물에 담가두는 이유는 갈변 방지를 위해서입니다. 15~20분 정도 담가두면 돼요.

4_ 우엉을 건져서 끓는 물에 넣고 3~4분 정도 데쳐주세요. 아삭한 식감이 남아 있는데 아기들이 거부할 수도 있으니 푹 익혀주세요. 그래도 아삭함이 남아 있긴 해요.

5_ 데친 우엉을 다지기에 넣어 잘게 다져주세요.

6_ 다진 우엉은 큐브에 넣고 냉동해서 보관해요.

TIP **우엉은 배변을 촉진해주는 재료예요.**

• 아삭아삭 씹는 맛이 매력인 뿌리채소 우엉은 김밥 재료로 유명하죠. 아이 이유식에서도 활용할 수 있답니다. 당질의 일종인 이눌린이 풍부해 신장 기능을 높여주고 풍부한 섬유질이 배변을 촉진해줍니다.

• 우엉은 바람이 들지 않고 너무 건조하지 않은 것, 껍질에 흠이 없고 매끈한 것, 수염뿌리나 혹이 없는 것이 좋아요. 사실 우엉은 저도 처음 손질해봤어요. 원래 우엉을 별로 좋아하지 않아서 김밥에 들어간 우엉도 다 빼고 먹는답니다. 엄마는 편식쟁이지만 튼이는 편식하지 않는 아기로 키우기 위해 우엉을 준비해봤어요.

• 우엉을 넣고 이유식을 만들었더니 향이 매우 강했어요. 밥솥 이유식이라 세 가지를 함께 만들 때 넣으면 다른 이유식에서도 우엉 냄새가 많이 났어요. 그런데 다행히도 튼이는 거부감 없이 잘 먹었어요. 우엉 향이 강해서 걱정이라면 양을 조절해서 조금만 넣고 만들어보세요.

• 우엉은 섬유질이 많아 질길 수 있으므로, 후기 이유식 중후반부터 사용하길 권해요.

콩나물 | 07

1_ 콩나물 한 봉지를 사서 한 줌 정도 꺼내서 이유식용으로 손질해요. 머리와 뿌리 부분은 모두 제거합니다.

2_ 손질한 콩나물은 깨끗한 물에 씻어주세요. 87g 정도 나왔어요.

3_ 끓는 물에 넣고 1~2분 정도 데쳐주세요.

4_ 다지기에 넣고 아기가 먹기 좋은 크기로 다져주세요.

5_ 입자가 약간 크다 싶으면 다시 도마에 덜어내 칼로 더 다져주세요. 그리고 큐브에 담아서 냉동 보관해주세요.

TIP 이유식에 들어가는 콩나물은 줄기만 사용해요.

• 콩나물에는 비타민 C와 아스파라긴산이 풍부하게 들어 있어요. 또 콩나물에 풍부하게 포함된 양질의 섬유소는 장내 숙변을 완화해 변비를 예방하고 장을 건강하게 만들어줘요. 이유식에 콩나물을 넣을 때는 머리와 뿌리를 떼어내고 줄기만 사용합니다.

• 콩나물은 여기저기 활용도가 높았어요. 특히 생선이 들어간 이유식을 만들 때는 꼭 넣었어요. 튼이도 콩나물이 들어간 이유식을 잘 먹었고요.

---

08 | 부추

1_ 흐르는 물에 깨끗하게 씻어주세요. 부추는 향이 강해 많이 사용하지 않아서 조금만 손질해요.

2_ 뿌리 부분의 1~1.5cm 부분을 잘라낸 후 잎 부분만 사용합니다. 무게를 재보니 39g이에요.

3_ 손질한 부추는 베이킹소다를 푼 물에 잠깐 담가두세요.

4_ 칼로 직접 다져줍니다. 한데 모아 줄지어 놓은 다음 칼로 쫑쫑 썰어주세요. 아기가 먹을 수 있을 정도의 크기로요.

5_ 큐브에 하나씩 넣어준 다음 물을 조금 부어주면 완성입니다.

TIP 부추는 향이 강하지만 아기가 잘 먹어요.

부추는 비타민 A, C를 함유하고 있어요. 당질도 풍부해서 혈액순환을 원활하게 해주는 식재료입니다. 아기 이유식에 사용할 거라 일반 부추보다는 영양 부추를 선택했어요. 영양 부추는 일반 부추보다 더 가늘고 얇아요. 부추를 넣은 이유식은 향이 은근히 강해요. 튼이가 거부할까 걱정했는데 다행히 잘 먹었어요. 아기가 안 먹을까 봐 걱정된다면 양을 조금 적게 넣어도 좋을 것 같아요.

09 | 파프리카

1_ 깨끗한 물에 베이킹소다를 넣고 파프리카를 씻어서 준비해주세요.

2_ 꼭지 부분을 칼로 잘라내주세요.

3_ 손으로 중간 부분에 있는 씨를 살살 빼내 주세요.

4_ 말끔하게 씨 부분이 떨어졌어요.

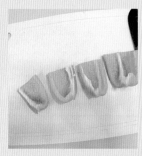

5_ 씨를 제거한 파프리카는 4등분을 해주세요.

6_ 흰색으로 보이는 부분을 살짝 잘라내주세요. 깔끔해졌죠.

7_ 다지기에 손질한 파프리카를 넣고 다져주세요.

8_ 황색 파프리카로 골랐더니 색감도 너무 예쁘더라고요. 파프리카의 다양한 색을 활용해서 아기 이유식을 만들면 좋을 것 같아요. 다진 파프리카는 큐브에 넣어서 냉동 보관해주세요.

TIP **파프리카는 통통하고 반듯한 모양으로 골라주세요.**

• 피망의 사촌 파프리카는 색깔이 화려하고 영양분도 많은 채소예요. 비타민이 풍부해서 피부 건강에 좋아요. 색상이 선명하고, 너무 휘거나 변형되지 않은 약간 통통하면서 반듯한 모양을 골라주세요. 꼭지 부분이 마르지 않고 겉에 흠집이 없고 윤기가 나며 골 사이에 변색이 없는 것이 좋아요.

• 파프리카의 100g당 비타민 C 함량은 375㎎으로 같은 분량 피망의 2배, 딸기의 4배, 시금치의 5배 수준이라네요. 파프리카가 참 좋은 식재료죠. 피망보다 더 달고 맛있어요. 처음에는 아기 이유식에 파프리카를 넣어도 될까 걱정했는데 알고 보니 이유식 재료로 사용하기 좋은 식재료였어요. 후기 이유식 후반부터 먹여도 돼요.

• 약간 매운맛이 있다고 생각할 수 있는데요. 이유식을 만들어 먹여보니 오히려 맛이 달달했어요. 튼이도 거부감 없이 잘 먹은 식재료입니다.

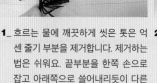

1_ 흐르는 물에 깨끗하게 씻은 톳은 억센 줄기 부분을 제거합니다. 제거하는 법은 쉬워요. 끝부분을 한쪽 손으로 잡고 아래쪽으로 쓸어내리듯이 다른 손으로 쭉 쓸어내리면 분리돼요.

2_ 이렇게 줄기 부분만 깨끗하게 나온답니다.

3_ 다시 깨끗한 물에 한 번 더 휘리릭 씻어주세요.

4_ 끓는 물에 넣어 1~2분 정도 데쳐주세요.

5_ 다지기로 잘게 다져주세요. 엄마 손목을 보호하려면 다지기는 필수입니다.

6_ 물에 한 번 데쳤더니 갈색이었던 톳이 초록색이 됐어요. 아기한테 알맞은 크기로 다져주면 됩니다.

7_ 손질한 톳은 이유식 큐브에 하나씩 담아주세요. 냉동 보관한 후에 다음 이유식 재료로 활용해요.

TIP **톳은 철분이 다량 함유되어 있어서 빈혈을 예방해요.**

• 바다 향이 가득한 톳은 칼슘, 요오드, 철 등의 무기염류가 많이 들어 있어요. 한때 톳은 일본 사람들이 아주 좋아해서 전량 일본으로 수출될 만큼 인기였다고 해요. 아기 이유식용으로도 좋은 식재료입니다. 튼이도 잘 먹었어요.

• 다른 식품에 비해 무기질이 풍부한 톳은 특히 철분이 많은 해조류인데요. 빈혈을 예방하는 효과가 있어요. 시금치의 3~4배나 되는 철분을 함유하고 있어서 그런 것 같아요.

후기 이유식 1단계

후기 이유식 1단계 식단표

후기 이유식을 앞두고 직접 짠 식단표예요. 하루 세 끼를 소고기+닭고기+해산물
로 구성했어요. 노란색으로 표시한 건 특별식이에요. 매번 똑같이 무른 밥만 주기
보다는 가끔 주먹밥이나 리조또를 만들어주려고요. 후기 이유식 1단계(무른 밥)에
서는 물과 육수를 포함한 양은 불린 쌀 대비 4배로 했어요.

* 1~3일차 레시피는 pp. 259~261에 있습니다.

후기 이유식 1단계(무른 밥)

1	2	3	4	5	6
D+270	D+271	D+272	D+273	D+274	D+275
소고기아욱표고버섯(p.261) 닭고기양파단호박(p.259) 대구살시금치비트 (p.260)	소고기아욱표고버섯 닭고기양파단호박 대구살시금치비트	소고기아욱표고버섯 닭고기양파단호박 대구살시금치비트	소고기감자아욱 닭고기적채감자 밥새우애호박새송이버섯 (p.278)	소고기감자아욱 닭고기적채감자 밥새우애호박새송이버섯	소고기감자아욱 닭고기적채감자 밥새우애호박새송이버섯
NEW : 대구살	–	–	NEW : 새우	–	–

7	8	9	10	11	12
D+276	D+277	D+278	D+279	D+280	D+281
소고기비트양배추 닭고기고구마감자 게살브로콜리당근양파 (p.282)	소고기비트양배추 닭고기고구마감자 게살브로콜리당근양파	소고기비트양배추 닭고기고구마감자 게살브로콜리당근양파	소고기청경채가지 닭고기고구마브로콜리 대구살연두부단호박 (p.284)	소고기청경채가지 닭고기고구마브로콜리 대구살연두부단호박	소고기청경채가지 닭고기고구마브로콜리 대구살연두부단호박
NEW : 게살	–	–	NEW : 가지	–	–

13	14	15	16	17	18
D+282	D+283	D+284	D+285	D+286	D+287
소고기가지당근연두부 닭고기양파새송이버섯당근 건포도양배추치즈 (p.286)	소고기가지당근연두부 닭고기양파새송이버섯당근 건포도양배추치즈	소고기가지당근연두부 닭고기양파새송이버섯당근 건포도양배추치즈	소고기가지들깨 닭고기고구마양배추 게살두부당근 (p.288)	소고기가지들깨 닭고기고구마양배추 게살두부당근	소고기가지들깨 닭고기고구마양배추 게살두부당근
NEW : 건포도	–	–	NEW : 들깨	–	–

19	20	21	22	23	24
D+288	D+289	D+290	D+291	D+292	D+293
소고기두부단호박 닭고기당근브로콜리 김당근양파 (p.290)	소고기두부단호박 닭고기당근브로콜리 김당근양파	소고기두부단호박 닭고기당근브로콜리 김당근양파	소고기느타리버섯애호박 닭고기비타민양파 밥새우양배추애호박 (p.292)	소고기느타리버섯애호박 닭고기비타민양파 밥새우양배추애호박	소고기느타리버섯애호박 닭고기비타민양파 밥새우양배추애호박
NEW : 김	–	–	NEW : 느타리버섯	–	–

25	26	27	28	29	30
D+294	D+295	D+296	D+297	D+298	D+299
소고기비타민새송이버섯 닭고기아스파라거스치즈감자 달걀애호박당근시금치 (p.294)	소고기비타민새송이버섯 닭고기아스파라거스치즈감자 달걀애호박당근시금치	소고기비타민새송이버섯 닭고기아스파라거스치즈감자 달걀애호박당근시금치	닭고기버섯브로콜리조또 닭고기퀴노아연두부 밥새우당근브로콜리단호박 (p.296)	닭고기버섯브로콜리조또 닭고기퀴노아연두부 밥새우당근브로콜리단호박	닭고기버섯브로콜리조또 닭고기퀴노아연두부 밥새우당근브로콜리단호박
NEW : 아스파라거스	–	–	NEW : 퀴노아	–	–

• 새로운 재료 : 대구살, 밥새우(새우살), 게살, 가지, 건포도, 느타리버섯, 김, 들깨, 아스파라거스, 퀴노아

소고기감자아욱 무른 밥, 닭고기적채감자 무른 밥
밥새우애호박새송이버섯 무른 밥

닭고기적채감자 무른 밥

밥새우애호박새송이버섯 무른 밥

소고기감자아욱 무른 밥

준비물

생쌀 200g(불린 쌀 270g)

육수+물=불린 쌀 대비 4배

(불린 쌀 270g이면 육수+물은 1,080ml)

소고기 60g+감자 30g+아욱 30g

닭고기 60g+적채 30g+감자 30g

밥새우가루 1스푼+애호박 30g+새송이버섯 30g

└ 후기 이유식부터는 소고기, 닭고기 큐브 1개의 양은
  60g입니다.

완성량

메뉴별 130~150ml씩 3개, 총 9개(3일분)

TIP 소고기와 닭고기의 양을 늘려도 좋아요.

저는 60g씩 넣었지만 보통 80~120g씩 넣기도 해
요. 아기에게 고기를 듬뿍 먹이고 싶다면, 양을 늘려
주세요.

소고기감자아욱 무른 밥
닭고기적채감자 무른 밥
밥새우애호박새송이버섯 무른 밥
만들기

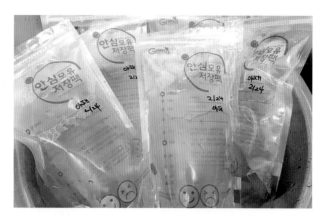

1_ 냉동 보관한 채소 육수는 미리 꺼내서 찬물에 해동해주세요. 이때 반 이상 충분
히 해동한 후 밥솥에 넣어야 돼요. 얼린 채 그대로 넣으면 밥솥에서 이유식이 넘
칠 수 있으니 주의하세요. 저는 5팩(1,000ml)을 꺼내서 해동했어요. 밥솥 이유
식을 할 때 육수를 넣고 모자란 양은 물로 채워 넣으면 됩니다.

2_ 생쌀 200g을 불렸더니 대략 270g
의 불린 쌀이 나왔어요.

3_ 밥솥 내솥에 쌀을 평평하게 깔아줍
니다.

4_ 밥솥 칸막이를 넣어 조립해주세요. 한
칸이 넓다고 해서 쌀의 양을 다르게
하면 완성됐을 때 농도가 달라져요.
한쪽은 묽은데 한쪽은 되직한 상태처
럼요. 그러니 칸마다 양이 달라도 반
드시 쌀은 평평하게 넣어주세요.

5_ 첫 번째로 소고기감자아욱 무른 밥
재료입니다. 소고기는 냉동해둔 큐브
를 꺼내서 핏물을 제거한 후에 끓는
물에서 익혀주었어요. 그리고 감자와
아욱 큐브를 1개씩 꺼내놓았습니다.

6_ 닭고기적채감자 무른 밥 재료입니다. 냉동해둔 닭고기, 적채, 감자 큐브를 각각 1개씩 꺼내서 준비해주세요.

7_ 밥새우애호박새송이버섯 무른 밥 재료입니다. 애호박과 새송이버섯 큐브를 각각 1개씩 준비합니다. 이때 밥새우는 1스푼 정도를 믹서에 갈아서 가루로 넣으면 돼요.

8_ 한 칸마다 이유식 한 종류씩 큐브를 모두 넣어줍니다.

9_ 해동한 육수를 부어줘요. 불린 쌀이 270g이라 4배를 하면 1,080ml가 나와요. 미리 해동한 채소 육수 1,000ml를 넣었기 때문에 나머지 80ml는 물을 넣어줬어요.

10_ 육수를 넣으니 밥솥이 한가득입니다. 제가 사용하는 밥솥은 쿠첸 6인용 전기밥솥입니다.

11_ 밥솥에 넣고 죽 모드로 1시간을 돌렸어요. 만능찜도 가능한데, 저는 미리 해봤더니 넘쳐서 죽 모드로 돌렸어요.

12_ 뭔가 이상한 느낌이 들지만, 실패한 거 아닙니다. 이상해보여도 성공한 거예요.

TIP 1 무른 밥과 진밥의 차이

무른 밥은 불린 쌀 대비 물의 양이 4배인 걸 말해요. 진밥은 물의 양이 2배이고요. 제일 큰 칸에 만들었던 소고기감자아욱 무른 밥이 다른 두 이유식보다는 조금 더 많이 나왔어요. 입자가 작은 이유식 재료는 옆으로 섞일 수 있는데, 그 정도는 큰 상관없더라고요. 육수도 채소 육수 하나로 통일해서 만들고, 한 번에 세 가지, 아홉 끼를 만들다 보니 진짜 편해요.

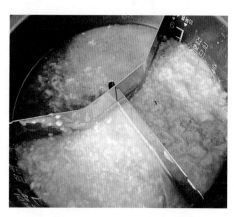

13_ 섞어보면 이런 식으로 바뀐답니다. 넓은 칸과 좁은 칸의 묽기가 조금 차이가 있는데 이 정도는 괜찮아요.

TIP 2 이유식 담을 때 처음에는 어려울 수 있어요.

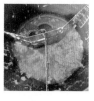

밥솥 칸막이로 이유식 만들고 나면 처음에는 퍼내는 게 어렵게 느껴져요. 칸마다 하나씩 퍼내야 되는데 잘못하면 옆으로 다 넘어가버릴 수도 있거든요. 저는 그릇이나 계량컵 3개를 두고 스푼형 국자나 큰 우드스푼 등도 함께 3개 준비한 다음, 하나씩 번갈아가며 담았어요. 처음에는 미숙해서 사진처럼 다 못 퍼내고 그랬는데, 하다 보면 익숙해지더라고요.

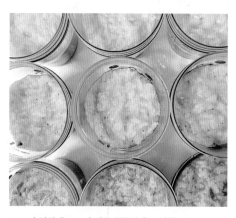

14_ 다 담아내고 보니 너무 뿌듯하네요. 위쪽부터 순서대로 닭고기적채감자 무른 밥, 밥새우애호박새송이버섯 무른 밥, 소고기감자아욱 무른 밥입니다. 최종 완성량은 각각 130~150ml 정도 나왔어요.

소고기비트양배추 무른 밥, 닭고기고구마감자 무른 밥
게살브로콜리당근양파 무른 밥

게살브로콜리당근양파 무른 밥

소고기비트양배추 무른 밥

닭고기고구마감자 무른 밥

준비물

생쌀 300g(불린 쌀 370g)
육수+물=불린 쌀 대비 4배
(불린 쌀 370g이면, 육수+물은 1,480ml)
소고기 60g+비트 30g+양배추 50g
닭고기 60g+고구마 30g+감자 30g
게살 40g+브로콜리 30g+당근 30g+양파 30g

완성량

메뉴별 200~220ml씩 3개, 총 9개(3일분)

1_ 냉동 보관한 채소육수 6팩(1,200ml)을 꺼내서 해동해주세요. 밥솥 이유식을 할 때 육수를 넣고 모자란 양은 물로 채워 넣으면 됩니다.

2_ 생쌀 300g을 불렸더니 대략 375g의 불린 쌀이 나왔어요. 1~2시간 정도 불려주세요.

3_ 밥솥 내솥에 불린 쌀을 평평하게 넣어주세요.

4_ 세 가지 이유식의 큐브를 모두 준비해줍니다. 소고기는 냉동해둔 큐브를 꺼내서 핏물을 제거한 후에 끓는 물에서 익혀주었어요. 그리고 비트 큐브와 갈아놓은 양배추도 준비합니다.

5_ 닭고기·고구마·감자 무른 밥 재료입니다. 냉동해둔 닭고기, 고구마, 감자 큐브를 각각 1개씩 준비합니다.

6_ 게살·브로콜리·당근·양파 무른 밥 재료입니다. 냉동한 게살, 당근 큐브 1개씩과 갈아놓은 브로콜리와 양파도 준비합니다.

7_ 한 칸마다 이유식 한 종류씩 큐브와 재료를 모두 넣어줍니다.

8_ 불린 쌀 370g의 4배 육수(+물)를 부었어요. 1,480ml를 넣었더니 6인용 밥솥이 한가득입니다.

9_ 죽 모드로 1시간 돌린 후의 사진입니다. 실패한 듯 보이지만 휘저어보면 성공한 거예요.

10_ 세 가지 이유식 완성입니다. 비트 색깔이 섞여서 연해졌네요. 옆의 완성컷 사진은 따로 만들어서 비트 색이 살아 있어요.

TIP **생쌀과 불린 쌀 양에 대한 이야기**

• 생쌀을 얼마나 불려야 적당히 불린 쌀이 나오나요? 불린 쌀 몇 그램으로 만들어야 총 완성량이 원하는 만큼 나올까요? 이 부분에 대해서는 계속 만들어보면서 조절하는 수밖에 없었어요.

• 세 가지 이유식을 한 번에 만들면서, 처음에는 200g의 생쌀을 불려서 만들어보고, 이번에는 300g의 생쌀을 불려서 만들어보았는데요. 대략적으로 70g이 늘어났어요. 물론 이것도 그때그때 약간씩 차이가 있어요. 그리고 총 완성량을 보면, 생쌀 200g을 불려서 만들었을 때 130~150ml씩 9개가 나왔고요. 생쌀 300g을 불려서 만들었을 때는 200~240ml씩 9개가 나왔어요. 대략 이 정도 양을 생각해서 양을 조절하실 때 참고해주세요.

소고기청경채가지 무른 밥, 닭고기고구마브로콜리 무른 밥
대구살연두부단호박 무른 밥

대구살연두부단호박 무른 밥

소고기청경채가지 무른 밥

닭고기고구마브로콜리 무른 밥

준비물

생쌀 300g(불린 쌀 370g)
육수+물=불린 쌀 대비 4배
(불린 쌀 370g이면, 육수+물은 1,480ml)
소고기 60g+청경채 30g+가지 30g
닭고기 60g+고구마 30g+브로콜리 30g
대구살 40g+연두부 1팩 90g+단호박 30g

완성량

메뉴별 180, 200, 240ml씩 3개, 총 9개(3일분)

1_ 냉동 보관한 채소 육수는 미리 꺼내서 찬물에 해동해주세요. 이때 반 이상 충분히 해동한 후 밥솥에 넣어야 돼요. 얼린 채 그대로 넣으면 밥솥에서 이유식이 넘칠 수 있으니 주의하세요. 저는 6팩(1,200ml)을 꺼내서 해동했어요. 밥솥 이유식을 할 때 육수를 넣고 모자란 양은 물로 채워 넣으면 됩니다.

2_ 생쌀 300g을 2시간 정도 불렸더니 370g으로 늘었어요. 육수와 물은 불린 쌀의 4배인 1,480ml가 필요해요.

3_ 각 메뉴별로 필요한 큐브를 준비해요. 소고기청경채가지 무른 밥 재료입니다. 소고기는 냉동해둔 큐브를 꺼내서 핏물을 제거한 후에 끓는 물에서 익혀주었어요. 그리고 냉동해둔 청경채와 가지 큐브도 준비합니다.

4_ 닭고기고구마브로콜리 무른 밥 재료입니다. 냉동해둔 닭고기, 고구마, 브로콜리 큐브도 준비합니다.

5_ 대구살연두부단호박 무른 밥 재료입니다. 연두부는 키즈용을 사용했어요. 하나 다 넣었는데 90g이더라고요.

6_ 밥솥 내솥에 불린 쌀을 평평하게 넣은 후 밥솥 칸막이를 안에서 조립해줍니다. 그리고 칸별로 메뉴별 재료를 나눠서 넣어줘요.

7_ 재소 육수와 물을 총 1,480ml에 맞춰 부어줍니다. 그리고 죽 모드로 1시간 돌려주세요.

8_ 세 가지 이유식 완성입니다. 얼핏 보면 이상하지만 쓱쓱 저어보면 성공한 모습이에요.

9_ 위에서부터 소고기, 닭고기, 대구살 이유식입니다. 소고기는 200ml씩 3개, 닭고기는 180ml씩 3개, 대구살은 240ml씩 3개가 나왔어요. 제일 넓은 칸에 넣었던 대구살 이유식이 제일 많이 나왔어요.

소고기가지당근연두부 무른 밥, 닭고기양파새송이당근 무른 밥
건포도양배추치즈 무른 밥

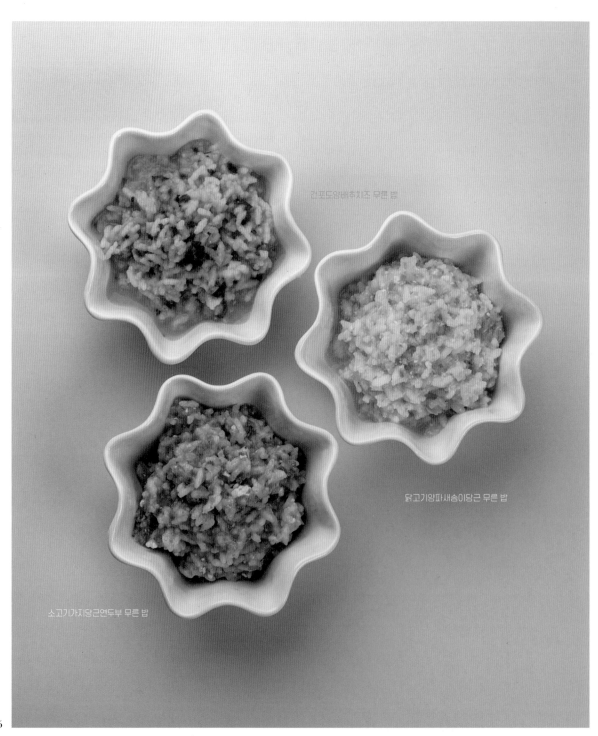

건포도양배추치즈 무른 밥

닭고기양파새송이당근 무른 밥

소고기가지당근연두부 무른 밥

준비물

생쌀 250g(불린 쌀 320g)
육수+물=불린 쌀 대비 4배
(불린 쌀 320g이면 육수+
물은 1,280ml)
소고기 60g+가지 30g+
당근 30g+연두부1팩 90g
닭고기 60g+양파 30g+
새송이버섯 30g+당근 30g
건포도 40g+양배추 30g+치즈 1장

완성량

메뉴별 150, 180, 240ml씩 3개,
총 9개(3일분)

1_ 냉동 보관한 채소 육수는 찬 물에 해동해주세요. 얼린 채 그대로 넣으면 밥솥에서 이유식이 넘칠 수 있으니 주의하세요. 저는 5팩(1,000ml)을 해동했어요. 모자란 양은 물로 채워 넣으면 됩니다.

2_ 생쌀 250g을 2시간 정도 불렸더니 320g으로 늘어났어요. 불린 쌀 320g이면 육수를 4배로 계산해서 1,280ml 넣으면 돼요.

3_ 냉동 보관한 소고기 큐브는 산물에 넣고 20분 정도 핏물을 빼주세요. 치즈 1장도 미리 꺼내둡니다.

4_ 불린 쌀을 밥솥 내솥 안에 평평하게 넣어주세요.

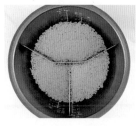

5_ 밥솥 칸막이를 밥솥 안에서 조립해주세요. 조립한 채로 밥솥에 넣으면 내솥 코팅이 상할 수 있으니 조심하세요.

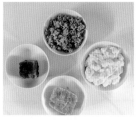

6_ 소고기가지당근연두부 무른 밥 재료입니다. 익혀놓은 소고기와 냉동해둔 가지, 당근 큐브, 연두부를 준비합니다.

7_ 닭고기양파새송이당근 무른 밥 재료입니다. 익혀놓은 닭고기와 냉동해둔 양파, 새송이버섯, 당근 큐브를 각 1개씩 준비합니다.

8_ 건포도양배추치즈 무른 밥 재료입니다. 데쳐서 다진 건포도, 양배추 큐브 1개, 치즈 1장입니다.

9_ 모든 이유식 재료를 밥솥 안의 각 칸에 넣어주세요.

10_ 육수와 물 1,280ml를 부어주세요. 죽 모드로 1시간 돌려주세요.

11_ 이번에도 세 가지 이유식의 양이 모두 다르게 나왔는데요. 제일 넓은 킨에 넣었던 긴포도양배추치즈 무른 밥은 240ml씩 3개가 나왔어요.

소고기가지들깨 무른 밥, 닭고기고구마양배추 무른 밥
게살두부당근 무른 밥

닭고기고구마양배추 무른 밥

소고기가지들깨 무른 밥

게살두부당근 무른 밥

준비물

생쌀 250g(불린 쌀 320g)
육수+물=불린 쌀 대비 4배
(불린 쌀 320g이면 육수+물은 1,280ml)
소고기 60g+가지 30g+들깻가루 1스푼
닭고기 60g+고구마 30g+양배추 30g
게살 40g+두부 30g+당근 30g

완성량

메뉴별 130, 150, 240ml씩 3개, 총 9개(3일분)

1_ 냉동 보관한 채소 육수는 찬물에 해동 해주세요. 얼린 채로 넣으면 밥솥에서 이유식이 넘칠 수 있으니 주의하세요. 저는 5팩(1,000ml)을 해동했어요. 모 자란 양은 물로 채워 넣으면 됩니다.

2_ 생쌀 250g을 2시간 정도 불렸더니 약 320g으로 늘어났어요. 불린 쌀 320g이면 육수를 4배로 계산해서 1,280ml 넣으면 돼요.

3_ 소고기가지들깨 무른 밥 재료입 니다. 핏물을 빼서 익혀놓은 소 고기와 냉동해둔 가지 큐브 1개, 들깻가루 물을 준비합니다. 들깨 는 생들깨를 물 조금 넣고 갈아 서 사용했어요. 들깻가루가 있다 면 1스푼 넣으면 돼요.

4_ 닭고기고구마양배추 무른 밥 재 료입니다. 냉동해둔 닭고기, 고 구마, 양배추 큐브를 각 1개씩 준 비합니다.

5_ 게살두부당근 무른 밥 재료입니 다. 두부는 연두부를 넣는데 없 을 경우 일반 두부를 으깨서 넣 어도 됩니다.

6_ 불린 쌀을 밥솥 내솥 안에 평평하 게 넣어주세요. 그리고 밥솥 칸막 이를 밥솥 안에서 조립해주세요. 조립한 채로 밥솥에 넣으면 내솥 코팅이 상할 수 있으니 조심하세 요. 밥솥 칸마다 정해진 큐브를 하나씩 넣어주세요.

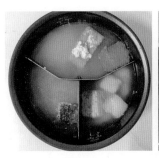  

7_ 육수와 물 1,280ml를 붓고, 죽 모드 로 1시간 돌려주세요.

8_ 비주얼은 이래도 휘저어보면 제대로 성공했어요. 이젠 퍼내는 것도 요령 이 생겨서 할 만해요.

9_ 소고기 이유식 130ml씩 3개, 닭고 기 이유식 150ml씩 3개, 게살 이유식 240ml씩 3개가 완성되었어요. 제일 넓은 칸에 넣었던 게살두부당근 무른 밥은 240ml씩 3개가 나왔어요. 수분 함유량이나 재료에 따라 양이 조금씩 달라져요.

소고기두부단호박 무른 밥, 닭고기당근브로콜리 무른 밥
김당근양파 무른 밥

닭고기당근브로콜리 무른 밥

소고기두부단호박 무른 밥

김당근양파 무른 밥

준비물

생쌀 300g(불린 쌀 380g)
육수+물=불린 쌀 대비 4배
(불린 쌀 380g이면 육수+물은 1,520ml)
소고기 60g+두부 30g+단호박 30g
닭고기 60g+당근 30g+브로콜리 30g
조미되지 않은 김 약간+당근 30g+양파 30g

완성량

메뉴별 170, 200, 240ml씩 3개, 총 9개(3일분)

1_ 냉동 보관한 채소 육수는 찬물에 해동해주세요. 얼린 채 그대로 넣으면 밥솥에서 이유식이 넘칠 수 있으니 주의하세요. 저는 5팩(1,000ml)을 꺼내서 해동했어요. 모자란 양은 물로 채워 넣으면 됩니다.

2_ 생쌀 300g을 2시간 정도 불렸더니 약 380g으로 늘어났어요. 불린 쌀 380g이면 육수를 4배로 계산해서 1,520ml 넣으면 돼요.

3_ 큐브 재료들을 준비해주세요. 소고기두부단호박 무른 밥 재료입니다. 핏물을 빼서 익혀놓은 소고기와 냉동해둔 단호박 큐브 1개, 으깬 두부를 준비합니다.

4_ 닭고기당근브로콜리 무른 밥 재료입니다. 냉동해둔 닭고기, 당근, 브로콜리 큐브를 각 1개씩 준비합니다.

5_ 김당근양파 무른 밥 재료입니다. 냉동해둔 당근과 양파 큐브 각 1개씩과 김을 준비합니다. 김은 조미되지 않은 김을 사용해요. 손으로 찢은 후에 넣거나 봉지에 넣고 부숴주세요. 김은 김밥김이라고 했을 때 1/4장 정도 넣으면 적당해요.

   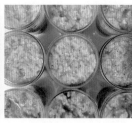

6_ 불린 쌀을 밥솥 내솥 안에 평평하게 넣어주세요. 그리고 밥솥 칸막이를 밥솥 안에서 조립해주세요. 밥솥 칸마다 정해진 큐브를 하나씩 넣어주세요.

7_ 육수와 물 1,520ml를 붓고, 죽 모드로 1시간 돌려주세요.

8_ 비주얼은 이래도 휘저어보면 제대로 성공했어요.

9_ 소고기 이유식 170ml씩 3개, 닭고기 이유식 200ml씩 3개, 김당근양파 이유식 240ml씩 3개가 완성되었어요. 수분 함유량이나 재료에 따라 양이 조금씩 달라져요.

소고기느타리버섯애호박 무른 밥, 닭고기비타민양파 무른 밥
밥새우양배추애호박 무른 밥

닭고기비타민양파 무른 밥

소고기느타리버섯애호박 무른 밥

밥새우양배추애호박 무른 밥

준비물

생쌀 300g(불린 쌀 380g)
육수+물=불린 쌀 대비 4배
(불린 쌀 380g이면 육수+물은 1,520ml)
소고기 60g+느타리버섯 30g+애호박 30g
닭고기 60g+비타민 30g+양파 30g
밥새우가루 1스푼+양배추 30g+애호박 30g

완성량

메뉴별 180, 180, 240ml씩 3개, 총 9개(3일분)

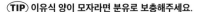

TIP 이유식 양이 모자라면 분유로 보충해주세요.

양이 모자란 이유식을 먹인 후에는 바로 분유를 보충해주었어요. 예를 들면 이유식 150ml를 먹였을 때 분유 100ml를 주는 식으로요. 이렇게 분유를 조금씩 보충해줬더니 하루 분유량이 조금 늘더라고요. 이전에는 이유식을 너무 잘 먹는 것 같아서 분유 보충을 안 해주었거든요. 그랬더니 갑자기 분유량이 확 줄었어요. 돌 이전까지는 아기가 일정량의 분유를 먹도록 해야 한답니다.

1_ 냉동 보관한 채소 육수는 찬물에 해동해주세요. 얼린 채 그대로 넣으면 밥솥에서 이유식이 넘칠 수 있으니 주의하세요. 저는 5팩(1,000ml)을 꺼내서 해동했어요. 모자란 양은 물로 채워 넣으면 됩니다.

2_ 생쌀 300g을 2시간 정도 불렸더니 약 380g으로 늘어났어요. 불린 쌀 380g이면 육수를 4배로 계산해서 1,520ml 넣으면 돼요.

3_ 소고기느타리버섯애호박 무른 밥 재료입니다. 핏물을 빼서 익혀놓은 소고기와 냉동해둔 느타리버섯과 단호박 큐브 각 1개씩을 준비합니다. 느타리버섯은 살짝 데쳐서 다진 후에 큐브로 냉동 보관해두었어요.

4_ 닭고기비타민양파 무른 밥 재료입니다. 냉동해둔 닭고기, 비타민, 양파 큐브를 각 1개씩 준비합니다.

5_ 밥새우양배추애호박 무른 밥 재료입니다. 냉동해둔 양배추와 애호박 큐브 각 1개씩과 밥새우가루를 준비합니다. 밥새우 가루는 1스푼 정도 넣었어요. 새우맛도 나고 약간 짭짤하니 괜찮았어요.

6_ 불린 쌀을 밥솥 내솥 안에 평평하게 넣어주세요. 그리고 밥솥 칸막이를 밥솥 안에서 조립해준 후에 밥솥 칸마다 정해진 큐브를 하나씩 넣어주세요.

7_ 육수와 물 1,520ml를 붓고, 죽 모드로 1시간 돌려주세요.

8_ 소고기 이유식 170ml씩 3개, 닭고기 이유식 200ml씩 3개, 밥새우 이유식 240ml씩 3개가 완성되었어요.

후기

소고기비타민새송이버섯 무른 밥
닭고기아스파라거스치즈감자 무른 밥
계란애호박당근시금치 무른 밥

닭고기아스파라거스치즈감자 무른 밥

소고기비타민새송이버섯 무른 밥

계란애호박당근시금치 무른 밥

준비물

생쌀 300g(불린 쌀 380g)

육수+물=불린 쌀 대비 4배

(불린 쌀 380g이면 육수+물은 1,520ml)

소고기 60g+비타민 30g+새송이버섯 30g

닭고기 60g+아스파라거스 30g+감자 30g+

아기치즈 1장

계란노른자 1개+당근 30g+시금치 30g+

애호박 30g

완성량

메뉴별 190, 200, 240ml씩 3개,

총 9개(3일분)

TIP 노른자 분리기

사진 속 노른자 분리기는 다이소에서 구매했어요.

가격은 천 원 정도예요. 노른자 분리하는 용도로 사

용하기 편해요.

1_ 냉동 보관한 채소 육수는 미리 꺼내서 친물에 해동해주세요. 얼린 채 그대로 넣으면 밥솥에서 이유식이 넘칠 수 있으니 주의하세요. 저는 5팩(1,000ml)을 꺼내서 해동했어요. 모자란 양은 물로 채워 넣으면 됩니다.

2_ 생쌀 300g을 2시간 정도 불렸더니 약 380g으로 늘어났어요. 불린 쌀 380g이면 육수를 4배로 계산해서 1,520ml 넣으면 돼요.

3_ 소고기비타민새송이버섯 무른 밥 재료입니다. 핏물을 빼서 익혀놓은 소고기와 냉동해둔 비타민과 새송이버섯 큐브 각 1개씩 준비합니다. 새송이버섯은 살짝 데쳐서 다진 후에 큐브로 냉동보관해두었어요.

4_ 닭고기아스파라거스치즈감자 무른 밥 재료입니다. 냉동해둔 닭고기 큐브를 각 1개, 다진 아스파라거스 30g, 삶아서 으깬 감자 30g, 아기치즈 1장을 준비합니다.

5_ 계란애호박당근시금치 무른 밥 재료입니다. 냉동해둔 당근 큐브 1개, 다진 애호박 30g, 다진 시금치 30g, 노른자를 준비합니다. 노른자는 잘 풀어주세요. 삶은 계란의 노른자를 사용해도 됩니다.

6_ 불린 쌀을 밥솥 내솥 안에 평평하게 넣어주세요. 그리고 밥솥 칸막이를 밥솥 안에서 조립해준 후에 밥솥 칸마다 정해진 큐브를 하나씩 넣어주세요.

7_ 육수와 물 1,520ml를 붓고, 죽 모드로 1시간 돌려주세요.

8_ 소고기 이유시 190ml씩 3개, 닭고기 이유식 200ml씩 3개, 계란 이유식 240ml씩 3개가 완성되었어요.

닭고기버섯
브로콜리 리조또

닭고기와 다양한 버섯, 그리고 브로콜리를 이용해 리조또를 만들어 보았어요. 후기 이유식을 진행하면서 늘 같은 무른 밥, 진밥만 먹이는 것도 좋지만 가끔 이렇게 냄비로 특별식을 만들어주세요. 분유와 치즈가 들어가기 때문에 고소해서 아이들도 잘 먹어요.

준비물

닭고기 60g
느타리버섯(또는 다른 버섯) 30g
브로콜리 30g
생쌀 150g(불린 쌀 약 210g)
물 600ml
분유 240ml(평소 분유 타는 법과 동일하게)
아기 치즈 1장

완성량

240ml씩 총 3개(3일분)

1_ 닭고기는 분유 물에 담가서 잡냄새를 제거하고, 생쌀 150g은 찬물에 불려 주세요.

2_ 나머지 재료를 모두 준비해주세요.

(TIP) 닭고기 대신 소고기를 이용해도 좋아요.

- 튼이는 잘 먹는 아기라 240ml씩 3일분 분량을 만들었는데요. 양을 줄이려면 아래 양으로 조절해주세요.
- 불린 쌀 : 물+분유의 총량을 같은 비율로 줄여서 만들면 돼요.
- 불린 쌀 : 물+분유는 대략 1 : 4 혹은 1 : 5가 적당해요.

3_ 닭고기, 느타리버섯, 브로콜리는 모두 잘게 다져주세요.

4_ 냄비에 불린 쌀과 물 600ml를 넣고 센 불에서 끓여주세요.

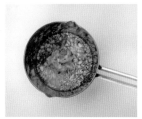   

5_ 끓어오르면 다진 닭고기, 느타리버섯, 브로콜리를 넣어주세요.

6_ 확 끓어오르면 분유를 붓고 계속 끓여줍니다.

7_ 한 번 더 끓어오르면 약한 불로 줄여 5분 정도 끓인 후에 아기 치즈 1장을 넣고 1~2분간 더 끓여줍니다.

8_ 고소하고 맛있는 닭고기버섯브로콜리리조또 완성입니다.

후기

닭고기퀴노아연두부 무른 밥
밥새우당근브로콜리단호박 무른 밥

닭고기퀴노아연두부 무른 밥

밥새우당근브로콜리단호박 무른 밥

준비물

생쌀 200g(불린 쌀 274g)
육수+물=불린 쌀 대비 4배
(불린 쌀 274g이면 육수+물은 1,100ml)
닭고기 60g+퀴노아가루 1스푼+연두부 90g
밥새우가루 1스푼+당근 30g+브로콜리 30g+
단호박 30g

완성량

메뉴별 220, 240ml씩 3개, 총 6개(3일분)

1_ 퀴노아가루는 아이보리 제품을 사용
했어요.

2_ 연두부는 뽀로로 키즈 연두부 제품을
사용했어요.

3_ 냉동 보관한 채소 육수는 찬물에
해동시켜주세요. 보통 1,000ml
정도 육수를 사용하고 나머지는
물로 채워 넣어 만들어요.

4_ 닭고기퀴노아연두부 무른밥 재
료입니다. 생쌀 200g을 2시간
정도 불렸더니 274g으로 늘어났
어요. 불린 쌀 274g이면 육수를
4배로 계산해서 1,100ml 넣으면
돼요.

5_ 밥새우당근브로콜리단호박 무른
밥 재료입니다. 냉동해둔 당근과
브로콜리, 단호박 큐브를 1개씩
준비해요. 밥새우는 믹서에 갈았
을 때, 1스푼 정도 나오는 양을 넣
었어요. 새우 맛도 나고 약간 짭
짤하고 괜찮더라고요.

6_ 불린 쌀을 밥솥 내솥 안에 평평하
게 넣어주세요. 그리고 밥솥 칸막
이를 밥솥 안에서 조립해요. 큐브
재료들은 각 칸마다 메뉴에 맞게
넣으면 돼요.

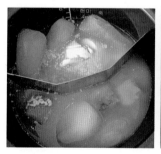

7_ 육수와 물 합쳐서 총 1,100ml를 부어
주세요. 그리고 죽 모드로 1시간을 돌
려주세요.

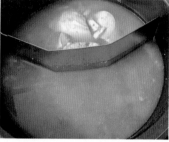

8_ 퍼낼 때도 조심해야 돼요. 칸막이가 쓰러질
까봐 걱정이라면 원래 기존에 사용하던 것처
럼 세 칸으로 조립 후 넓은 칸 하나에 메뉴 1
개, 나머지 칸 두 개에 메뉴 1개 이렇게 넣어
도 돼요.

9_ 2개의 무른 밥 메뉴가 220ml, 240ml
씩 총 6회분 나왔어요.

(TIP) 밥솥 칸막이로 두 가지 이유식을 만들 때

밥솥 칸막이가 완전히 딱 맞게 고정되는 게 아니라 두 가지 이유식을 만들 때도 사용할 수 있을까 싶었거든
요. 그런데 잘 세우고 큐브를 옆에 슬쩍 기대놓으면 안 쓰러지고 잘 돼요. 잘못하면 이유식이 모두 섞일 수도
있으니 조심하세요.

후기 이유식 2단계

후기 이유식 2단계 식단표

후기 이유식 1단계를 끝내고 이제 2단계에 접어들었어요. 불린 쌀 대비 4배의 물을 넣었던 무른 밥에서 불린 쌀 대비 2배의 물을 넣는 진밥 형태로 먹게 됩니다. 보통 후기 이유식은 3개월씩 진행하기도 하는데요. 저는 일단 두 달로 잡고 식단표를 짰어요. 그래서 첫 달은 무른 밥으로 두 번째 달은 진밥으로 해줬습니다. 물론 아기들의 성향에 따라 조절 가능해요. 예를 들어 무른 밥(1단계)을 한 달 반 먹이고, 진밥(2단계)을 한 달 반 먹이고 이렇게요. 아니면 무른 밥 두 달, 진밥 한 달 이렇게 하셔도 돼요. 새로운 재료로 연어, 케일, 우엉, 콩나물, 멸치, 톳, 파프리카, 부추, 어린잎채소가 추가되었어요. 후기 이유식 만들 때도 큐브가 필수입니다. 미리 재료를 손질해서 만들어두면 이유식 데이가 편해져요.

후기 이유식 2단계(진밥)

1	2	3	4	5	6
D+300	D+301	D+302	D+303	D+304	D+305
소고기아스파라거스케일 닭고기청경채당근 밥새우애호박새송이버섯 (p.304)	소고기아스파라거스케일 닭고기청경채당근 밥새우애호박새송이버섯	소고기아스파라거스케일 닭고기청경채당근 밥새우애호박새송이버섯	소고기검은콩퀴노아 (p.308) 닭고기단호박치즈리조또(p.306) 연어청경채브로콜리 (p.308)	소고기검은콩퀴노아 닭고기단호박치즈리조또 연어청경채브로콜리	소고기검은콩퀴노아 닭고기단호박치즈리조또 연어청경채브로콜리
NEW : 케일	–	–	NEW : 연어	–	–

7	8	9	10	11	12
D+306	D+307	D+308	D+309	D+310	D+311
소고기양파애호박퀴노아 닭고기감자비타민 멸치당근케일 (p.310)	소고기양파애호박퀴노아 닭고기감자비타민 멸치당근케일	소고기양파애호박퀴노아 닭고기감자비타민 멸치당근케일	소고기우엉양배추치즈(p.314) 닭고기청경채가지(p.314) 연어새송이양파치즈리조또 (p.312)	소고기우엉양배추치즈 닭고기청경채가지 연어새송이양파치즈리조또	소고기우엉양배추치즈 닭고기청경채가지 연어새송이양파치즈리조또
NEW : 멸치	–	–	NEW : 우엉	–	–

13	14	15	16	17	18
D+312	D+313	D+314	D+315	D+316	D+317
소고기우엉시금치두부 닭고기콩나물양파 대구살무청경채 (p.316)	소고기우엉시금치두부 닭고기콩나물양파 대구살무청경채	소고기우엉시금치두부 닭고기콩나물양파 대구살무청경채	소고기무감자새송이버섯 닭고기애호박브로콜리퀴노아 멸치당근양파 (p.318)	소고기무감자새송이버섯 닭고기애호박브로콜리퀴노아 멸치당근양파	소고기무감자새송이버섯 닭고기애호박브로콜리퀴노아 멸치당근양파
NEW : 콩나물	–	–	–	–	–

19	20	21	22	23	24
D+318	D+319	D+320	D+321	D+322	D+323
소고기가지청경채 닭고기부추양파 게살애호박치즈 (p.320)	소고기가지청경채 닭고기부추양파 게살애호박치즈	소고기가지청경채 닭고기부추양파 게살애호박치즈	소고기우엉청경채 닭고기콩나물양파애호박 대구살무톳 (p.322)	소고기우엉청경채 닭고기콩나물양파애호박 대구살무톳	소고기우엉청경채 닭고기콩나물양파애호박 대구살무톳
NEW : 부추	–	–	NEW : 톳	–	–

25	26	27	28	29	30
D+324	D+325	D+326	D+327	D+328	D+329
소고기단호박케일 대구살애호박무 게살아스파라거스파프리카 (p.324)	소고기단호박케일 대구살애호박무 게살아스파라거스파프리카	소고기단호박케일 대구살애호박무 게살아스파라거스파프리카	소고기어린잎가지 닭고기파프리카부추치즈 대구살콩나물톳 (p.326)	소고기어린잎가지 닭고기파프리카부추치즈 대구살콩나물톳	소고기어린잎가지 닭고기파프리카부추치즈 대구살콩나물톳
NEW : 파프리카	–	–	NEW : 어린잎채소	–	–

• 새로운 재료 : 케일, 연어, 멸치, 우엉, 콩나물, 부추, 톳, 파프리카, 어린잎채소

소고기아스파라거스케일 진밥, 닭고기청경채당근 진밥
밥새우애호박새송이버섯 진밥

밥새우애호박새송이버섯 진밥

닭고기청경채당근 진밥

소고기아스파라거스케일 진밥

준비물

생쌀 300g(불린 쌀 410g)
육수+물=불린 쌀 대비 2배
(불린 쌀 410g이면 육수+물은 820ml)
소고기 60g+아스파라거스 30g+케일 30g
닭고기 60g+청경채 30g+당근30g
밥새우 간 것 1스푼+애호박 30g+새송이버섯 30g

완성량

메뉴별 120, 130, 170ml씩 3개, 총 9개(3일분)

1_ 냉동 보관한 채소 육수는 찬물에 해동
시켜주세요. 육수를 넣고 양이 모자라
면 물을 채워 넣으면 돼요.

2_ 생쌀 300g을 2시간 정도 불렸더니
410g으로 늘어났어요. 불린 쌀 410g
이면 육수를 2배로 계산해서 820ml
넣으면 돼요.

3_ 냉동해둔 아스파라거스와 소고기
큐브 각 1개씩, 다진 케일을 준비해
주세요. 소고기는 핏물만 제거해
두었어요. 밥솥으로 하면 푹 익어
서 미리 익히지 않고 사용합니다.

4_ 닭고기청경채당근 진밥 재료입
니다. 냉동해둔 닭고기와 청경
채, 당근 큐브를 각 1개씩 준비해
주세요.

5_ 밥새우애호박새송이버섯 진밥
재료입니다. 밥새우가루, 냉동해
둔 애호박과 새송이버섯 큐브를
각 1개씩 준비해주세요.

6_ 불린 쌀을 밥솥 내솥 안에 평평하
게 넣어주세요. 그리고 밥솥 칸막
이를 밥솥 안에서 조립해주세요.

7_ 큐브 재료들을 각 칸마다 메뉴에 맞
게 넣어주세요.

8_ 육수와 물을 합쳐서 총 820ml를 붓고,
죽 모드로 1시간 돌려주세요.

9_ 세 가지 이유식 9개 완성입니다. 제일
넓은 칸에 넣었던 밥새우애호박새송이
버섯 진밥은 170ml씩 3개가 나왔어요.

(TIP) 무른 밥과 진밥의 육수 양 및 소고기 사용법

• 진밥은 무른 밥 만들기와 똑같은 레시피입니다. 육수의 양만 불린 쌀 대비 2배로 줄이면 진밥이 돼요. 보통 이유식을 170~200ml씩 먹는다면 생쌀
350g, 120~150ml씩 먹는다면 생쌀 300g 이렇게 계산하시면 편해요. 수분 함유량이나 재료에 따라 이유식의 양은 달라져요. 진밥을 만들면서 육
수 양이 반으로 줄어서 전체 완성량도 무른 밥을 만들던 1단계에 비해 확 줄었어요. 이유식의 양을 늘리고 싶으면 쌀의 양을 더 많이 하면 돼요.

• 후기 이유식을 만들 때는 소고기 큐브를 핏물만 제거하고 사용했어요. 밥솥으로 만들어서 푹 익으니까요. 하지만 소고기 잡냄새가 신경 쓰인다면,
한 번 익혀서 사용하는 게 좋아요.

닭고기단호박치즈리조또

냄비 특별식

준비물

생쌀 150g(불린 쌀 210g)
물 600ml
분유 240ml
(분유는 평소 분유 타는 법과 동일하게)
닭고기 60g+단호박 30g+아기 치즈 1장

완성량

240ml씩 3개, 200ml 1개, 총 4개(3일분)
└넉넉하게 만든 양이에요. 적은 양을 만들려면
생쌀 100g을 불려서 만들면 돼요.

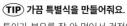 가끔 특별식을 만들어줘요.

튼이가 분유를 잘 안 먹어서 걱정이었는데 리조또를
만들어주니 잘 먹더라고요. 평소 먹던 이유식과는 조
금 다른 특별식이었죠. 아가들이 이유식을 거부한다
면 이렇게 리조또 같은 다른 형태의 맘마를 만들어줘
보세요. 그럼 튼이처럼 잘 먹을지도 몰라요.

1_ 우선 재료들을 모두 준비합니다. 닭고기, 단호박, 치즈. 이 조합은 맛이 없을 수가 없더라고요.

2_ 불린 쌀 210g과 물 600ml를 넣고 센 불로 끓입니다.

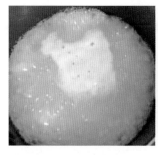

3_ 팔팔 끓어오르면 약한 불로 줄여 5분 정도 저어가며 더 끓입니다.

4_ 준비해둔 닭고기와 단호박 큐브를 넣고 분유 240ml를 부어주세요.

5_ 큐브를 넣은 후 다시 센 불에서 저어가며 끓이다가 보글보글 끓어오르면, 약한 불로 줄이고 2분 정도 더 끓여주세요. 아기 치즈 1장을 넣고 1분 정도 저어가며 더 끓이면 거의 완성입니다.

6_ 농도를 확인해보고 불을 끕니다. 너무 되직하다 싶으면 물을 추가해서 조금 더 끓여줘도 돼요.

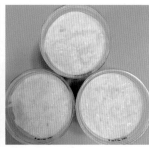

7_ 생쌀 150g으로 만들었더니 240ml짜리 이유식 용기 3개가 꽉 차고도 더 나왔어요.

소고기검은콩퀴노아 진밥
연어청경채브로콜리 진밥

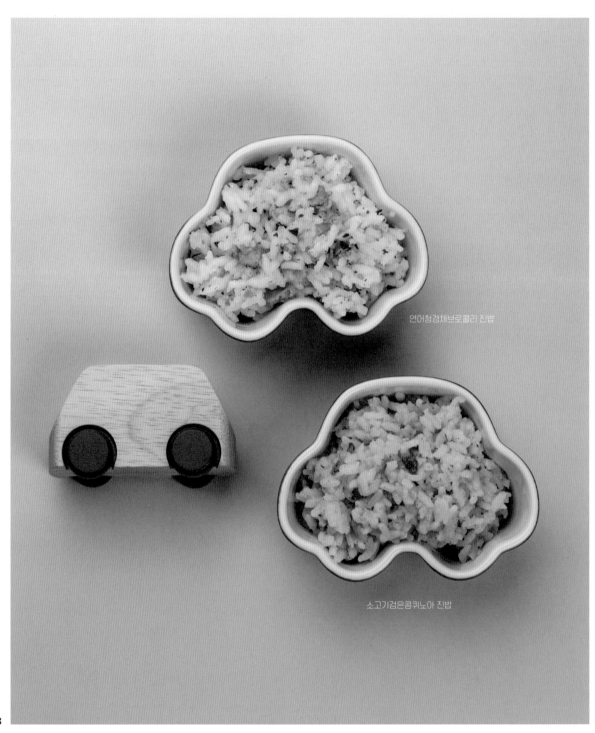

연어청경채브로콜리 진밥

소고기검은콩퀴노아 진밥

준비물

생쌀 300g(불린 쌀 410g)
육수+물=불린 쌀 대비 2배
(불린 쌀 410g이면, 육수+물은 820ml)
소고기 60g+검은콩가루 1스푼+퀴노아가루 1스푼
연어 40g+청경채 30g+브로콜리 30g

완성량

메뉴별 200, 240ml씩 3개, 총 6개(3일분)

1_ 검은콩가루와 퀴노아가루는 아이보리에서 구입했어요.

2_ 냉동 보관한 채소 육수는 찬물에 해동시켜주세요. 육수를 넣고 양이 모자라면 물을 채워 넣으면 돼요.

(TIP) **가끔 특별식을 만들어줘요.**

이번 이유식에서 연어 큐브를 새로운 재료로 사용했는데요. 헬로네이처에서 구입했고, 손질된 채 냉동된 큐브라 따로 손질 과정 필요 없이 그냥 바로 넣어서 만들었어요. 연어는 약간 비린내가 났어요. 그래도 튼이는 잘 먹었어요.

3_ 생쌀 300g을 2시간 정도 불렸더니 410g으로 늘어났어요. 불린 쌀 410g이면 육수를 2배로 계산해서 820ml 넣으면 돼요.

4_ 검은콩가루와 퀴노아가루, 핏물 제거한 소고기. 소고기는 냉동 큐브를 찬물에 담가 핏물만 제거해두었어요. 밥솥으로 하면 푹 익어서 미리 익히지 않고 사용했는데요. 잡냄새를 제거하려면 한 번 익혀서 사용해주세요.

5_ 연어청경채브로콜리 진밥 재료입니다. 냉동해둔 연어, 청경채, 브로콜리 큐브를 각 1개씩 준비해요.

6_ 불린 쌀을 밥솥 내솥 안에 평평하게 넣어주세요. 그리고 밥솥 칸막이를 밥솥 안에서 조립해주세요. 큐브 재료들은 각 칸마다 메뉴에 맞게 넣으면 돼요.

7_ 육수와 물을 합쳐서 총 820ml를 부어주세요. 죽 모드로 1시간을 돌려줍니다.

8_ 소고기검은콩퀴노아 진밥은 200ml씩 3개, 연어청경채브로콜리 진밥은 240ml씩 3개 나왔어요.

소고기양파애호박퀴노아 진밥, 닭고기감자비타민 진밥
멸치당근케일 진밥

소고기양파애호박퀴노아 진밥

닭고기감자비타민 진밥

멸치당근케일 진밥

준비물

생쌀 300g(불린 쌀 400g)
육수+물=불린 쌀 대비 2배
(불린 쌀 400g이면, 육수+물은 800ml)
소고기 60g+양파 30g+애호박 30g+
퀴노아가루 1스푼
닭고기 60g+감자 30g+비타민 30g
멸치 40g+당근 30g+케일 30g

완성량

메뉴별 120, 150, 180ml씩 3개, 총 9개(3일분)

1_ 냉동 보관한 채소 육수는 찬물에 해 동시켜주세요.

2_ 생쌀 300g을 2시간 정도 불렸더 니 400g으로 늘어났어요. 불린 쌀 400g이면 육수를 2배로 계산해서 800ml 넣으면 돼요.

3_ 핏물을 제거한 소고기와 양파, 애호박 큐브 각 1개씩, 퀴노아 가 루입니다. 소고기는 잡냄새를 제 거하려면 한 번 익혀서 사용해주 세요.

4_ 닭고기감자비타민 진밥 재료입니 다. 냉동해둔 닭고기, 감자, 비타 민 큐브를 각 1개씩 준비합니다.

5_ 멸치당근케일 진밥 재료입니다. 냉동해둔 멸치, 당근, 케일 큐브 를 각 1개씩 준비합니다.

6_ 불린 쌀을 밥솥 내솥 안에 평평하 게 넣어주세요. 밥솥 칸막이는 밥 솥 안에서 조립해주세요.

7_ 큐브 재료들은 각 칸마다 메뉴에 맞게 넣어주세요.

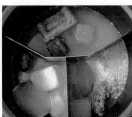

8_ 육수와 물을 합쳐서 총 800ml 를 부어주세요.

9_ 이번에는 백미 취사 모드로 돌려 보았습니다. 죽 모드에서는 쌀과 재료가 너무 퍼지는 것 같아서 요. 시간도 죽 모드보다 짧아졌 어요. 결과는 성공이었습니다.

10_ 제일 넓은 칸에 넣었던 멸치당 근케일 진밥은 180ml씩 3개가 나왔어요. 양은 수분 함유량이 나 재료에 따라 달라요.

TIP 1 손질된 멸치 큐브를 사용했어요.

멸치는 헬로네이처에서 구입했어요. 손질이 다 되어 있고 냉동으로 보관된 큐브 형태라 그냥 바로 밥솥에 넣으면 돼요. 따로 손질하거나 삶아낼 필요가 없어서 편해요.

TIP 2 백미 취사 모드로 해봤어요!

죽 모드로 하다 보니 쌀이랑 재료가 너무 퍼지는 것 같아서 일반 취사 모드로 해봤는데 밥솥이 폭발하는 일은 없었어요. 그런데 죽 모드랑 별 차이가 없었어요. 일반 취사 모드도 괜찮았어요. 밥솥 모델마다 결과를 다를 수 있으니, 시험 삼아 한 번 바꿔서 시도해보세요.

후기

연어새송이양파치즈리조또

냄비 특별식

준비물

생쌀 150g(불린 쌀 210g)
분유 물+물=불린 쌀 대비 4배
(분유 240ml+물 600ml)
연어 40g+새송이버섯 30g+양파 30g+
아기 치즈 1장

완성량

240ml씩 총 3개(3일분)

TIP 연어는 비린내가 날 수 있으니,
취향에 따라 결정하세요.

연어는 약간 비린내가 납니다. 제가 평소 연어를 안
좋아해서 그런 것일지도 모르겠지만요. 앞서서 연어
로 진밥을 만들고, 이번에는 리조또를 해봤는데요.
비린내가 마음에 들지 않아서 연어 사용은 자제하려
고요. 그런데 신기한 건 튼이가 전부 다 먹었다는 것
입니다.

1_ 냉동 보관해둔 연어, 새송이, 양파 큐
브와 아기 치즈 1장을 준비합니다.

2_ 불린 쌀 210g에 물 600ml를 넣고,
센 불에서 저어가며 끓여주세요. 팔
팔 끓어오르면 약한 불로 줄여 5분
정도 더 끓여줍니다.

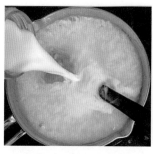
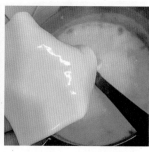

3_ 연어, 새송이버섯, 양파 큐브를 넣은
뒤 분유 240ml를 부어주세요. 이때
분유는 아기한테 먹일 때 방법 그대
로 타시면 돼요.

4_ 분유를 부어준 뒤 센 불로 잠시 끓이
다가 끓어오르면 다시 약한 불로 줄
여 치즈 1장을 넣고 1~2분 정도 더 끓
여주세요.

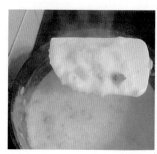

5_ 치즈를 넣어 고소한 연어 리조또 완
성입니다.

6_ 240ml씩 3개가 나왔어요.

소고기우엉양배추치즈 진밥
닭고기청경채가지 진밥

소고기우엉양배추치즈 진밥

닭고기청경채가지 진밥

준비물

생쌀 300g(불린 쌀 420g)
육수+물=불린 쌀 대비 2배
(불린 쌀 420g이면 육수+물은 840ml)
소고기 60g+우엉 30g+양배추 30g+아기 치즈 1장
닭고기 60g+청경채 30g+가지 30g

완성량

메뉴별 240ml씩 3개, 총 6개(3일분)

1_ 냉동 보관한 채소 육수는 찬물에 해동
시켜주세요. 양이 모자라면 물을 채워
넣으면 돼요.

2_ 생쌀 300g을 약 2시간 정도 불렸더
니 420g으로 늘어났어요. 불린 쌀
420g이면 육수를 2배로 계산해서
840ml 넣으면 돼요.

3_ 소고기우엉양배추치즈 진밥 재료입니
다. 다진 우엉과, 양배추 큐브, 치즈를
준비합니다. 소고기는 냉동 큐브를 찬
물에 담가 핏물만 제거해서 사용했는
데요. 잡냄새를 제거하려면 한번 익혀
서 사용해주세요.

4_ 닭고기청경채가지 진밥 재료입니다.
냉동해둔 닭고기, 청경채, 가지 큐브
를 1개씩 준비합니다.

5_ 불린 쌀을 밥솥 내솥 안에 평평하
게 넣어주세요.

6_ 큐브 재료들은 각 칸마다 메뉴에
맞게 넣어주세요. 칸막이를 1개
만 세워서 쓰러질 것 같으면, 칸
막이의 양쪽 옆으로 큐브를 살짝
기대 주세요.

7_ 육수와 물을 합쳐서 총 840ml
를 부어주세요. 죽 모드로 1시간
돌려주세요

8_ 이번엔 모두 240ml씩 나왔어요.
우엉을 넣었더니 닭고기 이유식
에서도 우엉 냄새가 났어요. 이
정도는 감안하고 만듭니다. 한 번
에 같이 만들어낼 수 있으니 시간
절약 효과가 더 크죠.

후기

소고기우엉시금치두부 진밥, 닭고기콩나물양파 진밥
대구살무청경채 진밥

닭고기콩나물양파 진밥

대구살무청경채 진밥

소고기우엉시금치두부 진밥

준비물

생쌀 300g(불린 쌀 400g)
육수+물=불린 쌀 대비 2배
(불린 쌀 400g이면, 육수+물은 800ml)
소고기 60g+우엉 30g+시금치 30g+
연두부 90g
닭고기 60g+콩나물 30g+양파 30g
대구살 40g+무 30g+청경채 30g

완성량

메뉴별 120, 150, 170ml씩 3개, 총 9개(3일분)

1_ 냉동 보관한 채소 육수는 찬물에 해동시켜주세요. 양이 모자라면 물을 채워넣으면 돼요.

2_ 생쌀 300g을 약 2시간 정도 불렸더니 400g으로 늘어났어요. 불린 쌀 400g이면 육수는 2배인 800ml를 넣으면 돼요.

3_ 소고기우엉시금치두부 진밥 재료입니다. 냉동해둔 우엉과 시금치 큐브, 두부를 준비합니다. 소고기는 핏물만 제거해두었는데요. 잡냄새를 제거하려면 한번 익혀서 사용해주세요.

4_ 닭고기콩나물양파 진밥 재료입니다. 냉동해둔 닭고기, 양파 큐브를 1개씩 준비합니다. 콩나물은 손질해서 줄기만 살짝 데친 후에 다져두었습니다.

5_ 대구살무청경채 진밥 재료입니다. 냉동해둔 대구살과 무 큐브를 1개씩 준비합니다. 무는 30g을 갈아서 준비해두었습니다.

6_ 불린 쌀을 밥솥 내솥 안에 평평하게 넣어주세요. 밥솥 칸막이는 밥솥 안에서 조립해주세요.

7_ 큐브 재료들은 각 칸마다 메뉴에 맞게 넣어주세요.

8_ 육수와 물을 합쳐서 총 800ml를 부어주세요. 그리고 이번에는 백미 취사 모드로 해봤습니다. 죽 모드로 하셔도 됩니다.

9_ 이번에도 한 번에 세 가지 이유식 성공입니다.

10_ 제일 넓은 칸에 넣었던 대구살무청경채 진밥은 170ml씩 3개가 나왔어요. 수분 함유량이나 재료에 따라 양은 달라져요.

TIP 진밥 레시피의 쌀과 물의 양

진밥을 만들면서 육수 양이 반으로 줄어서 전체 완성량도 무른 밥을 만들던 1단계에 비해 확 줄어요. 이 부분은 다음 이유식을 만들 때 쌀의 양을 늘리면 돼요.

소고기무감자새송이버섯 진밥
닭고기애호박브로콜리퀴노아 진밥, 멸치당근양파 진밥

소고기무감자새송이버섯 진밥

닭고기애호박브로콜리퀴노아 진밥

멸치당근양파 진밥

준비물

생쌀 350g(불린 쌀 455g)
육수+물=불린 쌀 대비 2배
(불린 쌀 455g이면 육수+물은 910ml)
소고기 60g+무 30g+감자 30g+새송이버섯 30g
닭고기 60g+애호박 30g+브로콜리 30g+
퀴노아가루 1스푼
멸치 40g+당근 30g+양파 30g

완성량

메뉴별 170, 170, 220ml씩 3개, 총 9개(3일분)

1_ 냉동 보관한 채소 육수는 찬물에 해동 시켜주세요. 양이 모자라면 물을 채워 넣으면 돼요.

2_ 생쌀 350g을 2시간 정도 불렸더니 455g으로 늘어났어요. 육수는 2배로 계산해서 910ml 넣으면 돼요.

3_ 소고기무감자새송이버섯 진밥 재료입니다. 무, 감자, 새송이버섯, 소고기 큐브를 준비합니다. 소고기는 핏물만 제거해두었는데요. 잡냄새를 제거하려면 한번 익혀서 사용해주세요.

4_ 닭고기애호박브로콜리퀴노아 진밥 재료입니다. 냉동해둔 닭고기, 애호박, 브로콜리 큐브 1개씩과 퀴노아가루를 준비합니다.

5_ 멸치당근양파 진밥 재료입니다. 냉동해둔 멸치, 당근, 양파 큐브를 1개씩 준비합니다.

6_ 불린 쌀을 밥솥 내솥 안에 평평하게 넣어주세요. 밥솥 칸막이는 밥솥 안에서 조립해주세요.

7_ 큐브 재료들은 각 칸마다 메뉴에 맞게 넣어주세요. 육수와 물을 합쳐서 총 910ml를 부어주세요. 백미 취사 모드를 누르고 기다려주세요.

8_ 세 가지 이유식 9개 완성입니다 제일 넓은 칸에 넣었던 멸치당근양파 진밥은 170ml씩 3개가 나왔어요.

(TIP) **진밥 레시피의 쌀과 물의 양**

이번 이유식부터 쌀의 양을 300g에서 350g으로 늘려서 만들었어요. 그랬더니 최종 완성량이 조금씩 늘어났어요. 아기가 얼마나 먹느냐에 따라 엄마가 조절해주면 돼요. 아기가 150ml 정도 먹는다면 생쌀 300g으로, 180ml 정도 먹는다면 생쌀 350g으로 만들어보세요.

소고기가지청경채 진밥, 닭고기부추양파 진밥
게살애호박치즈 진밥

게살애호박치즈 진밥

닭고기부추양파 진밥

소고기가지청경채 진밥

준비물

생쌀 350g(불린 쌀 460g)

육수+물=불린 쌀 대비 2배

(불린 쌀 460g이면, 육수+물은 920ml)

소고기 60g+가지 30g+청경채 30g

닭고기 60g+부추 30g+양파 30g

게살 40g+애호박 30g+아기 치즈 1장

완성량

메뉴별 150, 150, 220ml씩 3개, 총 9개(3일분)

1_ 냉동 보관한 채소 육수는 찬물에 해동
시켜주세요. 양이 모자라면 물을 채워
넣으면 돼요.

2_ 생쌀 350g을 2시간 정도 불렸더니
460g으로 늘어났어요. 육수는 2배
로 계산해서 960ml 넣으면 돼요.

3_ 소고기가지청경채 진밥 재료입니다.
냉동해둔 가지와 청경채, 소고기 큐브
를 준비합니다. 소고기는 핏물만 제거
해두었는데요. 잡냄새를 제거하려면
한번 익혀서 사용해주세요.

4_ 닭고기부추양파 진밥 재료입니다. 냉
동해둔 닭고기, 양파 큐브 1개씩과 다
진 부추를 준비합니다.

5_ 게살애호박치즈 진밥 재료입니다. 냉
동해둔 게살과 애호박 큐브 1개씩과
아기 치즈 1장을 준비합니다.

6_ 불린 쌀을 밥솥 내솥 안에 평평하
게 넣어주세요. 밥솥 칸막이는 밥
솥 안에서 조립해주세요. 조립한
채로 밥솥에 넣으면 내솥 코팅이
상할 수 있으니 조심하세요.

7_ 큐브 재료들은 각 칸마다 메뉴에
맞게 넣어주세요.

8_ 육수와 물을 합쳐서 총 960ml를
부어주세요. 죽 모드 또는 취사
모드를 눌러주세요.

9_ 세 가지 이유식 9개 완성입니다.
제일 넓은 칸에 넣었던 게살애호
박치즈 진밥은 220ml씩 3개가 나
왔어요. 수분 함유량이나 재료에
따라 양이 조금씩 달라져요.

소고기우엉청경채 진밥, 닭고기콩나물양파애호박 진밥
대구살무톳 진밥

닭고기콩나물양파애호박 진밥

소고기우엉청경채 진밥

대구살무톳 진밥

준비물

생쌀 350g(불린 쌀 440g)
육수+물=불린 쌀 대비 2배
(불린 쌀 440g이면 육수+물은 880ml)
소고기 60g+우엉 30g+청경채 30g
닭고기 60g+콩나물 30g+양파 30g+
애호박 30g
대구살 40g+무 30g +톳 30g

완성량

메뉴별 150, 160, 180ml씩 3개, 총 9개(3일분)

1_ 냉동 보관한 채소 육수는 찬물에 해동시켜주세요. 양이 모자라면 물을 채워 넣으면 돼요.

2_ 생쌀 350g을 2시간 정도 불렸더니 440g으로 늘어났어요. 육수는 2배로 계산해서 880ml를 넣으면 돼요.

3_ 소고기우엉청경채 진밥 재료입니다. 냉동해둔 우엉과 청경채, 소고기 큐브를 준비합니다. 소고기는 핏물만 제거해두었는데요. 잡냄새를 제거하려면 한번 익혀서 사용해주세요.

4_ 닭고기콩나물양파애호박 진밥 재료입니다. 냉동해둔 닭고기, 콩나물, 양파, 애호박 큐브를 1개씩 준비해주세요.

5_ 대구살무톳 진밥 재료입니다. 냉동해둔 대구살과 무 큐브 1개씩과 다진 톳을 준비합니다.

6_ 불린 쌀을 밥솥 내솥 안에 평평하게 넣어주세요. 밥솥 칸막이는 밥솥 안에서 조립해주세요. 조립한 채로 밥솥에 넣으면 내솥 코팅이 상할 수 있으니 조심하세요.

7_ 큐브 재료들은 각 칸마다 메뉴에 맞게 넣어주세요.

8_ 육수와 물을 합쳐서 총 880ml를 부어주세요. 죽 모드 또는 취사 모드를 눌러주세요.

9_ 세 가지 이유식 9개 완성입니다. 제일 넓은 칸에 넣었던 대구살톳 진밥은 180ml씩 3개가 나왔어요. 수분 함유량이나 재료에 따라 양이 조금씩 달라져요.

소고기단호박케일 진밥, 대구살애호박무 진밥
게살아스파라거스파프리카 진밥

소고기단호박케일 진밥

게살아스파라거스파프리카 진밥

대구살애호박무 진밥

준비물

생쌀 350g(불린 쌀 460g)
육수+물=불린 쌀 대비 2배
(불린 쌀 460g이면, 육수+물은 920ml)
소고기 60g+단호박 30g+케일 30g
대구살 40g+애호박 30g+무 30g
게살 40g+아스파라거스 30g+파프리카 30g

완성량

메뉴별 150, 150, 240ml씩 3개, 총 9개(3일분)

1_ 냉동 보관한 채소 육수는 찬물에 해동
시켜주세요. 양이 모자라면 물을 채워
넣으면 돼요.

2_ 생쌀 350g을 2시간 정도 불렸더니
460g으로 늘어났어요. 육수는 2배
로 계산해서 920ml를 넣으면 돼요.

3_ 소고기단호박케일 진밥 재료입니다.
냉동해둔 단호박과 케일, 소고기 큐브
를 준비합니다. 소고기는 핏물만 제거
해두었는데요. 잡냄새를 제거하려면
한번 익혀서 사용해주세요.

4_ 대구살애호박무 진밥 재료입니다. 냉
동해둔 대구살, 애호박, 무 큐브를 1
개씩 준비해주세요.

5_ 게살아스파라거스파프리카 진밥 재
료입니다. 냉동해둔 게살과 아스파라
거스 큐브 1개씩과 다진 파프리카를
준비합니다.

6_ 불린 쌀을 밥솥 내솥 안에 평평하
게 넣어주세요. 밥솥칸막이는 밥
솥 안에서 조립해주세요. 조립한
채로 밥솥에 넣으면 내솥 코팅이
상할 수 있으니 조심하세요.

7_ 큐브 재료들은 각 칸마다 메뉴에
맞게 넣어주세요.

8_ 육수와 물을 합쳐서 총 920ml를
부어주세요. 죽 모드 또는 취사
모드를 눌러주세요.

9_ 세 가지 이유식 9개 완성입니다.
제일 넓은 칸에 넣었던 소고기단
호박케일 진밥은 240ml씩 3개가
나왔어요. 수분 함유량이나 재료
에 따라 양이 조금씩 달라져요.

소고기어린잎가지 진밥, 닭고기파프리카부추치즈 진밥
대구살콩나물톳 진밥

닭고기파프리카부추치즈 진밥

대구살콩나물톳 진밥

소고기어린잎가지 진밥

준비물

생쌀 350g(불린 쌀 480g)
육수+물=불린 쌀 대비 2배
(불린 쌀 480g이면, 육수+물은 960ml)
소고기 60g+어린잎채소 30g+가지 30g
닭고기 60g+파프리카 30g+부추 30g+아기 치즈 1장
대구살 40g+콩나물 30g+톳 30g

완성량

메뉴별 150, 150, 200ml씩 3개, 총 9개(3일분)

1_ 냉동 보관한 채소 육수는 찬물에 해동 시켜주세요. 양이 모자라면 물을 채워 넣으면 돼요.

2_ 생쌀 350g을 2시간 정도 불렸더니 460g으로 늘어났어요. 육수는 2배로 계산해서 920ml를 넣으면 돼요.

3_ 어린잎채소는 깨끗한 물에 씻어서 다지기로 다져주세요. 이유식에 넣을 30g만 우선 준비해주세요.

4_ 소고기어린잎가지 진밥 재료입니다. 냉동해둔 가지, 소고기 큐브, 다진 어린잎채소를 준비합니다. 소고기는 핏물만 제거해두었는데요. 잡냄새를 제거하려면 한번 익혀서 사용해주세요.

5_ 닭고기파프리카부추치즈 진밥 재료입니다. 냉동해둔 닭고기, 파프리카, 부추 큐브를 1개씩과 아기 치즈 1장을 준비해주세요.

6_ 대구살콩나물톳 진밥 재료입니다. 냉동해둔 대구살, 콩나물, 톳 큐브를 1개씩 준비해주세요.

7_ 불린 쌀을 밥솥 내솥 안에 평평하게 넣어주세요. 큐브 재료들은 각 칸마다 메뉴에 맞게 넣어주세요.

8_ 육수와 물을 합쳐서 총 960ml를 부어주세요. 죽 모드 또는 취사 모드를 눌러주세요.

9_ 세 가지 이유식 9개 완성입니다. 제일 넓은 칸에 넣었던 소고기단호박케일 진밥은 240ml씩 3개가 나왔어요.

(TIP) 후기 이유식에서 완료기 또는 유아식으로?!

밥솥으로 하는 후기 이유식 진밥 마지막 레시피입니다. 후기 이유식은 보통 3개월씩 진행하는데, 튼이는 2개월만 했어요. 날이 갈수록 밥솥으로 만든 진밥 이유식을 잘 안 먹으려고 해요. 혹시나 하고 맨밥을 먹여보니 너무 잘 먹었어요. 이런 경우 완료기 이유식으로 빨리 넘어가도 된대요.

후기 간식

멜론생과일주스
수박생과일주스

멜론생과일주스	수박생과일주스
멜론 과육 300g	수박 과육 300g

멜론생과일주스

1_ 멜론은 반으로 잘라 4등분 한 후에 씨와 껍질을 제거하고 과육만 준비해주세요.

2_ 믹서에 멜론 과육만 넣고 곱게 갈아주면 완성입니다. 거름 망에 한 번 걸러줘도 좋아요.

수박생과일주스

1_ 수박은 껍질을 제거하고 과육만 준비해주세요. 이때 씨를 제거해도 좋지만 함께 갈아도 돼요.

2_ 믹서에 갈아낸 수박 과육을 거름망에 걸러주면 완성입니다.

328

후기 간식

고구마요거트
단호박요거트

고구마요거트	단호박요거트
삶은 고구마 30g	찐 단호박 30g
플레인요거트 1개	플레인요거트 1개

고구마요거트

1_ 고구마는 껍질을 벗기고 적 당한 크기로 썰어 끓는 물에 넣고 센 불에서 7분간 삶아 주세요.

2_ 고구마는 포크나 매셔로 으 깬 후에 플레인요거트에 넣 고 섞어주세요.

단호박요거트

1_ 단호박은 껍질을 벗기고 적 당한 크기로 썰어 끓는 물 에 넣고 센 불에서 5분간 삶 아주세요.

2_ 단호박은 포크나 매셔로 으 깬 후에 플레인요거트에 넣 어 섞어주세요.

블루베리요거트
바나나아보카도요거트

블루베리요거트	바나나
블루베리 25g	아보카도요거트
플레인요거트 1개	바나나 15g
	아보카도 15g
	플레인요거트 1개

블루베리요거트

1_ 블루베리는 흐르는 물에 씻
은 후에 잘게 다져주세요.

2_ 플레인요거트를 그릇에 담고,
다진 블루베리를 넣어 섞어
먹이면 돼요.

바나나아보카도요거트

1_ 바나나는 껍질을 벗긴 후에
양쪽 끝부분을 0.5~1cm 정
도씩 제거해주세요. 아보카
도는 손질하여(바나나아보
카도매시 참고) 적당한 크기
로 다져줍니다.

2_ 플레인요거트를 그릇에 담
고, 다진 바나나와 아보카도
를 넣어 섞어 먹이면 돼요.

감자경단
치즈볼

감자경단	치즈볼
삶은 감자 30g	아기 치즈 1장
다진 소고기안심 10g	
당근 10g	
브로콜리(꽃 부분) 5g	

감자경단

1_ 삶은 감자는 포크나 매셔로 으깨서 준비해요. 다진 소고기안심은 달군 팬에 넣어 2분간 볶아주세요. 당근과 브로콜리는 끓는 물에 넣어 1분간 데친 후 잘게 다집니다.

2_ 으깬 감자를 손으로 둥글게 빚은 후에 다진 소고기와 당근, 브로콜리를 예쁘게 올려주세요.

치즈볼

1_ 아기 치즈는 9등분하여, 접시에 종이포일을 깔고 치즈를 올려주세요. 이때 각 치즈 사이의 간격을 넓게 해야 서로 붙지 않아요.

2_ 전자레인지에 1분 10초~1분 20초 정도 가열한 후에 한 김 식혀서 먹이면 돼요.

331

구운 사과
구운 바나나

구운 사과	구운 바나나
사과 90g	바나나 1개

구운 사과

1_ 사과는 껍질과 씨를 제거하고, 사방 1cm 크기로 잘라서 준비해요.

2_ 달군 팬에 약한 불로 사과를 구워주면 완성이에요. 변비가 있는 아기라면, 익힌 사과는 피해주세요.

구운 바나나

1_ 바나나는 껍질을 벗긴 후에 양쪽 끝부분을 0.5~1cm 정도씩 제거하고, 0.5cm 두께로 썰어주세요.

2_ 달군 팬에 약한 불로 바나나를 앞뒤로 구워주면 완성이에요.

단호박치즈샐러드
과일요거트샐러드

단호박치즈샐러드	과일요거트샐러드
단호박 120g	과일 적당량
아기 치즈 1장	플레인요거트 1개
건포도 약간	

단호박치즈샐러드

1_ 단호박은 껍질과 씨를 제거하고 찜기에 20분 이상 푹 쪄주세요. 뜨거울 때 아기 치즈를 함께 넣고 으깨주세요.

2_ 건포도는 끓는 물에 넣어 중간 불에서 1분간 데친 후에 잘게 다져주세요. 으깬 단호박과 치즈에 섞어주면 완성이에요. 건포도가 없으면 생략해도 괜찮아요.

과일요거트샐러드

1_ 과일은 모두 아기가 먹을 수 있는 한입 크기로 잘게 다져주세요.

2_ 볼에 플레인요거트, 다진 과일을 넣고 섞어주세요.

만 12개월 이상

완료기
이유식 & 유아식

완료기 이유식과 후기 이유식의 차이는 반찬, 국의 유무인데, 역시 베이스는
진밥이라 고민이 많았어요. 완료기 이유식도 건너뛰고 유아식으로 가는 경
우도 있거든요. 일단 아기들에게 최대한 맞춰서 진행하는 게 좋아요. 후기
이유식을 잘 먹는 아기라면 한 달 더해 3개월 동안 진행해도 돼요. 아기의
상태에 따라 결정하시면 좋겠어요.

완료기 이유식&유아식 하기 전에 알아두면 좋아요

후기 이유식이 끝났어요 ————

처음 시작할 때만 해도 하루에 세 끼를 어떻게 만드나 걱정이 태산이었는데요. 밥솥 칸막이라는 아이템을 접한 덕분에 정말 쉽게 만들 수 있었어요. 물론 단점도 있지만 그것을 모두 커버할 만큼의 큰 장점이 있어서, 저는 정말 만족하고 사용했어요. 세 가지 메뉴, 9개의 이유식을 한 번에 만들 수 있는 게 제일 편하고 좋았어요.

후기 이유식은 초기나 중기처럼 식단표를 짠 대로 100% 맞춰서 하지는 못했어요. 그때그때 변수가 생기기도 하고 여행을 간다거나 하는 일이 있어서요. 정말 귀찮은 날은 식단표대로 하지 않고 그냥 냉동실에 있던 재료로만 만든 적도 있고요. 그래도 두 달 동안 정말 열심히 만들어 먹인 것 같아서 뿌듯합니다.

튼이도 후기 이유식 중반쯤부터 계속 짜증을 냈어요. 아예 먹지 않는 건 아니었지만, 먹다가 뱉거나 해서 이유식 먹이는 시간이 꽤 힘들었거든요. 도대체 뭐가 문제인지 아무리 생각해도 답도 모르겠고요. 튼이 보고 제발 뭐가 문제인지 얘기해달라며 애걸복걸한 적도 있어요. 말이 안 통하니 찡찡거림으로만 표현하니까요.

그렇게 어찌어찌하다 보니 후기 이유식 막바지가 되었어요. 혼자 결론을 내려보면, 튼이는 이제 후기 이유식이 싫다는 것이었어요. 혹시나 해서 어른 밥을 먹여보니 너무 잘 먹었어요. 그래서 완료기로 넘어가야겠다 싶었죠.

세상 쉽고 맛있는 튼이 이유식

완료기 이유식이냐 유아식이냐
고민 끝에 내린 결정 ————

후기 이유식 후반부터 튼이가 이상하다? 남들 다 온다는 이유식 거부!

보통 후기 이유식은 완분 아기 기준으로 생후 9개월, 10개월, 11개월 이런식으로 세 달 동안 진행해요. 그런데 아기에 따라 두 달만 진행하기도 해요. 튼이가 바로 그런 경우였어요.

튼이도 순차적으로 이유식 단계를 진행하고 있었는데요. 문제는 생후 9개월부터 시작한 후기 이유식부터였어요. 초기 이유식에서 제일 처음 쌀미음을 시작했을 때 60ml를 싹싹 먹어치웠고, 양이 점점 늘어 중기 이유식에서는 죽을 한 번에 180~200ml씩 먹기도 했어요.

그래서 튼이는 이유식 거부가 없는 아기구나 했거든요. 후기 이유식에 들어갈 때까지만 해도 잘 먹었어요. 그때마다 친구들이 하던 말이 있었죠.

이유식 시기	이유식 형태	먹는 횟수
초기 이유식(생후 5개월~6개월)	쌀가루를 이용한 미음	1일 1회
중기 이유식(생후 7개월~8개월)	조각쌀가루를 이용한 죽	1일 2회
후기 이유식(생후 9개월~11개월)	일반 크기 쌀을 이용한 무른 밥 → 진밥	1일 3회
완료기 이유식(생후 12개월~14개월)	진밥 + 반찬 + 국 형태	1일 3회
유아식(생후 15개월~)	일반적인 맨밥 + 반찬 + 국 형태	1일 3회

"잘 먹을 때 잘 먹여라. 나중에는 안 먹으려고 하는 날이 오는데, 진짜 인내심에 한계를 느끼게 될 것이다!"

솔직히 그냥 그렇구나 하고 말았는데요. 와, 그동안 이유식을 잘 먹던 튼이도 예외 없이 그 시기가 오더라고요.

생후 10개월, 후기 이유식 2단계

오른쪽 사진의 모습은 작은 일부분일 뿐입니다. 진짜 이유식 시간마다 전쟁이었어요. 그런데 이게 또 전혀 안 먹는 정도까진 아니고, 이렇게 짜증을 내고 난리를 치다가도 어느 순간 먹긴 먹더라고요. 어느 날은 먹은 것보다 버린 게 더 많았던 날도 있었어요.

후기 이유식에서 하루 세 끼 먹이는데 마지막까지 진짜 열심히 만들어 먹였거든요. 그런데 점점 안 먹으려고 하는 게 심해졌고, 이 방법 저 방법 총 동원해서 겨우겨우 먹이곤 했어요.

밥 시간마다 매번 전쟁이라 책을 손에 쥐어주기도 하고 장난감을 쥐어주기도 했어요. 어떤 날은 직접 먹어보라고 스푼을 쥐어주기도 했어요. 물론 뒷처리가 장난 아니었죠. 그 이후 아이 주도 이유식은 거의 하지 않았어요. 너무 힘들고 무서웠어요.

그러다가 핸드폰 스노우 어플을 켜놓고 자기 모습 보면서 먹는 것도 해보고요. 식탁의자에 앉아서 하루에도 수십 번씩 떨어뜨리고 집어던지는 스푼을 하루에도 수십 번씩 주워주면서 어르고 달래가며 먹었어요. 이 시기에 진짜 힘들었어요.

그동안 초기, 중기 이유식 진행하면서, 많은 분들이 튼이는 어쩜 이렇게 잘 먹냐, 우리 아기는 세 입 먹고는 입을 닫는다 등등 이유식 거부로 인한 고민을 얘기해주신 적이 많았는데요. 그게 얼마나 힘드셨을지 이해되더라고요.

안 먹는 아기는 그만큼 의사를 존중해주라는데, 막상 제가 그 상황에 닥치니 그게 안 돼요. 열심히 만든 이유식을 버리게 되는 것도 아깝고, 잘 먹어줬으면 하는 마음인데 자꾸 안 먹으려고 하니까 스트레스가 엄청나더라고요. 그 이후 계속 원인을 찾다보니 어느 정도 결론이 나더군요. 이유는?

완료기 이유식
준비하기

튼이는 진밥이 싫다!

이게 문제였어요. 분명 무른 밥(일반 쌀 4배죽)을 먹일 때는 어느 정도 먹더니, 진밥(일반 쌀 2배죽) 이유식을 시작하면서부터 먹기 싫어하더라고요. 그때는 그냥 밥 시간이 지겨워서인가 보다 했는데요. 하다 하다가 중간에 결국 어른들이 밥 먹을 때 맨밥을 떠먹여주니 정말 잘 먹었어요. 진밥을 싫어하는 아기들이 많다더니 튼이도 그랬어요. 그것도 모르고 안 먹는다고 윽박지르기나 하고 엄마가 무지해서 아기만 고생했네요. 그래서 생후 11개월부터 완료기 이유식을 시작하기로 했어요. 근데 여기서 또 문제가 발생했어요.

완료기 이유식 = 진밥 + 반찬 + 국

후기 이유식을 끝내기로 하고 완료기 이유식에 대해 공부를 했어요. 완료기 이유식과 유아식의 차이는 도대체 뭔지 궁금했거든요.

간단하게 말하자면, 이제 어른들처럼 밥을 먹기 시작한다는 것이었죠.

밥 + 반찬 + 국

이렇게요. 대신 완료기 이유식에서는 진밥을 먹이고, 유아식에서는 일반적으로 우리가 먹는 맨밥을 먹여요. 그리고 또 책이나 인터넷 정보를 통해 알아본 결과, 아기가 아무리 맨밥을 잘 먹어도 순차적으로 후기 이유식 다음에는 완료기 이유식을 시행하는 게 좋대요. 아직은 소화시키는 능력이 조금 부족할 수 있다는 이유 때문에요. 그래서 저도 완료기 이유식을 일주일 정도 진행했어요. 그런데 결론은 실패였어요.

아니 튼이가 진밥을 싫어하는데, 완료기 이유식을 좋아할 리가 없죠. 그래서 결국 완료기 이유식은 하지 않기로 했어요. 어차피 유아식과는 별 차이가 없는 거라서요. 진밥과 맨밥 차이일 뿐이니까요. 저와는 다르게 완료기 이유식을 진행하고자 하는 분들은 진밥+반찬+국으로 먹이시면 돼요.

완료기 이유식, 유아식 식단표?

이 부분도 제일 고민되는 것 중 하나였는데요. 초기, 중기, 후기 이유식에서는 식단표를 짜두고 이유식을 만들었어요. 그런데 완료기 이유식, 유아식부터는 그렇게 하는 게 쉽지 않겠더라고요. 아무래도 먹일 수 있는 게 더욱 다양해지고 밥+반찬+국 형태로 주다 보니, 매번 식단표대로 챙겨주는 게 정말 쉽지 않았어요. 실제로 해보면서 더더욱 절감했죠.

매일 삼시 세 끼를 다른 종류로 만들어주기엔 한계가 있고, 그렇다고 해서 3~4일씩 이유식 할 때처럼 똑같은 메뉴를 만들어 냉동했다가 먹이면, 어른인 나도 지겨운데 아기들도 당연히 지겹겠지라는 생각이 들었어요. 물론 3~4일씩 같은 메뉴를 먹이면 엄마는 편하겠죠?

그런데 제가 직접 완료기 이유식, 유아식을 먹여본 결과, 같은 종류로 3~4일씩 먹이면 틈이도 잘 안 먹었어요. 이유식 거부 사태까지 오다 보니 별별 생각을 다했던 것 같아요. 그래서 완료기 이유식, 유아식부터는 따로 식단표 없이 진행하기로 했습니다. 식단표를 기다리셨다면 양해 부탁드려요. 대신 앞으로는 밥 종류, 반찬, 국, 특별식을 알려드릴 테니, 참고해서 사랑스런 아기에게 맛있는 밥을 만들어주세요. 엄마 화이팅입니다!

|아기 국 소금 간의 선택!|

아기 반찬, 아기 국, 아기 밥을 만들 때 유아식 단계가 제일 어려운 것 같아요. 엄마 아빠처럼 간이 다 된 음식을 계속 먹이기에도 그렇고, 그렇다고 해서 아예 무염식으로 해주면 아이가 안 먹을 때가 많으니까요. 결국 선택은 부모의 몫이죠. 저는 간을 아예 안 하는 건 아니고, 가끔 정말 소량의 간장이나 소금을 넣어 만들기도 해요.

|아기 국에 집착하지 마세요.|

사실 유아식을 시작하면서 늘 했던 고민 중 하나가 바로 아기 국이었어요. 유아식은 밥+반찬+국으로 이루어진 메뉴라고 생각해왔거든요. 게다가 한국 사람들은 밥 먹을 때 국이 필수잖아요. 그러다 보니 틈이 밥을 하면서도 늘 국을 끓여야 되나, 무슨 국을 끓여서 줘야 되나, 고민이 많았는데요. 많은 분들이 해주시는 말씀이나 책을 읽다 보니 국은 필수가 아니더라고요. 어찌 보면 간이 된 국을 계속 챙겨 먹이는 게 나트륨 섭취만 늘리게 될 뿐이잖아요. 그 이후로 국은 생각날 때 한두 번씩 해주는 편이고요. 대신 식섬 끓인 보리차 물을 챙겨 먹이고 있어요. 저처럼 아기 국에 집착했던 분이 있다면, 아기 밥상 메뉴에 무조건 국이 포함되지 않아도 된다는 점을 말씀드리고 싶었어요.

유아식 반찬, 국 레시피 미리보기

완료기 이유식을 진행한 첫날 만든 전복
죽. 유아식에서도 먹이기 좋은 보양식이죠.

완료기 이유식, 유아식을 진행할 때 꿀템이라는 후리카케. 이것만 있으면 주먹밥
만들기가 너무 편해요. 반찬 없을 때 최고더라고요.

문어와 다양한 채소를 넣은 문어죽.

가끔 밥 먹기 싫어할 때는 꼬마김밥을 싸
주기도 해요.

완료기 이유식, 유아식에서 빛을 발한다는
소고기뭇국. 레시피가 생각보다 훨씬 쉬워
서 자주 만들어주었어요.

몸에 좋은 보양식 재료를 두 가지나 넣은 소고기낙지죽. 완료기 이유식, 유아식에
서도 죽을 먹일 수 있어요. 죽은 주로 아침에 먹이기 좋죠.

다른 건 몰라도 소고기는 꼭 챙겨먹여야 된다고 해서 만든 동그랑땡. 튼이가 최고로 좋아하는 반찬 중 하나예요.

레시피는 쉬운데 콩나물 다듬는 게 더 힘들었던 아기콩나물국. 밍밍하니 별 맛이 안 나서인지 튼이는 국물만 먹었네요.

가끔 시판 아기카레, 아기짜장을 먹이기도 했어요. 매일매일 하루 삼시 세 끼를 다른 메뉴로 만들어 먹인다는 건 정말 쉬운 게 아니예요. 엄마들이 매일 한다는 반찬 고민, 오늘은 뭘 먹을까 하는 고민, 이때부터 시작입니다.

반찬으로 만들어본 채소버섯무침.

완료기 이유식&유아식

아기전복죽

전복은 옛날부터 고급 식재료였어요. 그래도 요즘은 전복 가격이 꽤 많이 내렸더라고요. 전복은 단백질이 풍부하고, 비타민과 미네랄 등 우리 몸에서 가장 필요한 성분들을 함유하고 있어요. 기력 회복에도 좋아 보양식 재료로 많이 쓰이곤 하죠. 완료기 이유식이나 유아식 메뉴로도 참 좋은 재료예요.

준비물

불린 쌀 200g

육수+물=불린 쌀 대비 5배

(불린 쌀 200g이면 육수+물은 1,000ml)

전복 2마리(중 사이즈)

당근 20g

양파 40g

참기름 약간

완성량

180ml씩 3일분과 어른이 먹을 1~2회 분량

└아기 먹을 양만 만든다면:

생쌀 90g+전복 1개+당근, 양파 등 넣고 만들면,

약 200ml씩 3회분이 나와요.

아기전복죽
만들기

1_ 전복은 통째로 깨끗한 물에 잘 씻어 주세요. 껍데기와 속살을 솔로 슥삭 슥삭 깨끗이 닦아주세요.

2_ 전복은 살과 껍데기 안쪽으로 칼집을 넣어줘요. 어느 정도 분리됐을 때 숟가락을 이용해 내장과 입을 완전히 분리시켜주세요.

3_ 속살에 붙어 있는 내장과 딱딱한 입 부분을 제거해주세요.

4_ 깨끗하게 손질한 전복입니다.

5_ 손질한 전복은 적당한 크기로 잘라 줍니다.

6_ 약간의 물(50ml)을 넣고 믹서에 갈아주세요. 아직은 잘 씹지 못할 때라 갈아서 넣어요

7_ 당근, 양파, 불린 쌀, 믹서에 간 전복까지 모두 준비해요.

8_ 달궈진 냄비에 참기름을 살짝 둘러줍니다. 저는 아기용 참기름을 사용해요. 일반 참기름을 사용해도 괜찮아요. 준비한 재료를 모두 넣고 달달 볶아줍니다.

9_ 고소한 향이 올라와요. 쌀이 살짝 반투명해지려고 할 때 쯤 육수나 물을 부어줍니다. 채소 육수나 다시마 육수, 멸 치 육수, 그냥 물도 좋아요. 불린 쌀 200g 대비 5배의 양 으로 1,000ml를 부어줍니다.

10_ 센 불에서 끓이다가 확 끓어오르면 약한 불로 줄이고 10분 정도 저어가며 끓여주세요.

11_ 죽의 농도는 아기가 좋아하는 농도로 만들면 돼요. 저는 5배죽으로 했을 때 제일 적당하더라고요.

12_ 전복을 갈아 넣어서 육안으로는 그냥 채소죽 같네요. 참 기름을 넣고 볶아서인지 고소한 냄새가 나요.

TIP 1 아침에는 죽을 준비해요.

이제부터는 삼시 세 끼 이유식 해줄 때처럼 3일 혹은 4일 내내 똑같은 걸 해먹이지 않아요. 그렇다고 또 매일, 매끼 다른 메뉴를? 그것도 쉽지 않아요. 그래도 좀 쉽게 하고 싶다면, 아침 메뉴는 죽으로 해주세요. 물론 열정이 남다른 날에는 아침에 다른 메뉴를 만들어줘도 좋아요. 저는 튼이의 평소 아침 메뉴로 죽을 준비해요. 죽은 이유식 때처럼 3일 치를 만들고, 냉장, 냉동 보관해둔 다음 아침에 먹여요. '이도저도 귀찮다!' 하는 날에는 냉동실에 있는 큐브를 몽땅 꺼내서 죽을 끓여도 좋습니다. 소고기죽, 닭고기죽, 새우죽, 채소죽 등등 간단하죠.

소고기죽 = 소고기 큐브 + 채소 큐브 여러 개
닭고기죽 = 닭고기 큐브 + 채소 큐브 여러 개

TIP 2 전복은 언제부터 먹을 수 있나요?

막연하게 어패류는 무조건 돌이 지난 후에 먹이겠다고 생각해왔어요. 그런데 알고 보니 특별한 알레르기 반응이 없다면, 돌 이전에 먹여도 크게 문제되지 않았어요. 보통 생후 10개월 이후로 먹이긴 해요. 튼이 같은 경우 후기 이유식까지 진행하면서 한 번도 알레르기 반응을 보인 적이 없었어요. 그래서 생후 11개월에 처음으로 전복을 먹었답니다. 그래도 불안하다면, 돌이 지나고 먹이길 추천해요.

TIP 3 전복 내장 활용하는 법

보통 어른 전복죽에는 내장이 필수로 들어가죠. 그래야 더 고소한 맛이 나거든요. 아기 전복죽은 엄마의 선택인데요. 자칫 비려서 안 먹을까 봐 저는 빼고 만들었어요. 나중에 조금 더 크면 내장까지 넣으려고요. 따로 빼둔 내장은 놔뒀다가 나중에 활용해요. 아기용 전복죽을 끓여서 덜어낸 후에 내장을 넣고 소금 간을 해서 어른용 죽까지 끓이는 방법으로요. 한 번에 한 냄비로 아기용과 어른용 전복죽이 완성된답니다.

TIP 4 전복 손질하기 너무 힘들 때는?

전복 손질하는 게 너무 힘들다면, 인터넷으로 손질된 전복을 사서 써도 돼요. 저도 헬로네이처에서 미리 사둔 게 있긴 한데 생물로 한번 만들어본 거예요. 요즘 생선 등을 신선하게 판매하는 인터넷 사이트가 많아요. 잘 선택해서 편하게 만드는 방법을 추천해요.

완료기

문어채소죽

새로운 식재료가 등장했어요. 보양식으로 좋은 문어예요. 보통 생후 12개월, 돌이 되면서부터 아기들이 먹을 수 있는 식재료가 훨씬 더 다양해져요. 튼이는 생후 11개월에 완료기 이유식 겸 유아식을 시작하면서 다양한 식재료를 접하고 있어요. 지난 번 전복에 이어 이번엔 문어로 죽을 끓여봤는데 잘 먹더라고요.

준비물

불린 쌀 200g(생쌀 160~170g 정도)
육수+물=불린 쌀 대비 5배
(불린 쌀 200g 이면, 육수+물은 1,000ml)
문어 100g
당근 30g
양파 30g
애호박 30g
참기름 약간

완성량

180ml씩 3일분과 어른이 먹을 1~2회 분량
ㄴ아기 먹을 양만 만든다면:
생쌀 90g+문어 90g+당근, 양파 등+
육수 5배(불린 쌀 대비) 넣고 만들면 돼요.
약 200ml씩 3회분이 나와요.

문어채소죽
만들기

1_ 큰 볼에 문어를 넣고 굵은 소금을 뿌려 박박 문질러가며 씻어주세요. 머리 쪽 내장과 먹물 부분, 입을 제거해주세요. 그리고 밀가루로 한 번 더 박박 문질러가며 씻어준 다음, 물로 잘 헹궈내면 돼요.

2_ 손질이 끝난 문어는 끓는 물에 넣어 약 4~5분 정도 데쳐주세요. 어차피 죽으로 끓이는 거라 오래 데치지 않아도 된답니다.

3_ 불린 쌀 200g을 준비해요.

4_ 삶은 문어는 믹서로 갈아주세요.

5_ 아직은 아기가 잘 씹지 못하는 시기라 입자를 작게 만들었어요.

6_ 쌀, 문어, 각종 채소 큐브를 준비합니다.

7_ 달군 냄비에 소량의 참기름을 넣고 문어를 달달 볶아 주세요. 참기름은 많이 넣지 않아도 고소한 맛이 나서 좋아요. 아기 참기름을 사용했는데 어른용으로 써도 문제는 없어요.

8_ 문어가 어느 정도 볶아졌다 싶으면 불린 쌀을 넣고 더 볶아 줍니다. 타지 않을 정도로만 볶아주다가 육수를 부어줘요.

9_ 육수는 불린 쌀 대비 5배를 넣어주면 됩니다. 불린 쌀 200g에는 육수 1,000ml가 필요해요. 문어 삶은 물을 넣으면 더 맛있고요. 다시마 육수나 일반 생수도 괜찮아요.

10_ 센 불에서 저어가면서 끓이다가 확 끓어오르면, 약한 불로 줄이고 9~10분 정도 더 끓여주세요.

11_ 마지막에 농도를 확인해보고 적당할 때쯤 불을 끄면 돼요. 저는 딱 10분 정도 약한 불로 끓이니 알맞더라고요.

12_ 아기 문어죽 완성입니다. 문어로 죽 끓여보기는 처음인데, 성공했어요. 고소한 냄새가 진동을 해요. 튼이는 아직 간을 거의 하지 않기 때문에 소금은 넣지 않았어요. 간을 하는 아이라면 소금을 소량 넣어줘도 훨씬 맛있겠죠.

13_ 이유식 보관 용기에 180ml씩 3회분 담아서 보관하면 돼요.

(TIP) 문어의 효능과 손질 방법

타우린이 풍부한 문어는 그대로 삶아 숙회로 먹는 게 흔한 방법이죠. 아기들에게는 죽으로 만들어주면 영양이 풍부한 이유식이 될 수 있어요. 문어와 궁합이 좋은 식재료는 부추예요. 부추의 알리신 성분이 살균 작용과 소화 효소 분비를 촉진시켜 문어와 함께 먹으면 소화를 도와줘요. 저는 미처 준비하지 못했지만 문어죽을 끓일 때 부추를 소량 준비해도 좋을 것 같아요.

큰 볼에 문어를 넣고 굵은 소금을 뿌려 박박 문질러가며 씻어주세요. 머리 쪽 내장과 먹물 부분, 입을 제거해주세요. 그리고 밀가루로 한 번 더 박박 문질러가며 씻어준 다음 물로 잘 헹궈내면 돼요. 이 과정이 어렵고 귀찮아서 하기 싫은 게 사실이긴 해요. 저 역시 그랬지만 친정엄마가 준비해주셔서 수월하게 손질했는데요. 이게 어렵다면 시중에 판매하는 손질된 문어를 사서 쓰셔도 돼요. 인터넷몰에 보면 소량 포장해서 판매하는 곳도 많더라고요. 작은 사이즈 문어 2마리를 삶으면, 아기 죽 끓이는 데 소량 사용하고 나머지는 어른 죽에 넣거나, 숙회로 초장 찍어 먹으면 맛있어요.

알려드린 레시피(불린 쌀 200g)대로 하면, 양이 엄청 많아요. 아기 죽과 어른 죽을 같이 하려고, 일부러 양을 많이 했어요. 완성 후 아기 죽은 180ml씩 3개의 통에 나눠 담아 한 김 식힌 다음 냉장, 냉동 보관해주세요. 바로 먹일 건 냉장 보관하고, 나머지 두 개는 냉동 보관하시면 돼요. 그리고 남은 죽에 소금 간을 해서 한 번 더 끓여주면, 어른용 문어죽까지 완성됩니다.

소고기낙지죽

문어와 비슷한 식재료인 낙지. 튼이는 11개월에 먹여봤는데 죽으로 끓여주니 잘 먹었어요. 지쳐 쓰러진 소도 낙지를 먹이면 일어난다는 얘기가 있을 정도로 보양식으로 인기 만점이죠. 단백질이 풍부하고 지방이 적은 낙지는 완료기 이유식이나 유아식 재료로도 아주 좋은 식재료예요.

준비물

생쌀 200g(불린 쌀 250 정도)
낙지 삶은 물+생수=불린 쌀 대비 5배(불린 쌀
250g이면, 낙지 삶은 물+생수는 1,250ml)
소고기 60g
낙지 90g
당근 30g
양파 30g
애호박 30g
브로콜리 30g
참기름 약간

완성량

180ml씩 3일분+어른이 먹을 1~2회 분량

└아기 먹을 양만 만든다면·
　생쌀 90g(불린 쌀 120g)+낙지 90g+당근, 양
　파 등+
　육수 5배(불린 쌀 대비)를 넣고 만들면 됩니다.
　약 200ml씩 3회분이 나와요.

TIP **낙지 손질 방법 및 남은 죽 활용법**

먼저 눈알(터지지 않도록 잘라수기)과 머리를 뒤집
어 내장을 제거해줍니다. 머리는 가위로 길게 잘라
뒤집어줘도 좋아요. 굵은 소금으로 박박 문질러 준
다음, 밀가루로 한 번 더 박박 문질러주세요. 그리
고 깨끗한 물에 여러 번 씻어주면 됩니다.

소고기낙지죽
만들기

1_ 생쌀 200g을 불려줍니다. 30분 이
상 불려요. 불렸더니 250g으로 늘어
났어요.

2_ 데쳐낸 낙지는 다리 부분만 사용했
고, 90g 정도 믹서에 갈아줍니다. 이
때 소량의 낙지 삶은 물을 넣어주세
요. 30~50ml 정도면 충분합니다.

3_ 불린 쌀 250g, 소고기 60g, 낙지 90g,
양파, 당근, 애호박, 브로콜리는 30g씩
준비해주세요. 소고기는 찬물에 20분
정도 담가 핏물을 제거해주세요.

4_ 낙지 삶은 물은 350ml 정도 나왔어요.
모자란 양은 일반 생수를 부어 끓여주
면 되는데요. 낙지죽을 끓일 때 낙지
삶은 물을 넣는 게 훨씬 더 맛있었어요.

5_ 소량의 참기름을 넣고 소고기를 먼저
볶아줍니다. 이때 낙지도 함께 넣어
볶아줘도 상관없어요.

6_ 소고기가 어느 정도 익었을 때 불린
쌀을 넣고 한 번 더 볶아줍니다.

7_ 낙지 삶은 물과 생수를 부어주세
요. 불린 쌀 대비 5배의 양을 넣으
면 돼요.

8_ 센 불에서 끓이다가 어느 정도 끓
어오를 때 미리 준비해둔 낙지와
채소 큐브를 몽땅 넣어주세요.

9_ 다시 센 불로 끓여주다가 확 끓어
오르면, 약한 불로 줄이고 10분
정도 저어가며 끓여주세요.

10_ 소고기 낙지죽 완성입니다. 보
양식으로 딱 좋아요.

완료기

새우버섯죽

느타리버섯뿐만 아니라 양송이버섯, 새송이버섯 등 다른 종류의 버섯을 이용해 죽을
끓여도 좋아요. 칼슘과 타우린이 풍부하게 들어 있는 새우는 아이들의 성장 발육에
효과적이랍니다. 버섯과 함께 끓여낸 새우죽은 간편해서 아침 메뉴로 먹이기 좋아요.

준비물

새우 50g
양파 40g
애호박 40g
느타리버섯(또는 다른 버섯) 40g
멸치다시마 육수 250ml
밥 80g

완성량

260ml

1_ 새우버섯죽에 필요한 재료입니다.

2_ 냉동 손질 새우는 찬물에 30분 정도 담가서 해동해주세요.

새우버섯죽
만들기

3_ 해동한 새우는 찬물에 한 번 씻은 후에 아기가 먹기 좋은 크기로 잘라 주세요.

4_ 느타리버섯, 양파, 애호박은 잘게 다져주세요.

5_ 달군 팬에 다진 채소와 참기름을 넣고 달달 볶아주세요.

6_ 채소가 어느 정도 익었을 때, 새우를 넣어 함께 볶아주세요.

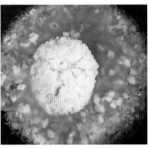

7_ 새우가 어느 정도 익었을 때, 밥 80g과 멸치다시마 육수 250ml를 넣어 끓여주세요.

8_ 약한 불에서 5~7분 정도 저어가며 푹 끓여주면 완성입니다.

완료기

검은콩
퀴노아바나나죽

건강에 좋은 검은콩, 퀴노아 그리고 달달한 맛을 내는 바나나까지 들어간 영양만점 죽을 만들어보았어요. 퀴노아는 특히 어린이와 성인에게 모두 필요한 필수아미노산 8종이 골고루 들어 있어요. 바나나는 당질이 풍부하고, 소화 흡수가 빠르며 섬유질인 펙틴이 많아 변비 예방에 도움을 줘요.

준비물

중기(조각) 쌀가루 30g

검은콩가루 15g(1스푼)

퀴노아가루 15g(1스푼)

바나나 30g

물 300ml

└불린 쌀로 만들 때: 불린 쌀 60g, 물 300ml

(TIP) **잘 익은 바나나가 좋아요.**

바나나는 되도록 유기농을 먹이세요. 수입 바나나의 방부제가 염려된다면 농약이 잔류할 수 있는 양쪽 끝을 잘라내고 가운데 부분만 사용하세요. 덜 익은 바나나에는 떫은맛을 내는 탄닌이 많아 소화 불량이나 변비에 걸릴 수 있어요. 그러므로 약간 갈색 점이 있고 적당히 익은 것을 선택해주세요.

1_ 검은콩퀴노아바나나죽에 필요한 재료입니다.

2_ 냄비에 찬물 300ml를 붓고 중기 쌀가루 30g을 넣어주세요.

3_ 바나나는 포크로 으깨서 준비합니다.

4_ 냄비에 검은콩가루 15g(1스푼), 퀴노아가루 15g(1스푼)을 넣어주세요.

 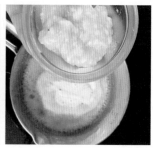

5_ 센 불에서 끓여주세요.

6_ 센 불에서 끓이다가 확 끓어오르면 으깬 바나나를 넣고, 약한 불로 줄이고 5~7분 저어가며 끓여주면 완성이에요.

|**검은콩과 퀴노아의 효능**| 검은콩은 안토시아닌 색소를 많이 함유하고 있어 건강에 좋은 슈퍼푸드로 각광받고 있죠. 또한 잉카언어로 '곡물의 어머니'라는 뜻을 지닌 퀴노아는 쌀보다 2배 이상의 단백질이 함유된 고단백 곡류로 건강식에 다양하게 활용된답니다. 검은콩과 퀴노아는 시중에 가루로 된 제품을 판매중이니, 간편하게 활용 가능해요.

소고기뭇국

소고기무국이 아니라 소고기뭇국이 바른말이라고 하네요. 완료기 이유식, 유아식에서 활용 가능한 아기 국을 소개합니다. 정말 쉬워서 집에 있는 큐브를 활용해도 좋아요. 저는 무를 바로 손질해서 넣긴 했는데, 급하다면 냉동 보관해둔 소고기 큐브 60g과 무 큐브 60g으로도 활용 가능합니다.

준비물

소고기(안심, 우둔살 등 이유식용) 60g
무 60g
소고기 육수 또는 물 500ml
참기름 1스푼
아기 간장 1/2스푼(선택사항)

완성량

2~3일분

1_ 무 60g을 준비해요.

2_ 참기름 1스푼, 소고기 60g, 아기 간장 반 스푼, 무 60g, 물 또는 육수 500ml를 준비합니다. 이때 무는 최대한 잘게 다져주세요. 특히 아기가 잘 씹지 못한다면 더 작은 크기로요. 대신 잘 씹어 먹는 아기라면 입자 크기를 조금 크게 줘도 됩니다.

TIP **정말 쉽고 간단한 아기 국입니다.**

준비된 재료가 없더라도 냉동 보관해둔 소고기 큐브나 무 큐브를 활용해 만들 수 있어서 더욱 간단한 메뉴예요. 쉬운 아기 국 종류가 여러 개 있는데, 그중 하나입니다. 간을 하지 않는다면 이대로 만들면 되고, 간을 하는 아기라면 소금을 소량 넣으면 되고요. 이 레시피대로 만들면 대략 2~3일 정도 먹일 수 있는 양이 만들어져요. 이유식 용기에 넣어 냉장 보관했다가 3일 내로 다 먹여요. 오래 두면 상하니까요. 그마저도 신경 쓰인다면 냉동 보관하는 것도 좋은 방법이겠죠. 10분 내로 휘리릭 만들 수 있는 아기 국이니 한번 만들어보세요.

3_ 달군 냄비에 참기름 1스푼을 두르고 소고기를 달달 볶아줍니다.

4_ 소고기가 거의 익어갈 때쯤 다진 무를 넣고 2~3분 정도 다시 볶아주세요.

5_ 후다닥 볶은 다음 소고기 육수나 물을 500ml 부어줍니다.

6_ 센 불에서 끓이다가 끓어오르면 중간 약불로 줄이고 5~7분 정도 더 끓여주세요. 이때 아기 간장을 반 스푼 정도 첨가해주세요. 소량 넣어주면 조금 더 맛있어요. 간을 하는 아기들이라면 소금을 아주 소량 넣어도 돼요.

7_ 초간단 아기 소고기뭇국 완성입니다. 진짜 쉽죠.

아기 콩나물국

콩나물은 아삭한 식감으로 무쳐먹거나 국을 끓여 먹기 좋은 식재료예요. 튼이는 후기 이유식 때 처음 먹어본 재료고요. 아기 콩나물국을 끓인다기보다는 어른이 함께 먹을 양만큼 많이 끓여서 최종적으로 간을 하기 전에, 미리 아기 먹을 것만 퍼서 담아두고 먹여도 돼요.

준비물

콩나물 40g
다시마 육수 or 멸치 육수 300ml
다진 쪽파 소량
소금 간은 선택

완성량

90ml씩 3일분

1_ 콩나물을 깨끗한 물에 씻어준 뒤 손 질해줍니다.

2_ 콩나물은 머리와 꼬리 부분을 떼어낸 후 40g을 계량했어요.

> **TIP 1 국산콩 콩나물을 선택해요.**
> 저 같은 경우 콩나물을 고를 때 '국산콩' 100% 콩나물을 사요. 무심코 아무거나 집어올 수 있는데 아기한테 먹이는 것이다 보니 이왕이면 국산콩으로 골라요. 한 봉지에 꽤 많은 양이 들어 있는데요. 아기 콩나물국을 끓인 후 남은 건 어른 콩나물국으로 활용하거나 살짝 데쳐 콩나물무침을 만들어 먹으면 좋아요. 아기 식성에 맞춰서 콩나물 길이를 조절해 자르고, 너무 싱거워서 우리 아기는 안 먹을 것 같다면, 소금을 넣어 간을 맞춰도 좋아요.

3_ 콩나물은 아기가 씹거나, 삼킬 수 있을 정도로 작게 잘라주세요. 대략 1cm 정도 길이로 잘랐어요.

4_ 다시마 육수나 멸치 육수 300ml에 콩나물을 넣어요.

5_ 센 불로 끓여줍니다. 냄비 뚜껑은 계속 열고 끓여요. 그래야 비린내가 안 나요. 확 끓어오르면 중간 약불로 줄이고 4~5분 정도 더 끓여주세요. 콩나물의 아삭한 식감이 처음인 아기들은 잘 안 먹을 수 있으니, 푹 끓여주세요.

6_ 불 끄기 직전에 다진 쪽파 소량을 넣어줍니다.

7_ 콩나물국 완성입니다.

닭고기 시금치된장국

닭고기와 시금치는 궁합이 좋아요. 된장을 조금 넣고 국으로 끓이면 아기들에게 먹이기 좋은 국 메뉴가 완성됩니다. 아기 식성에 따라 다르지만, 보통 2~3일 정도 먹일 수 있어요.

준비물

닭안심 50g
시금치(잎 부분만) 20g
아기 된장 1/2 티스푼
다시마 육수 or 닭고기 육수 300ml

└ 일반 된장을 사용하려면 저염 된장을 추천해요.
　저염 된장이 아니라면 아주 소량만 넣어야
　짜지 않으니 참고하세요.

완성량

90ml씩 3일분

1_ 닭가슴살과 달리 닭안심을 사용할 때는 미리 손질하는 과정이 필요해요. 먼저 흰색 막을 제거해주세요. 손으로 살살 뜯어내면 쉽게 분리돼요.

2_ 힘줄을 제거해주세요. 안심과 연결된 부분을 칼로 살짝 잘라 쓱 밀어주면서 제거하면 돼요. 닭가슴살보다는 닭안심이 조금 더 부드러운 부위라 아이 이유식이나 반찬으로 활용하기 좋아요.

닭고기
시금치된장국
만들기

3_ 손질한 닭안심은 20분 정도 우유나 분유에 재워 잡냄새를 제거하고 깨끗한 물에 잘 씻어줍니다.

4_ 닭안심은 아기가 먹을 수 있는 크기로 잘게 다져줍니다. 시금치는 잎 부분만 20g을 준비해 다져주세요. 아기 된장을 사용했는데 확실히 일반 된장보다는 덜 짜요. 1/2티스푼 정도 넣으면 적당해요. 간을 하는 아기라면 된장의 양을 조금 더 늘려주세요.

5_ 닭고기 육수나 다시마 육수 300ml에 다진 닭안심 50g을 넣고 센 불에서 끓여주세요. 육수가 없다면 일반 생수도 가능해요.

6_ 확 끓어오르면 다진 시금치 20g을 넣어줍니다.

7_ 작은 거름망을 이용해 된장을 풀어주세요.

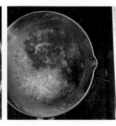

8_ 중간 약불로 줄여 4~5분 정도 더 끓여주세요.

9_ 생각보다 간단한 아기 국 완성입니다.

완료기

recipe 125

달걀국

진짜 쉬운 달걀국입니다. 집에 달걀만 있다면 채소를 넣지 않고 만들어도 좋아요. 멸치 다시마 육수 팔팔 끓여서 달걀 넣고 끓여도 맛있어요. 우리 아가들 국 뭐 해주지 고민될 때 추천하는 간단한 국입니다.

준비물

달걀 1개
당근 20g
양파 20g
다진 쪽파 약간
소금 약간
다시마 육수 or 멸치 육수 300ml

└저는 아기 소금을 소량 사용했어요.
　간을 하지 않는 아기라면 소금을 넣지 않고
　만들면 돼요.

완성량

90ml씩 3일분

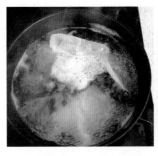 

1_ 육수는 미리 끓여서 냉장 보관해두고 사용하면 편해요. 없는 경우 냄비에 소량만 끓여서 바로 사용해도 됩니다. 냄비에 다시마, 국물용 멸치 3~4개를 넣고 센 불로 끓여주세요. 끓어오르면 3분 후에 디시미를 건져낸 후에 약힌 불로 줄이고 10분 정도 더 끓입니다. 그 후에 멸치도 건져냅니다.

2_ 채소는 당근, 양파 등을 활용하면 돼요. 소량만 넣을 거라 자투리 채소를 활용하면 딱 좋아요.

 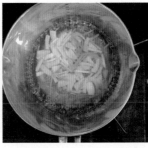 

3_ 쪽파는 조금만 다져서 준비하고, 당근과 양파는 작게 채 썰어주세요. 약 1~1.5cm 길이로 썰어주면 좋아요.

4_ 멸치 다시마 육수 300ml를 냄비에 붓고 당근과 양파를 넣어 센 불로 끓여주세요. 당근이 익을 때까지 팔팔 끓여주세요.

5_ 채소들이 어느 정도 익었을 때, 풀어 둔 달걀 1개를 휘휘 돌려가며 넣어줍니다.

 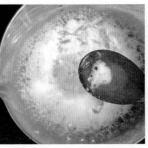 

6_ 30초~1분 정도 달걀이 익을 때까지 젓지 말고 그대로 두세요. 익기 전에 저으면 국물이 걸쭉하고 탁해져요.

7_ 달걀을 넣은 후 올라오는 흰 거품은 대충 걷어낸 다음 약간의 소금을 넣어줍니다.

8_ 마지막으로 다진 쪽파를 넣어주면 완성입니다.

완료기

배추들깻국

고소한 맛을 더해주는 들깨는 참깨보다 50배가 넘는 오메가3를 함유하고 있어요. 배추와 함께 넣고 국을 끓이면 고소하고 건강에도 좋은 배추들깻국을 아기에게 맛보일 수 있어요. 튼이는 이번에도 한 그릇 뚝딱 맛있게 먹었어요.

준비물

배추(잎 부분) 15g

들깻가루 1/3스푼(기호에 따라 가감)

다진 파 약간

육수 재료

다시마 1장

건새우 1스푼

물 300ml

1_ 배추들깻국에 필요한 재료입니다.

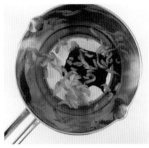

2_ 냄비에 다시마, 건새우, 물을 넣고 센 불에서 끓여주세요. 끓어오르면 3분 후 다시마를 건져내고 약한 불로 줄여 10분 정도 더 끓인 후 새우도 건져 냅니다.

3_ 배추는 부드러운 잎 부분만 사용해서 아이가 먹을 수 있는 크기로 잘게 다져주세요.

4_ 쪽파를 사용해도 되고, 대파를 사용한다면 잘게 다져주세요.

5_ 국물에 배추, 파를 넣고 센 불에서 끓이다가 확 끓어오르면, 중간 불로 줄이고 3~4분간 더 끓여주세요.

6_ 들깻가루 1/3스푼을 넣고 1~2분 정도 끓여주면 완성입니다.

|배추 효능|　배추는 수분 함량이 높아서 이뇨 작용을 원활하게 해줘요. 식이섬유도 많이 함유되어 있어서 장의 활동을 촉진시켜 변비 예방에도 효과적인 식재료예요. 또한 칼슘, 칼륨, 인 등의 무기질과 비타민 C가 풍부해 감기 예방에도 좋습니다. 배추의 비타민 C는 열이나 나트륨에 의한 손실률이 낮기 때문에 배추로 국을 끓여도 비타민 C를 그대로 섭취할 수 있어요.

오이미역냉국

오이와 미역을 이용해 냉국을 만들어보았어요. 입맛이 없을 때 먹기 좋아요. 식초는 소량 들어가지만 합성첨가물이 없는 식초를 사용하는 게 좋아요. 아기들 입맛 없을 때 한 번씩 시도해보세요.

준비물

불린 미역 10g(말린 미역 2~3g)

오이 10g

식초 한 방울

통깨 약간

육수 재료

다시마 1장

건새우 1스푼

물 300ml

완성량

220ml

1_ 오이미역냉국에 필요한 재료입니다

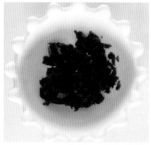

2_ 말린 미역은 2g 정도 소량을 잘라내 15분 이상 찬물에 담가서 충분히 불려주세요.

(TIP) 오이 손질법

오이는 꼭지 부분은 쓴맛이 강하고, 끝부분에 농약이 몰려 있을 수 있으므로 제거 후 사용해주세요.

3_ 오이는 껍질과 씨를 제거하고 아기가 먹을 수 있는 한입 크기로 작게 다져서 준비해주세요.

4_ 냄비에 다시마, 건새우, 물을 넣고 센 불에서 끓여주세요.

5_ 끓어오르면 3분 후 다시마를 건져내고 약한 불로 줄이고, 10분 정도 더 끓인 후 새우도 건져냅니다. 국물은 그릇에 담아 식혀주세요.

6_ 불린 미역은 줄기를 제거하고 끓는 물에 넣어 중간 불에서 4분간 데쳐주세요.

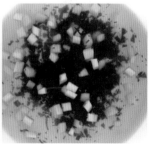

7_ 국물이 차게 식으면, 그릇에 미역, 오이, 식초 한 방울을 넣고 통깨를 뿌려주면 완성입니다.

|오이와 미역의 효능| 오이는 95%가 수분으로 구성되어 있어 시원한 맛이 특징인 식재료예요. 풍부한 수분과 칼륨이 갈증 해소를 돕고 체내 노폐물을 배출해줍니다. 비타민 C가 함유되어 있어 피부 건강과 피로 해소에 좋아요. 미역은 칼슘이 풍부해 뼈를 튼튼하게 해준답니다.

완료기

채소된장국

아기 된장을 사용해 각종 채소를 넣고 국을 끓여보았어요. 아기 된장이 없다면 시판 저염된장도 사용 가능해요. 기호에 맞게 양을 조절해서 소량만 넣고 끓여도 맛있어요. 채소는 애호박, 양파, 버섯 등 냉장고 속 자투리 채소를 활용해도 좋아요.

준비물

아기 된장 10g
쌀뜨물 300ml
두부 20g
애호박 15g
파프리카 15g
양파 15g

완성량

250ml

1_ 채소된장국에 필요한 재료입니다.

2_ 아기 된장은 거름망에 올려 쌀뜨물에 넣고 스푼을 이용해 질 풀어줍니다.

3_ 아기 된장을 푼 쌀뜨물은 냄비에 담고 잘게 다진 채소(애호박, 파프리카, 양파)를 넣어주세요.

4_ 센 불에서 끓이다가 끓기 시작하면 2분 간 더 끓여주세요.

5_ 중간 약불로 줄여 한입 크기로 깍뚝 썰기한 두부를 넣고 2분 더 끓여주면 완성입니다.

375

감자달걀국

감자는 국을 끓여 먹기에도 좋은 식재료인데요. 달걀을 함께 넣으면 영양만점 아기 국을 만들 수 있어요. 간편하게 만들 수 있는 아기 국 메뉴 중 하나입니다.

준비물

감자 30g
달걀 1/2개(1개를 다 넣으면 너무 많아요.)
양파 10g
다진 대파 약간
소금 약간
└ 남은 달걀은 달군 팬에 부쳐서 반찬으로 활용하
  세요.

육수 재료

다시마 1장
건새우 1스푼
물 300ml

완성량

220ml

1_ 감자달걀국에 필요한 재료입니다.

2_ 감자는 얇게 잘라 네모 모양으로 썰어 주세요.

3_ 양파는 1.5cm 길이로 채 썰어주세요.

4_ 쪽파나 대파는 잘게 다져주세요.

5_ 냄비에 다시마, 건새우, 물을 넣고 센 불에서 끓여주세요. 끓어오르면 3분 후 다시마를 건져내고 약한 불로 줄여 10분 정도 더 끓인 후 새우도 건져냅니다.

6_ 국물에 감자, 양파를 넣고 센 불에서 감자가 푹 익을 때까지 끓여주세요. 약 4분 정도면 돼요.

7_ 풀어둔 달걀은 1/2개만 사용해요. 냄비에 빙 두르면서 넣고, 1분간 그대로 둡니다. 휘저으면 국물이 탁해지고, 텁텁해져요.

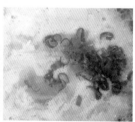

8_ 다진 파와 소금을 넣고 한소끔 더 끓이면 완성입니다. 간을 하지 않는 아기라면 소금을 넣지 않아도 돼요.

|**감자 효능**| 감자는 사과보다 3배나 많은 비타민 C를 함유하고 있어서 철분이 잘 흡수되게 도와 빈혈 예방에 효과적이에요. 더구나 감자의 비타민 C는 전분에 의해 보호되어 가열에 의한 손실이 적으므로 다양하게 조리해도 충분한 영양 섭취가 가능합니다.

후리카케

후리카케는 일본어로 밥에 '뿌려 먹는다'는 뜻에서 붙여진 이름이에요. 밥이나 죽 위에 뿌려먹기 위해 가루로 만든 식품이랍니다. 어분(생선을 말려 빻은 가루), 참깨, 김, 소금 등을 섞고 재료에 맛을 들여 건조시킨 가루를 의미해요.

준비물

양파(중) 1~2개
새송이버섯 2개
브로콜리 1개
단호박 1/3~1/4통
당근 1개
멸치 25g
김 2~3장
가쓰오부시 조금

1_ 다양한 채소를 준비해주세요. 집에 있 는 것을 최대한 활용하고, 취향대로 넣 으면 돼요.

2_ 브로콜리는 꽃 부분만 작게 잘라내줍 니다.

3_ 깨끗한 물에 베이킹소다를 약간 넣은 후 10분 정도 담가주세요.

4_ 당근은 편썰기를 하는데 얇은 두께 로 모두 비슷하게 썰어주세요.

5_ 버섯도 당근처럼 편썰기를 해주 세요. 그래야 건조 시간이 오래 걸리지 않아요.

6_ 양파와 버섯을 찜기에 올려 쪄줍 니다.

7_ 당근과 단호박도 찜기에 올려 쪄 줍니다. 단호박은 손질된 걸 사와 서 바로 쪘는데요. 통으로 된 단 호박이라면 잘라서 씨를 파낸 후 사진처럼 얇게 썰어서 준비해요.

8_ 브로콜리도 찜기에 올려 쪄줍니 다. 보통 15~20분 정도 찌면 다 익어요.

9_ 쪄낸 모든 채소를 건조기 채반 위에 올려주세요. 버섯과 당근은 살짝 겹친 채로 올려야 건조가 끝난 후에 떼어내기 쉬워요.

10_ 양파와 단호박도 건조기에 골고 루 펴서 건조시켜주세요.

11_ 건조기를 돌리면 되는데요. 건조기마다 기능이 조금씩 달라요. 저는 70도로 설정하고 건조시켰어요. 사용설명서에 채소는 그보다 더 낮은 온도로 하라는데, 그랬다가는 하루가 지나도 안 마를 것 같아서요. 3시간 설정인데 조금 더 오래 걸렸어요. 중간중간 열어서 얼마나 건조됐는지 확인하고 바싹 마를 때까지 계속 건조시켜주세요. 이때 수분감이 없이 바삭거릴 정도로 건조시키는 게 포인트입니다. 양파 건조가 제일 오래 걸렸어요.

12_ 채소마다 건조 시간이 달라요. 양파가 제일 오래 걸렸고, 브로콜리가 제일 먼저 완료되었어요. 특히 양파는 오래 건조시켜야 바삭해지고 잘 갈려요.

13_ 멸치는 25g 정도 넣었는데요. 아기 반찬용 작은 멸치를 사용했어요.

14_ 물에 10분 정도 담가 짠기를 살짝 제거해줍니다.

15_ 달군 팬에 달달 볶아주세요. 수분감이 날아가고 바싹 마를 때까지요. 노릇노릇해지면서 바싹 마른 게 보이면, 불을 꺼주세요. 김과 가쓰오부시도 달군 팬에 넣고 조금 구워주면 돼요. 재료 준비 완료입니다.

16_ 위쪽부터 시계 방향으로 양파, 단호박, 당근, 브로콜리, 가쓰오부시, 멸치, 새송이버섯 그리고 김까지. 건조 후 모든 재료가 준비되면, 이제 믹서에 윙윙 갈아주기만 하면 돼요.

17_ 재료를 하나씩 넣고 입자가 고운 가루가 될 때까지 갈아주세요. 최대한 곱게 갈아주는 게 중요해요.

18_ 재료별로 하나씩 갈아준 모습이에요. 색깔이 너무 예쁘지 않나요. 왠지 모르게 뿌듯하네요. 김은 봉지에 넣고 손으로 조물조물 부숴서 준비하면 돼요.

380

19_ 가루들을 모두 모아 섞어주면 후리카케 완성입니다. 모두 섞어주면 이런 모습이에요. 자세히 보면 입자 크기가 꽤 크다고 느껴지는 게 몇 개 있어요. 최대한 곱게 갈아낸다고 했지만 덜 갈린 게 조금씩 있더라고요. 만약 아기에게 처음 먹이는 거라 입자 크기 때문에 고민이라면, 거름망에 한 번 걸러주는 것도 좋은 방법입니다.

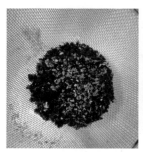

20_ 거르다 보니 김이 너무 많이 걸러져서요. 마지막에 김가루 섞기 전, 거름망으로 걸러주는 걸 추천합니다.

21_ 거름망에 걸러서 고운 가루가 된 후리카케입니다. 아기 먹이기에도 딱 적당해요. 최종 완성량은 70g 정도 나왔는데 정말 오래 먹었어요. 양이 꽤 많으니 밀폐용기에 담아 냉동 보관해주세요. 최대 6개월까지도 사용 가능합니다.

22_ 완성된 후리카케는 튼이 밥상에서 아주 큰 역할을 해주었어요. 밥 위에 솔솔 뿌려주면 맛있게 먹었어요. 게다가 주먹밥 만들 때 특별한 재료가 없어도 후리카케만으로 가능하더라고요. 죽을 끓이거나 볶음밥을 만들 때 한 스푼씩 넣어도 맛있고요.

23_ 반찬이 없을 때는 밥에 후리카케를 뿌려서 참기름과 간장 약간 넣고 비벼주면 꿀맛이에요.

TIP 1 만능 재료, 후리카케를 만들어봐요.

후리카케는 우리 어릴 때 밥에 비벼먹던 기루와 비슷한 제품 종류예요. 그런 후리카케를 손수 만들 수 있답니다. 물론 건조하고, 분쇄하고 하는 과정에서 정성과 시간이 들어가긴 해요. 그래도 튼이 유아식을 진행하면서 후리카케는 꼭 한 번 만들어보고 싶었거든요. 아기 반찬이 고민된다 할 때 후리카케 하나면 후다닥 아기밥을 만들 수 있겠어서요. 아기 유아식으로도 좋지만, 가족 모두가 먹을 수 있는 후리카케, 꼭 한번 만들어보세요. 과정이 번거롭고 시간이 조금 걸리더라도 직접 만든 홈메이드 후리카케는 정말 꿀맛입니ㅣ다. 특히 집에 식품건조기가 놀고 있다면 강력 추천합니다.

TIP 2 후리카케 만들 때 식품건조기의 유무

후리카케는 기본적으로 재료들을 바싹 건조시킨 후 갈아야 돼요. 그렇기 때문에 식품건조기가 있으면 훨씬 편하긴 합니다. 하지만 없다고 해도 괜찮아요. 프라이팬에 재료들을 하나씩 볶아내면 되니까요. 이때 수분감을 모두 날려버리겠다고 생각하고 바싹 볶아주면 돼요.

TIP 3 재료는 찌거나 데치거나

찌는 방법 외에는 끓는 물에 데쳐주는 방법이 있어요. 이때 빠르게 데쳐내려면 냄비 2개를 준비하세요. 큰 냄비에 물을 계속 끓이는 상태로 두고 작은 냄비에 조금씩 물을 옮겨 담아 재료들을 데쳐내면 빨라요.

동그랑땡

고기 완자

튼이가 돌 이후로 해준 반찬 중에 가장 맛있게 먹었던 동그랑땡 레시피를 알려드려요. 소고기로만 만드는 것보다 돼지고기를 섞어서 만드는 게 훨씬 부드럽고 맛있어요. 조금 번거롭긴 해도 만들어두면 밥도둑이 되는 동그랑땡입니다.

준비물

다진 소고기 100g
다진 돼지고기 100g
두부 200g
달걀 1개
밀가루 2스푼
새송이버섯 60g
양파 60g
당근 30g

1_ 마트에서 파는 다진 소고기, 다진 돼지고기를 사오면 되는데요. 각각 100g씩 사용했어요.

2_ 소고기와 돼지고기를 반반씩 섞어서 만들면 조금 더 부드럽고 맛있어요. 아직 돼지고기를 먹이지 않은 아기라 걱정된다면, 소고기로만 만들어도 충분해요.

동그랑땡 만들기

3_ 채소는 냉장고에 있는 자투리 채소를 활용하면 좋아요. 새송이버섯, 양파는 60g씩, 당근은 30g을 준비했어요.

4_ 두부는 200g 정도 넣었는데요. 두부의 양을 조금 더 늘려도 좋아요. 두부가 많이 들어가야 부드럽고 더 맛있더라고요.

5_ 두부는 팔팔 끓는 물에 살짝 데쳐줍니다. 두부는 사용하기 전 물에 살짝 데친 후 사용하는 게 좋아요.

6_ 데친 두부는 거름망에 밭쳐 물기를 제거해줍니다.

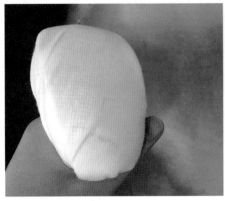

7_ 면포에 두부를 넣고 꽉 짜주세요. 물기가 거의 없을 정도 까지 꽉 짜줘야 됩니다.

8_ 다진 소고기 100g, 다진 돼지고기 100g, 두부 200g, 달 걀 1개, 밀가루 2스푼, 다진 새송이버섯 60g, 다진 당근 30g, 다진 양파 60g을 준비해요. 소고기는 찬물에 20분 정도 담가 핏물을 제거하고 사용하세요.

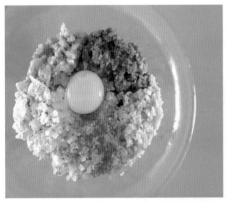

9_ 큰 볼에 모든 재료를 넣어줍니다. 이외에 다른 버섯 종류 나 애호박, 파프리카 등등 다양한 채소를 넣어 만들어도 좋아요.

10_ 비닐장갑을 끼고 조물조물 잘 으깨면서 반죽해주세요. 많이 치대면서 반죽해줘야 좋아요.

11_ 어느 정도 섞였다 싶을 때 밀가루를 넣어주세요. 밀가루 는 넣어도 되고, 안 넣어도 되는데요. 점성이 생기려면 밀가루를 약간 넣는 게 좋아요.

12_ 조물조물 꽤 오랫동안 치대면서 반죽하면 완성입니다.

13_ 이제 예쁘게 빚어줄 차례입니다. 이 과정이 번거롭다면 그냥 작은 스푼으로 떠서 팬에 바로 올려 구워줘도 좋아요.

14_ 혼신의 힘을 다해 동글동글 예쁘게 만들어봤어요. 동글게 만들 때 중앙 부분은 오목하게 만들어주는 게 포인트입니다. 그래야 익힐 때 골고루 잘 익고 시간이 오래 걸리지 않아요.

15_ 유아식을 할 때 사용하는 기름은 포도씨유를 사용해요. 달군 팬에 포도씨유를 적당량 두른 후 동그랑땡을 앞뒤로 뒤집어가며 노릇노릇하게 구워줍니다. 쉽게 탈 수 있으니 약한 불로 잘 구워줘야 돼요. 달걀 물을 묻혀 구워도 맛있어요.

16_ 튼이는 정말 잘 먹더라고요. 진짜 밥 도둑 인정! 제일 처음 동그랑땡을 만들어줄 땐 소금 간을 전혀 하지 않았어요. 그래도 충분히 잘 먹더라고요. 소금 간을 조금 하는 아이라면 반죽할 때 소금을 조금 넣어주세요.

TIP 1 **남은 반죽 보관법**

김밥 말듯이, 소시지처럼 보관하면 좋아요. 랩에 길고 동그랗게 모양을 잡아 돌돌 말아준 뒤 냉동 보관해요. 제가 사용한 제품은 글래드 브랜드예요. 이때 종이포일로 감싸고 겉에 랩을 씌워서 비닐팩으로 밀봉해도 좋아요. 냉동 보관해둔 반죽은 일주일 내로, 길이도 2주 안에 섭취하는 게 좋고요. 먹을 때는 미리 실온에 잠깐 꺼내두었다가 살짝 녹았을 때, 칼로 김밥 자르듯이 썰어서 구워주면 돼요.

사실 유아 반찬으로 만들긴 했지만, 여기서 반죽을 나눠 최종적으로 소금 간을 조금 더 해주면, 어른 반찬으로도 아주 좋아요. 채소는 아기가 잘 먹을 수 있는 크기로 다져주면 돼요. 칼로 다지는 것보다는 다지기를 추천합니다. 다지기를 사용할 때는 버섯, 양파, 당근 모두 다 넣고 한 번에 다지는 게 편해요.

TIP 2 **알레르기 반응 때문에 재료 고민이라면?**

돌 이후 새롭게 접하는 식재료가 늘어납니다. 이때 고민되는 게 바로 알레르기 반응이죠. 이유식 할 때와 마찬가지로 새로운 재료는 한 번에 한 가지씩 첨가하는 게 좋아요. 동그랑땡 재료 중 알레르기 반응이 일어날 수 있는 재료는 돼지고기, 두부, 달걀, 밀가루, 이 정도인데요. 사실 이 재료들은 넣지 않고 만들어도 가능해요. 제일 주의할 부분은 아이에게 맞춰주는 것이죠. 돼지고기를 아직 안 먹여봐서 고민이라면, 소고기로만 만들어도 충분히 맛있어요. 달걀노른자는 먹여봤는데 흰자는 알레르기 반응이 생길까 봐 걱정이라면, 달걀노른자만 넣고 반죽해주세요. 밀가루는 조금 더 늦게 먹이고 싶다면, 밀가루를 넣지 않고 만들어도 가능해요. 중요한 건 아이의 상태, 알레르기 식재료, 입맛을 고려해 만들어주면 된다는 점이에요.

닭고기완자

마트에 가면 닭안심이나 닭가슴살만 들어 있는 게 있죠. 보통 한 팩에 500g씩 포장되어 있는데요. 한 팩 사 오면 할 수 있는 메뉴가 엄청 많아요. 닭고기 볶음밥, 닭고기를 넣은 아기 국, 닭죽 등등. 그 중에서 튼이가 가장 좋아하는 닭고기 메뉴인 완자 만드는 법을 알려드리려고요. 참 쉬운데 맛도 좋아요.

준비물

닭안심 100g
애호박 30g
새송이버섯 30g
양파 30g
당근 15g

└ 밀가루나 전분가루를 넣어도 되는데요.
 이번에는 닭고기와 채소로만 만들었어요.
 간을 하는 아이라면 간장이나 소금을
 기호에 맞게 넣어주세요.

1_ 닭안심은 우유나 분유 물에 20분 정도 담가 잡냄새를 제거해주세요.

2_ 잡냄새를 제거한 닭안심은 흰 막과 힘줄을 제거해주세요.

닭고기완자
만들기

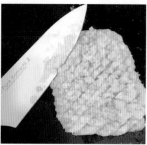

3_ 손질이 끝난 닭안심은 깨끗한 물에 다시 세척해주세요. 닭가슴살보다 닭안심이 조금 더 부드러운 편이에요.

4_ 닭안심 100g은 잘게 다져줍니다. 칼로 탕탕탕 치듯이 다져주면 쉽게 다져져요.

5_ 채소는 30g 정도씩 준비하면 되는데요. 냉장고 속에 자투리 채소를 활용해도 좋아요.

6_ 다진 닭안심 100g, 양파, 애호박, 새송이버섯은 30g씩, 당근은 15g 준비해요.

7_ 모든 재료를 큰 볼에 넣고 치대면서 반죽해주세요.

8_ 이때 밀가루나 전분가루를 첨가해도 괜찮아요. 저는 닭고기와 채소로만 반죽했어요.

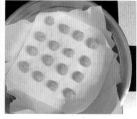

9_ 밀가루나 전분가루를 넣지 않아 동그랗게 빚는 게 쉽지는 않아요. 빚는 과정이 번거롭거나 모양이 나오지 않으면, 작은 티스푼으로 떠서 찜기 위에 올려주세요.

10_ 찜기에 종이포일을 깔고 닭고기 완자를 올려주세요.

11_ 센 불에서 5분, 중간 약불로 10~15분 정도 쪄주세요. 오래 찌면 푹 익어서 덜 서걱거려요. 닭고기 완자가 흰색으로 바뀌면 다 익은 거예요.

12_ 간을 하나도 안 했는데, 꽤 맛있었어요. 여기에 간을 한다면 아마 더 맛있겠죠. 핑거푸드로도 좋아요.

새송이버섯
채소무침

새송이버섯채소무침은 자투리 채소만 있으면 만들 수 있어요. 어릴 때부터 채소를 골고루 먹여야 나중에 커도 편식을 하지 않는다고 해요. 물론 가끔은 채소 반찬을 먹다가 뱉어내기도 하지만, 꾸준히 조금씩 먹이다 보면 튼이도 편식하지 않는 아이가 되지 않을까요. 우리 아이들에게 채소를 골고루 먹이는 부모가 되기로 해요.

준비물

새송이버섯 20g
당근 10g
브로콜리(꽃 부분만) 10g
물 400ml
아기 참기름 약간
아기 소금 약간
통깨 약간
└ 참기름, 소금은 아기 기호에 맞게 넣어주세요.
　간을 하지 않는 아기라면 참기름만 넣어도 좋아요.

완성량

2~3회 분량

1_ 새송이버섯과 당근, 브로콜리를 준비 해주세요. 새송이버섯 대신 팽이버섯 이나 느타리버섯 등 다른 버섯을 이 용해도 좋아요. 당근과 브로콜리 대 신 애호박, 파프리카 등등 집에 있는 자투리 채소는 무엇이든 가능해요.

2_ 아기가 먹을 수 있는 입자 크기로 잘 라주세요. 1~1.5cm 길이로 채 썰었 어요. 특히 잘 익지 않는 당근은 조금 더 얇게 채 썰면 좋아요. 브로콜리는 꽃 부분만 잘라 채 썰어요.

새송이버섯
채소무침
만들기

3_ 물 400ml 를 센 불에서 팔팔 끓여주 세요. 물이 끓으면 새송이버섯을 먼 저 넣어 데쳐줍니다.

4_ 3분 정도 데친 새송이버섯은 거름망 으로 건져내주세요.

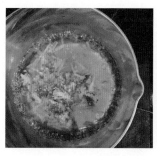  

5_ 버섯을 건져낸 후 당근과 브로콜리를 넣어 2분 정도 데쳐주세요.

6_ 볼에 데친 재료를 모두 넣고 참기름, 소금, 통깨 약간을 넣어 무쳐주세요

7_ 초간단 유아식 반찬 완성입니다. 완 료기 이유식부터 먹일 수 있어요. 식 판식을 할 때는 채소 반찬을 꼭 함께 넣어주는 편이에요.

닭고기애호박
파프리카볶음

닭고기에 주황색 파프리카를 넣어 볶았더니 더 맛있어졌어요. 직접 먹어봤더니 배를
넣어서인지 달달한 맛도 나고 괜찮더라고요. 튼이는 보통 이 정도씩 반찬을 먹는데,
앞에서 알려드린 레시피로 만들었더니 3~4회 정도 먹을 분량이 나왔어요. 많이 먹지
않는 아기라면 재료 분량을 조금씩 줄여서 만들어주세요.

준비물

닭안심(약 3쪽) 100g
멸치육수 100ml
애호박 80g
파프리카 60g
배 50g
양파 40g

└ 파프리카는 노란색이나 주황색을 이용하면
　색이 더 예뻐요. 빨간색만 사용하면
　너무 빨개지더라고요. 파프리카 큐브를
　활용해도 좋아요.

완성량

3~4회 분량

1_ 닭안심 100g을 준비해요. 대략 3쪽 정도 돼요.

2_ 닭안심은 손질한 다음 분유나 우유에 20분간 담가둡니다. 잡냄새를 제거하기 위해서요.

3_ 닭안심은 깨끗한 물에 씻어 깍둑썰기 해주세요. 크기는 아이가 먹을 수 있는 크기면 돼요.

4_ 채소의 양은 정해진 건 없지만, 대략 40~80g 정도씩 넣으면 적당해요. 애호박 80g, 배 50g, 양파 40g. 배는 많이 넣어도 좋아요. 단맛을 나게 해서 더 맛있어요.

5_ 냉동 보관해둔 파프리카 큐브 60g을 준비해요. 실온에 두면 살짝 녹아요. 그럼 배와 함께 믹서에 넣고 갈아주세요. 배와 함께 갈아줬더니 달달한 소스가 만들어졌어요.

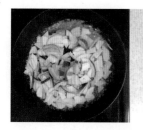

6_ 팬에 멸치 육수 100ml를 붓고 애호박과 양파를 넣어 끓여주세요. 3~4분 정도 끓여줘야 푹 익어요.

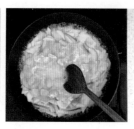

7_ 닭안심을 넣고 볶아줍니다.

8_ 닭안심이 다 익었디 싶으면 갈아둔 배와 파프리카 소스를 부어주세요. 그리고 섞으면서 한 번 더 볶아주세요.

9_ 닭고기애호박파프리카볶음 완성입니다.

아기 간장 소불고기

설탕 없이 과일 양념으로 달달한 불고기를 만들어봤어요. 아직까지 간을 잘 하지 않는 아기라면, 아무래도 간장, 설탕 등의 양념 사용이 꺼려질 수 있는데요. 소불고기를 만들 때 설탕이나 올리고당을 넣지 않아도 사과나 배와 같은 과일로 충분히 단맛을 낼 수 있어서, 더 좋은 아기 반찬입니다.

준비물

소고기(불고기용) 300g
애호박 40g
양파 40g
팽이버섯 30g

└ 새송이버섯, 느타리버섯 모두 가능

양념 소스 재료

양파 40g
배 40g
사과 40g
멸치 육수 100ml
마늘 2~3톨
간장 1.5스푼

1_ 불고기용 소고기를 300g 정도 준비 해요. 아기가 먹기 좋은 크기로 잘라 서 찬물에 담가 20분 정도 핏물을 빼 주세요.

2_ 사과 40g, 배 40g, 양파 40g, 마늘 2~3톨, 멸치 육수 100㎖를 믹서에 갈 아줍니다.

3_ 마늘이 들어갔지만 매운맛도 전혀 안 나고 괜찮았어요.

4_ 믹서에 갈아낸 다음, 간장 1.5스푼을 섞어 양념을 만들어요.

5_ 과일을 넣지 못했다면 올리고당이나 쌀 조청을 1스푼 정도 넣어주세요.

6_ 양파, 애호박, 팽이버섯은 적당 한 크기로 잘라줍니다.

7_ 핏물을 제거한 소고기와 채소를 담고, 양념을 부어 조물조물 무 쳐주세요.

8_ 냉장고에 넣어 2~3시간 혹은 반 나절 정도 숙성시켜주세요.

9_ 팬에 한 끼 분량을 넣고 익혀주면 완성입니다.

(TIP 1) 남은 소불고기 보관 방법

남은 소불고기는 1회 분량씩 총 2일분을 밀폐용기나 지퍼백에 담아 냉장 보관해주세요. 냉장 보관해둔 소불고기는 2일 내 로 소진하는 게 좋아요. 냉장 보관 후 남은 양은 소분해서 지퍼백이나 밀폐용기에 넣어 냉동 보관해주세요. 그리고 2~3주 내로 섭취하는 걸 권장합니다.

(TIP 2) 과일 양념으로 만든 소불고기 덮밥

과일로 양념을 해서인지 숙성 후에 고기 육질도 더욱 부드러워지는 것 같아요. 소불고기를 밥과 함께 담아내면 그게 바로 소불고기덮밥! 한 그릇 요리로 아주 좋습니다. 소불고기도 동그랑땡처럼 여유분을 만들어두면, 두고두고 먹일 수 있는 효자 반찬이니 꼭 한번 만들어보세요.

팽이버섯채소볶음

튼이도 채소는 잘 안 먹으려고 할 때가 많아요. 그래도 참기름이랑 깨 넣어 고소하게 볶아주면 조금씩 먹더라고요. 이렇게 하나둘씩 채소 반찬을 늘려가면서 편식 없는 아이로 키우고 싶어요. 골고루 먹고 건강한 게 최고니까요. 손쉽게 만들 수 있는 버섯 채소볶음, 꼭 한번 만들어보세요.

준비물

팽이버섯 30g
브로콜리 10g
양파 10g
애호박 10g
멸치 육수 30ml
아기 참기름 1/2 스푼
깨소금 약간

ㄴ이 레시피대로 만들면 대략 2~3일 정도
　나눠 먹일 수 있어요.

ㄴ간을 하는 아기라면 소금도 약간 넣어주세요.

(TIP) **다른 버섯과 채소를 함께 볶아보세요.**

팽이버섯 이외에 다른 버섯을 활용해도 좋아요. 버
섯과 다양한 채소를 함께 볶아주면 돼요. 우리 아이
가 채소도 많이 먹으면 좋으니까요.

1_ 팽이버섯, 브로콜리, 애호박, 양파는　**2**_ 팬에 손질한 재료를 넣고, 멸치 육수
　아이가 먹을 수 있는 크기로 잘라줍　　30ml를 부어 볶아줍니다.
　니다. 큼지막하게 썰어도 잘 먹는 아
　이라면 크게 잘라도 돼요.

3_ 재료들이 어느 정도 익을 때까지 잘　**4**_ 어느 정도 익으면 참기름 1/2스푼과
　볶아주세요.　　　　　　　　　　　　　깨를 넣어 한 번 더 볶아줍니다.

5_ 팽이버섯채소볶음 완성입니다. 이외
　에도 다양한 재료를 함께 볶아주면
　좋아요. 예를 들어 당근이나 양송이
　버섯, 감자 등등이요.

아기 토마토케첩

완료기 이유식을 지나 유아식을 시작하면서 아이들은 점점 다양한 종류의 소스를 접하게 되죠. 케첩, 마요네즈, 머스터드소스 등등. 점점 어른들과 비슷하게 먹게 되면서, 시판 소스도 금방 접하게 되지만, 이왕이면 처음 맛보는 소스는 건강하게, 엄마표로 만들어주고 싶었어요. 그래서 토마토케첩 만들기에 도전해봤어요.

준비물

토마토 3개
사과 1개
양파 10g
비트 10g
레몬즙 2스푼
전분 물(전분 1티스푼 + 물 3티스푼)

└ 조금 더 시판 케첩과 비슷한 맛을 내려면
　설탕, 올리고당을 추가로 넣어주는 방법도 있어요.

└ 우리가 아는 빨간색 케첩을 만들고 싶다면,
　비트를 꼭 넣어주세요. 토마토로만 만들어도 되지
　만 색이 조금 연하답니다.

(TIP) 엄마표 토마토케첩 활용법

엄마표 홈메이드 토마토케첩은 채소볶음밥이나 소고
기볶음밥과도 잘 어울려요. 달걀부침, 오믈렛, 스크램
블에 곁들여줘도 잘 먹어요. 설탕과 올리고당을 추가
하면, 아기뿐만 아니라 어른도 맛있게 먹을 수 있습니
다. 어렵지 않으니, 엄마표 수제 소스, 건강한 토마토케
첩에 도전해보세요.

1_ 토마토는 열십자로 칼집을 내주세요.
사과는 껍질과 씨를 제거하고 듬성듬
성 잘라주세요.

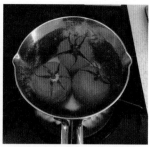

2_ 냄비에 물과 칼집을 낸 토마토를 넣
고 센 불로 끓여주세요.

3_ 데친 토마토는 뜨겁기 때문에 잠깐 놔
뒀다가 식은 후에 껍질을 벗겨줍니다.

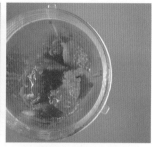

4_ 껍질을 벗긴 토마토, 사과, 양파, 비
트, 레몬즙을 모두 믹서에 넣고 갈아
주세요.

5_ 믹서에 갈아준 후, 거름에 밭쳐 국물
만 곱게 걸러주세요.

6_ 걸러낸 국물은 냄비에 넣고 저어가며
끓여주세요.

7_ 끓어오르면 전분 물을 조금씩 넣어
가며 농도를 맞춰줍니다. 일반 케
첩을 생각하면서 맞춰주면 돼요.

8_ 어느 정도 걸쭉해지면 바로 불을
꺼주세요. 너무 오래 끓이면 탈
수 있으니 주의하세요.

9_ 어느 정도 식힌 후에 보관 용기에
담아 냉장 보관해주세요. 대략 2주
정도 먹을 수 있답니다.

애호박밥새우볶음

애호박과 밥새우를 넣은 아기 반찬입니다. 밥새우 자체가 짭짤한 맛이 있기 때문에 따로 간을 하지 않아도 충분히 먹을 만해요. 튼이 입맛에는 짭짤한 게 맛있겠죠? 애호박볶음을 만들 때 새우젓을 넣는 게 일반적인데, 이렇게 아이들 반찬으로 밥새우를 넣어 볶아도 너무 맛있어요.

준비물

밥새우 10g
애호박 130g
양파 80g
멸치다시마 육수 100ml
참기름 약간

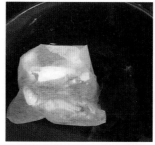 

1_ 멸치 다시마 육수를 준비해주세요. 다시마 2~3장, 디포리 1~2마리, 국물용 멸치 4~5마리를 넣고 끓여주세요. 다시마만 넣고 끓여도 돼요. 육수가 없으면 생수 100ml를 준비해주세요.

2_ 애호박과 양파는 아이가 먹을 수 있는 크기로 잘게 디져주세요.

3_ 달군 팬에 다진 애호박, 양파를 넣고 멸치다시마 육수 100ml를 부어주세요.

4_ 채소가 어느 정도 익을 때까지 볶아줍니다.

5_ 채소가 어느 정도 익었다 싶을 때 밥새우를 넣고 다시 볶아주세요.

6_ 육수가 다 졸아들고 모두 볶아졌다 싶으면, 참기름 약간을 둘러 섞어주면 완성입니다.

7_ 쉽고 간단하게 만들 수 있는 아기 반찬이에요. 튼이는 이 정도 양이면 보통 2~3일은 먹거든요. 냉장 보관했다가 살짝 데워서 줘도 돼요.

간장소고기볶음

간장을 넣어 볶은 소고기 반찬은 만들기도 쉽고, 밥에 비벼 먹어도 좋은 메뉴에요. 일반 양조간장을 넣어도 되지만 조금 더 순한 아기 간장을 사용하는 것도 좋아요.

준비물

다진 소고기(안심) 60g

양파 10g

애호박 10g

아기간장(양조간장) 약간

올리고당 약간

참기름 약간

└양파, 애호박 외에 다른 채소를 넣어 볶아도 좋
아요.

1_ 간장소고기볶음에 필요한 재료입니다.

2_ 볼에 다진 소고기와 아기 간장(양조
간장)을 넣고 버무린 후 15분간 재워
둡니다.

3_ 달군 팬에 포도씨유를 두르고 다진
소고기를 넣어 중간 불에서 2분 정도
볶다가 다진 양파, 애호박을 넣고 1분
간 더 볶아주세요. 참기름을 넣어 섞
어주면 완성이에요.

4_ 밥과 함께 곁들여 먹거나, 비벼 먹기
에 좋은 소고기 반찬입니다.

소고기
메추리알장조림

소고기 안심을 이용해 부드러운 장조림을 만들 수 있어요. 메추리알을 넣은 소고기 장조림은 밥도둑이죠. 소고기는 풍부한 단백질을 함유하고 있어 면역력을 높이는 데 도움을 주는데요. 필수아미노산도 풍부한 소고기는 성장기 어린이에게 좋은 식재료입니다.

준비물

소고기안심 80g
메추리알 15개
양파 30g
새송이버섯 15g
양조간장 1스푼
올리고당 1스푼
다진 마늘 약간
물 400ml

메추리알 삶기

소금 1스푼
식초 1스푼
물 300ml
└ 소고기를 넣지 않고 메추리알만으로 만들어도
  좋아요.

1_ 소고기안심은 찬물에 20분 정도 담가 핏물을 빼주세요.

2_ 냄비에 물을 붓고 소금 1스푼, 식초 1스푼을 넣고 저어주세요.

3_ 메추리알을 넣어준 다음 불을 켜고 삶아주세요. 끓기 시작하면 중간 불에서 1분 정도 한 방향으로 저어주세요. 그리고 7분간 더 삶으면 돼요.

4_ 삶은 메추리알은 찬물에 담가 식힌 후 껍데기를 벗겨주세요.

5_ 냄비에 물 400ml를 붓고 센 불에서 끓어오르면 핏물 뺀 소고기 안심을 넣어 중간 불에서 10분간 삶아주세요.

6_ 국물은 그대로 두고 소고기를 건져내서 한 김 식힌 후에 아기가 먹을 수 있는 한입 크기로 잘라줍니다.

7_ 양파와 새송이버섯은 잘게 다져 준비하고, 소고기를 삶아낸 국물에 양파, 새송이버섯, 메추리알, 양조간장, 올리고당, 다진 마늘을 넣고 센 불에서 끓여줍니다.

8_ 끓어오르면 약한 불로 줄이고 20분간 끓여주는데, 국물이 반 정도 졸아들었을 때 불을 끄면 돼요.

TIP 1 삶은 메추리알 껍질 잘 벗기는 방법

냉장 보관한 메추리알은 삶기 전에 30분~1시간 정도 실온에 미리 꺼내놔야 해요. 그래야 삶는 동안에 깨지지 않는답니다. 메추리알이 잠길 정도의 물을 넣고 소금 1스푼, 식초 1스푼을 넣고 8분간 삶아주세요. 메추리알은 7분 이상 삶아야 완숙으로 잘 익어요. 삶을 때 한 방향으로 저어주면서 삶으면, 메추리알 노른자가 중앙으로 와서 더욱 예쁘게 삶을 수 있어요.

껍질을 쉽게 벗기려면, 삶은 메추리알을 찬물에 담가 식힌 후, 사이즈가 넉넉한 밀폐용기에 담아주세요. 밀폐용기의 1/3 정도 되는 물을 담아 뚜껑을 닫고 흔들어주세요. 그 후에는 껍질이 잘 벗겨져요. 껍질을 깐 메추리알은 찬물에 한 번 더 헹궈주면 깨끗해져요.

파프리카
밥새우볶음

밥새우는 딱딱하지 않고 부드러워 이유식 재료로 자주 활용하는 새우예요. 또한 단백질, 칼슘, 칼륨이 풍부해 아기의 성장 발육에 도움을 주기 때문에 좋아요. 밥새우와 잔멸치는 다양한 채소와 함께 볶아먹거나 가루로 만들어 천연조미료로 활용해도 좋아요.

준비물

파프리카 60g
밥새우 5g
잔멸치 5g

....

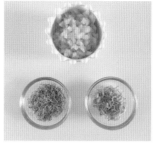

1_ 파프리카밥새우볶음에 필요한 재료 입니다.

2_ 달군 팬에 밥새우, 잔멸치를 넣고 중간 불에서 노릇하게 2분간 볶아 주세요.

(TIP) **새우는 되도록 늦게 먹여요.**

알레르기나 아토피가 있는 아기라면 새우는 되도록 늦게 먹이는 걸 권장해요. 완성된 파프리카밥새우볶음은 밥에 곁들여 반찬으로 먹어도 되고, 밥과 함께 비벼 먹여도 좋아요.

3_ 볶은 밥새우, 잔멸치는 믹서에 넣고 곱게 갈아주세요.

4_ 밥새우와 잔멸치 가루는 천연조미료로 활용 가능해요. 다른 국이나 반찬을 만들 때도 사용해보세요.

5_ 달군 팬에 포도씨유를 두르고 파프리카를 넣은 후에 중간 불에서 3분간 볶아주세요.

6_ 밥새우와 잔멸치 가루를 넣고 중간 불에서 3분간 더 볶아주세요.

7_ 어느 정도 물기가 없어졌다면 완성입니다.

|**파프리카 효능**| 파프리카에는 비타민 A, C 등 영양 성분이 다른 채소에 비해 월등히 많이 함유되어 있어요. 그래서 아기들 후기 이유식부터 먹이면 좋은 채소입니다.

순두부볶음

두부를 만드는 과정에서 콩의 단백질이 몽글몽글하게 응고되었을 때 압착하지 않고 그대로 먹는 게 바로 순두부인데요. 순두부는 부드러운 식감의 고단백 식품이라 아기들 반찬을 만들 때 좋은 식재료예요. 순두부 대신 연두부를 사용해도 좋아요.

준비물

순두부 1/2봉지(170~180g)
멸치다시마 육수 100ml
달걀 1개
양파 30g
통깨 약간

완성량

350ml

1_ 순두부볶음에 필요한 재료입니다.

2_ 순두부는 거름망에 올려 스푼으로 눌러가면서 내리면 식감이 더욱 부드러워져요. 거름망에 내리지 않고 스푼으로 으깨도 좋아요.

3_ 양파는 아기가 먹을 수 있는 한입 크기로 잘게 나시고, 달걀 1개는 그릇에 풀어주세요.

4_ 냄비에 멸치다시마 육수 100ml를 붓고, 나신 양파, 으깬 순두부, 달걀 1개, 통깨를 약간 넣어주세요.

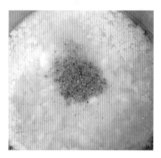

5_ 센 불에서 끓이다가 끓어오르면 중간 불로 줄이고 4분간 볶아주면서 끓이면 완성입니다.

전복새송이버섯조림

비타민과 미네랄이 풍부한 전복과 쫄깃하고 비타민 C가 풍부한 새송이버섯을 넣어 조림으로 만들면 영양 만점 아기 반찬이 되겠죠? 아직은 잘 씹지 못하는 아기들에게는 믹서로 전복을 곱게 갈아서 넣어주면 좋아요.

준비물

냉동 전복살 100g

새송이버섯 30g

물 100ml

아기 간장(없다면 양조간장도 가능) 1스푼

올리고당 1스푼

완성량

120ml

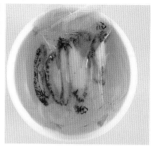

1_ 전복새송이버섯조림에 필요한 재료 입니다.

2_ 냉동 전복살은 찬물에 30분 정도 담가서 해동해주세요.

TIP 간편하게 냉동 손질된 재료를 사용해요.

생물 전복을 사서 직접 손질해도 좋지만, 간편하게 손질해서 냉동된 전복이나 다짐 전복을 활용해도 좋아요. 냉동된 새송이버섯 큐브가 있다면 활용하고 올리고당보다는 쌀 조청을 사용하세요.

3_ 해동한 전복은 한 번 씻은 후, 다지기에 넣어 아이가 먹을 수 있는 한입 크기로 잘게 다져주세요.

4_ 냄비에 다진 전복, 새송이버섯, 물 100ml를 넣고 센 불에서 1분간 끓여주세요.

5_ 아기 간장, 올리고당을 넣고 중간 약 불로 줄여 4~5분간 국물이 자작해질 때까지 졸여주면 완성입니다.

|**전복 효능**| 전복은 비타민과 미네랄, 각종 무기질이 풍부해 부족한 영양을 보충하는 데 효과적이에요.

완료기

적채오이사과나물

적채, 오이, 사과를 이용해 비타민 C가 가득한 나물을 만들어보았어요. 적채를 넣어 보라색 색감이 예쁘고 식감이 좋은 나물인데 영양 성분은 더욱 좋아요. 오이와 사과로 소스를 만들어 넣었기 때문에 맛도 달달해서 아이들도 좋아하는 반찬이에요.

준비물

적채 60g
오이 60g
사과 30g
물 50ml

└ 적채가 없다면 일반 양배추를 사용해도 좋아요.

1_ 적채오이사과나물에 필요한 재료입니다.

2_ 껍질과 씨를 제거한 사과와 오이는 믹서에 넣고 물 50ml와 함께 갈아주세요.

3_ 적채는 1.5~2cm 길이로 가늘게 채를 썰어 주세요.

4_ 달군 냄비에 적채와 믹서에 갈아낸 사과, 오이를 부어준 후 적채가 잘 익을 때까지 졸여주면 완성입니다.

콩나물무침

국을 끓여도 좋은 콩나물로 간단한 콩나물무침을 만들어보았어요. 머리와 꼬리를 떼어내고 무쳐먹으면 아삭한 식감이 좋은 반찬이 완성된답니다.

준비물

콩나물 80g
멸치다시마 육수 60ml
소금 약간
통깨 약간
참기름 약간

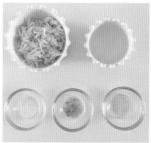 

1_ 콩나물무침에 필요한 재료입니다.   **2_** 콩나물은 머리와 꼬리를 제거하고
1cm 징도로 썰어주세요.

3_ 달군 팬에 참기름을 약간 넣고 콩나   **4_** 멸치다시마 육수를 붓고 중간 불에서
물을 넣어 중간 불에서 4분간 볶아주   1분간 더 끓이며 볶아주면 완성입니
세요.   다. 소금, 통깨는 기호에 맞게 넣어주
면 돼요.

소불고기볶음밥

앞에서 설탕이나 올리고당 없이 과일만으로 단맛을 낸 소불고기 레시피를 알려드렸는데요. 소불고기는 여러 번에 나눠 먹일 수 있는 효자 반찬이에요. 이번에는 소불고기를 이용해 볶음밥을 만들어보았어요. 냉장고에 있는 자투리 채소를 활용해보세요.

준비물

양념에 재운 소불고기 100g

밥 90g(어른 밥 반 공기)

양파 30g

토마토 30g

애호박 30g

파프리카 30g

└이아기의 식성, 먹는 양에 따라 밥이나
　소불고기의 양은 가감해서 만들어주세요.

TIP 1 채소를 하나씩 다져야 하나요?

제일 간편한 방법은 사용할 만큼 듬성듬성 자른 후
다 같이 다지기에 넣고 윙윙 다져주는 것입니다. 저
는 사진 찍느라 하나씩 다졌는데요. 자투리 채소를
모아서 한 번에 다지기로 돌리면 제일 편해요.

TIP 2 소고기 먹이고 싶을 때 만들어보세요.

다양한 채소를 넣어서 식감도 좋고 몸에도 좋고, 달
달한 소불고기를 넣고 볶아서 맛도 좋아요. '우리 아
이, 소고기는 먹여야 되는데 어떻게 하지?' 고민될
때 추천해요. 완료기 이유식, 유아식을 시작하면서
부터 아이의 밥 투성이 어마어마하죠. 아마 거의 대
부분의 아이들이 똑같을 거예요. 그럼 엄마들은 다
양한 방법을 통해 어떻게든 먹여보려고 노력을 하
고요. 가끔은 아기 치즈를 함께 줘도 좋아요.

1_ 양파, 토마토, 애호박, 파프리카는 아
이가 먹을 수 있는 입자 크기로 잘게
다져주세요.

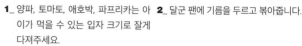

2_ 달군 팬에 기름을 두르고 볶아줍니다.

3_ 채소가 어느 정도 볶아졌으면, 양념
에 재운 불고기를 넣고 함께 볶아줍
니다.

4_ 양념에 재운 고기여서 약간의 소스가
나오면서 자작하게 타지 않고 볶아져
요. 불고기가 어느 정도 다 익었다 싶
을 때 밥을 넣어 한 번 더 볶아주면 완
성입니다.

5_ 다양한 채소를 넣어서 식감도 좋고
몸에도 좋고, 달달한 소불고기를 넣
고 볶아서 맛도 좋은 소불고기볶음밥
입니다.

완료기

닭고기크림볶음밥

닭안심을 활용해서 만든 크림소스 볶음밥입니다. 완료기 이유식, 유아식을 진행하면서 하루 세끼 너무 고민될 때, 한 그릇 요리를 만들어주면 간단하고 편하더라고요. 그래서 죽이나 볶음밥을 자주 만들게 돼요. 크림소스로 볶은 거라 크림리조또처럼 치즈 맛이 나서 고소하고 맛있어요.

준비물

닭안심 100g
밥 90g(어른 밥 반 공기)
양파 30g
파프리카 30g
애호박 30g
분유 또는 모유 또는 우유 100ml
아기 치즈 1장

ㄴ진밥을 먹는 아기라면, 진밥으로 만들어주세요.

ㄴ냉동 보관해둔 채소 큐브를 활용해도 좋아요.

ㄴ볶음밥 양이 아기가 먹는 양보다 많은 경우에는
용기에 소분해서 냉장 보관했다가 데워 먹이면 돼요.

1_ 닭안심은 흰 막을 벗겨내고 힘줄을
제거해주세요.

2_ 우유나 분유 물에 20분 정도 담궈서
잡냄새를 제거해주세요.

3_ 닭고기는 0.5~1cm 크기로 썰어주고,
양파, 애호박, 파프리카는 다져주세요.

4_ 팬에 닭고기, 애호박, 양파, 파프리카
를 넣고, 우유를 모두 넣어주세요.

5_ 어느 정도 볶다가 우유가 조금씩
졸아들 때쯤 아기 치즈 1장을 넣
어주세요.

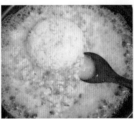

6_ 마지막으로 밥을 넣어 섞어가며
잘 볶아주면 완성입니다.

7_ 한 그릇 요리로 좋아요. 만드는
방법은 쉽고 간단한데 맛도 고소
해요.

8_ 최종 완성량이 좀 많다 싶으면,
이유식 용기에 소분해서 냉장보
관해주세요. 먹일 때 전자레인지
에 살짝 데워주세요.

TIP **가끔은 예쁘게 차려주세요.**

전 사실 매일 식판식을 차려주지 못해요. 진짜 마음 같아서는 삼시 세 끼 잘 담아주고 싶은데요. 도대체가 그럴 시간을 안 주
네요. 밥 차리고 있으면 옆에 와서 울고불고, 얼마나 서럽게 부르는지요. 그래서 진짜 시간 날 때만 이렇게 차려주고 있어요.

닭고기크림볶음밥은 주먹밥 틀에 담아 예쁘게 세팅해보았어요. 김도 자르고, 치즈도 자르고, 열정을 불사른 호랑이입니다.
튼이가 보더니 응? 응! 하더라고요. 뭔가 새로운 밥이다 이거죠. 신기해서라도 몇 숟가락 더 먹었어요.

확실히 돌이 지나고 나니 입맛이 안 맞거나, 식감이 자기 스타일이 아닌 건 퉤퉤 뱉기도 하고 고개를 절레절레 흔들며 거부하기
도 해요. 그럴 때마다 참을 인 자를 몇 번이나 새기기도 하고, 왜 안 먹느냐고 소리 지를 때도 있어요. 그러지 말아야지, 하면서
도 잘 안 되더라고요. 그래서 가끔 이렇게 동물 모양 주먹밥으로 만들어주면, 조금 더 잘 먹긴 해요. 다음에는 또 어떤 동물을 만들어볼까 고민하게 되네요.

소고기밥새우김볶음

(+볶음밥)

소고기는 다양한 채소와 함께 볶아도 맛있지만 새우와 김을 넣어 볶으면 더욱 고소하고 맛있는 반찬을 만들 수 있어요. 반찬으로 곁들여 먹어도 좋고, 밥과 함께 볶으면 한 그릇 요리로 볶음밥까지 만들 수 있어서 일석이조입니다.

준비물

다진 소고기 100g
밥새우 5g
아기 김 4장(김밥 김 1/2장)
파프리카 30g
애호박 30g
양파 30g
들기름 1스푼

완성량

대략 2~3일 정도 나눠 먹일 수 있어요.

TIP 소고기밥새우김볶음밥도 가능해요.

볶음밥으로도 만들 수 있어요.
밥과 함께 볶아서 한 그릇 요리
로 활용해보세요.

1_ 다진 소고기 100g을 찬물에 20분 정
도 담가서 핏물을 제거해주세요.

2_ 아기 김 4장은 달군 팬에 넣어 바삭
하게 구워주세요.

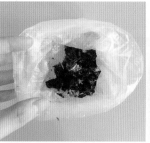

3_ 구운 김은 봉지에 넣어 손으로 잘게
부숴주세요.

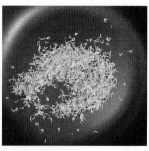

4_ 김을 구워낸 팬에 밥새우를 넣어 노
릇하게 볶아주세요.

5_ 3의 김과 볶아낸 밥새우를 믹서에 넣
고 갈아주세요

6_ 달군 팬에 잘게 다진 양파, 애호박, 파
프리카와 함께 핏물 뺀 소고기를 넣
고 볶아줍니다.

7_ 소고기가 어느 정도 익으면 밥새우와
김가루를 넣고 볶아주세요.

8_ 채소가 익으면 들기름을 넣고 한 번
더 볶아주면 완성입니다.

단호박새우볶음밥

새우는 칼슘과 타우린이 풍부하게 들어 있어 성장 발육에 효과적인 식재료예요. 달달한 단호박, 그리고 다양한 채소들과 함께 볶아주면 건강에도 좋고, 맛도 좋은 볶음밥을 만들 수 있답니다. 새우를 직접 손질하는 게 어렵다면 다진 새우살이나 손질된 새우살을 사용하는 것도 좋은 방법이에요.

준비물

밥 90g(어른 밥 반 공기)
다진 새우 60g
찐 단호박 90g
파프리카 30g
양파 30g
브로콜리 30g
애호박 30g

1_ 단호박새우볶음밥에 필요한 재료입니다.

2_ 찐 단호박은 적당하게 한입 크기로 깍둑썰기해시 준비합니다.

3_ 달군 팬에 포도씨유를 적당히 두른 후 새우와 다진 채소를 모두 넣고 볶아줍니다.

4_ 다진 새우 큐브는 으깨면서 볶아주고, 나머지 채소들이 어느 정도 익을 때까지 볶아 주세요.

5_ 새우와 채소가 어느 정도 익었을 때 밥 90g을 넣어 섞어가며 볶아줍니다.

6_ 찐 단호박을 넣고 섞으면서 볶아주면 완성이에요.

두부달걀덮밥

두부는 식물성 단백질, 달걀은 동물성 단백질이라고 하죠. 이 둘은 같은 단백질이지만 식물성 단백질과 동물성 단백질을 골고루 섭취할 수 있기 때문에 함께 먹으면 좋다고 해요. 두부와 달걀을 이용해 소스를 만들어 덮밥메뉴로 활용하면 좋아요.

준비물

두부 90g
밥 90g(어른 밥 반 공기)
달걀 1개
멸치다시마 육수 200ml
파프리카 20g
브로콜리 20g
양파 20g
당근 20g
전분 물(전분가루 1스푼+물 3스푼)

1_ 두부달걀덮밥에 필요한 재료입니다.

2_ 달군 팬에 멸치다시마 육수 200ml,
잘게 다진 파프리카, 브로콜리, 당근,
양파를 넣고 끓이면서 볶아줍니다.

3_ 채소가 어느 정도 익었다면 아이가
먹을 수 있는 크기로 깍둑썰기한 두
부를 넣어주세요.

4_ 두부를 넣어 조금 더 끓이다가 풀어놓
은 달걀을 팬에 둘러가며 부어준 후
1~2분 정도 그대로 두고 익혀주세요.

5_ 전분 물을 넣어 농도를 조절한 후 조
금 더 끓여주면 완성입니다.

새우멸치달걀밥

새우와 멸치를 넣어 짭조름한 달걀밥을 만들어보세요. 짠맛이 걱정된다면 건새우만 넣어 만들어도 좋아요. 단백질이 풍부한 달걀은 아기반찬을 만들 때 자주 사용하게 되는 식재료인데요. 달걀흰자 알레르기가 있다면 노른자만 사용하여 만들어도 좋아요.

준비물

밥 90g

달걀 1개

건새우 5g

잔멸치 5g

└제가 사용한 건 작은 보리새우인데, 더 작은
  밥새우를 사용해서 만들어도 좋아요.

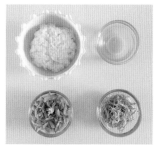 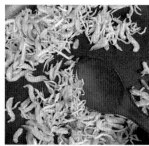

1_ 새우멸치달걀밥에 필요한 재료입니다. **2_** 달군 팬에 건새우와 잔멸치를 넣고 노릇하게 볶아줍니다.

 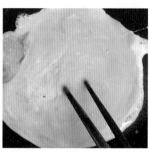

3_ 볶아낸 건새우, 잔멸치는 믹서에 넣고 곱게 갈아서 가루를 만들어주세요. **4_** 달군 팬에 포도씨유를 두르고 달걀 1개를 넣자마자 젓가락으로 저어가며 부드럽게 볶아주세요.

5_ 달걀이 어느 정도 익었을 때 밥 90g 을 넣어 함께 볶아줍니다. **6_** 건새우와 잔멸치 가루를 뿌리고 한 번 더 볶아주면 완성이에요.

게살볶음밥

게살볶음밥은 간단하게 만들 수 있는 한 그릇 요리예요. 어린 아기인 튼이에게 먹이기 위해서 손질된 게살을 사용했는데요. 조금 더 큰 아이들이라면 맛살이나 크래미를 사용해 만들어도 잘 먹는답니다.

준비물

게살 50g
밥 90g
양파 20g
애호박 20g
당근 20g
참기름 약간

ㄴ냉장고 속 자투리 채소를 활용하면 좋아요.
ㄴ게살은 손질된 냉동 게살을 사용하면 간편해요.

 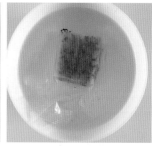

1_ 게살볶음밥에 필요한 재료입니다.

2_ 냉동 게살은 미리 꺼내 찬물에 30분 정도 담가 해동시켜주세요.

3_ 달군 팬에 포도씨유를 두르고 다진 양파, 애호박, 당근을 넣어 약한 불에서 볶아주세요.

4_ 당근이 어느 정도 익었을 때 해동한 게살을 넣어 함께 볶아주세요.

5_ 밥 90g을 넣어 섞어가며 볶아준 후 참기름을 약간 넣고 섞어주면 완성이에요.

완료기

양배추소고기덮밥

양배추의 비타민 U는 위장병에 특효가 있으며 식이섬유가 많아 장운동을 활발히 하는 데 도움을 준다고 해요. 소고기와 양배추는 궁합이 좋기 때문에 같이 볶아먹거나 저처럼 덮밥 소스로 만들어 밥에 곁들여 먹어도 좋아요.

준비물

소고기 안심 40g
양배추(잎 부분만) 40g
멸치다시마 육수 100ml
양파 15g
애호박 15g
전분 물(전분 1스푼+물 3스푼)

(TIP) **방울양배추도 활용해보세요.**

최근 방울양배추가 큰 인기를 누리고 있는데, 방울토
마토만큼 작은 크기에 일반 양배추보다 2배 이상의 영
양을 함유하고 있다고 해요. 양배추 대신 적채나 방울
양배추를 활용해도 좋아요.

1_ 양배추소고기덮밥에 필요한 재료입
니다.

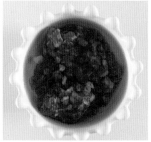

2_ 소고기는 찬물에 20분 정도 담가 핏
물을 빼주세요.

3_ 양배추는 질긴 줄기 부분을 잘라내고
잎 부분만 사용해요. 아이가 먹을 수
있는 한입 크기로 잘게 썰어주세요.

4_ 양파와 애호박도 잘게 다져주세요.

5_ 소고기는 끓는 물에 삶아서 준비합
니다.

6_ 달군 팬에 멸치다시마 육수, 양배추,
애호박, 양파를 넣고 센 불에서 3분간
끓여주세요.

7_ 채소가 어느 정도 익었다 싶으면 익
힌 소고기를 넣고 전분 물을 부어가
며 농도를 맞추며 한 번 더 끓여주면
완성입니다. 밥에 덮밥 소스로 곁들여
보세요.

완료기

잔치국수

가끔 특별식을 만들어주세요. 잔치국수 같은 면 요리를 좋아하는 아기들이 생각보다 꽤 많아요. 아직 잘 못 삼킬 것 같거나, 목에 걸릴까 봐 염려가 된다면 소면을 가위로 잘게 잘라 스푼으로 떠먹여줘도 좋아요. 멸치다시마 육수에 소면을 넣어 색색의 고명을 예쁘게 올리면 훨씬 맛있어 보이는 국수를 만들 수 있어요.

준비물

소면 30g(50원 동전 크기)
다진 소고기 15g
멸치다시마 육수 100ml
애호박 5g
당근 5g
양송이버섯(또는 다른 버섯) 5g
달걀노른자 1개
참기름 약간
김 약간 / 찬물 1컵(소면 삶을 때 사용)

└ 양송이버섯은 잘게 다져서 준비하고, 당근과 애
  호박은 가늘게 채 썰어주세요. 달걀노른자는 풀
  어서 준비합니다.

1_ 잔치국수에 필요한 재료입니다.

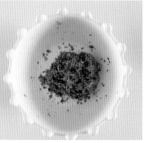

2_ 볼에 다진 소고기와 다진 양송이버섯, 참기름 약간을 넣고 버무려주세요.

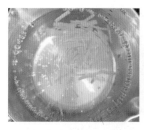

3_ 냄비에 물 600ml를 넣고 끓으면 당근을 넣고 중간 불에서 3분, 애호박을 넣고 3분간 더 익힌 후 거름망에 밭쳐 물기를 빼주세요.

4_ 당근과 애호박을 건져냈던 끓는 물에 소면을 반으로 잘라 넣어주세요. 소면을 넣기 전에 찬물 1컵을 미리 준비해주세요.

5_ 소면을 넣은 물이 확 끓어오르면 찬물 1/2컵을 부어준 후 계속 끓입니다.

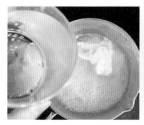

6_ 다시 끓이다가 물이 또 확 끓어오르면 나머지 찬물 1/2컵을 부어줍니다. 그리고 또 한 번 확 끓어오를 때 불을 끄면 돼요. 삶은 소면은 거름망에 밭쳐 물기를 뺀 후 그릇에 담아주세요.

7_ 달군 팬에 포도씨유를 약간 두른 후 풀어둔 달걀노른자를 넣고 얇게 지단을 부치듯 구워주세요. 익힌 달걀노른자 지단은 얇게 채 썰어 준비합니다.

8_ 팬을 닦아낸 후 볼에 버무려놓은 소고기와 양송이버섯을 넣고 약한 불에서 3분간 볶아주세요.

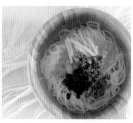

9_ 멸치다시마 육수는 냄비에 넣고 끓인 다음, 소면을 넣은 그릇에 부어줍니다. 그 위에 소고기, 지단, 애호박, 당근, 김 약간을 고명으로 올려주면 완성이에요.

TIP 1 애호박과 당근은 충분히 삶아주세요.

아직 이가 많이 나지 않은 아기라면 잇몸으로 으깨 먹을 수 있을 정도로 채소를 푹 삶아주세요. 단단한 당근은 삶는 시간이 오래 걸리기 때문에 당근을 먼저 삶아낸 후에 애호박을 삶는 게 좋아요.

TIP 2 소면 아기 1인분 분량 측정법

소면 아기 1인분 분량은 엄지와 검지로 OK를 만들어 그 속에 면을 채우는데요. 이때 50원짜리 동전 크기가 적당해요. 500원짜리 동전 크기는 성인 1인분 양이랍니다.

꼬마김밥

아기김밥은 어른들이 먹는 김밥과 똑같이 만들면 돼요. 대신 한입 크기의 작은 사이즈로 만들면 아기들이 잘 먹겠죠? 단무지를 넣으면 확실히 더 맛있지만 짠맛이 신경 쓰인다면 과감히 빼도 괜찮아요. 아기 치즈를 잘라 넣으면 치즈김밥이 된답니다. 외출할 때 챙겨나가기 좋은 메뉴예요.

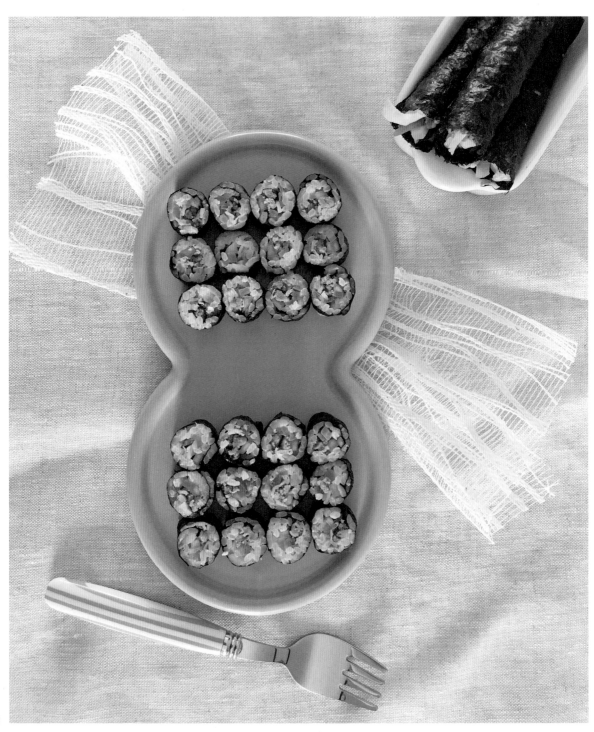

준비물

밥 100g
김밥 김 2장
김밥용 단무지 1개
달걀 1개
당근 10g
오이 10g
다진 소고기(안심) 40g
참기름 약간

└달걀은 지단을 부쳐 얇게 채 썰어 준비해요.

1_ 꼬마김밥 재료입니다.

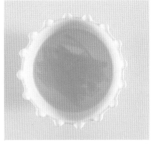

2_ 단무지는 반으로 자른 후 가늘게 잘라주세요. 찬물에 10분 정도 담가 짠맛을 빼줍니다.

(TIP) 깔끔하게 김밥 자르는 방법

• 꼬마김밥을 만들 때는 김밥용 김 1장을 4등분하면 돼요. 김밥을 자를 때는 칼에 참기름을 살짝 묻히면 깔끔하게 자를 수 있어요.

• 오이 대신 데친 시금치를 넣어도 맛있어요.

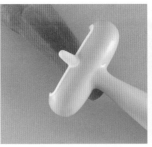

3_ 당근과 오이는 감자칼로 얇게 잘라서 채를 썰어 준비하면 훨씬 좋아요

4_ 달군 팬에 포도씨유를 두르고 당근을 넣어 중간 불에서 3분간 볶아 덜어두고, 다진 소고기를 넣어 중간 불에서 2분간 으깨가며 잘 볶아줍니다.

5_ 볼에 밥 100g, 참기름 약간을 넣어 섞은 다음 4등분한 김밥 김 위에 밥을 올려주세요. 밥은 김의 3/4 지점까지 얇게 펴가며 올려줍니다.

6_ 밥 위에 준비한 재료를 올리고 돌돌 말아주면 돼요.

7_ 작은 종지에 물을 담아두고 손에 물을 묻히면서 만들면 밥알이 붙지 않아서 좋아요.

8_ 완성된 김밥은 아기가 먹기 좋은 크기로 잘라주면 완성이에요.

아기 카레

유아식을 하면서 바로 먹을 수 있는 시판카레를 한 번 사 먹여본 적이 있는데요. 튼이
가 너무 잘 먹었어요. 그래서 소고기와 야채를 넣고 카레가루를 이용해 순한 맛으로
만들어보았어요. 조금 더 순하게 만들기 위해서 우유를 첨가했더니 더 잘 먹었어요.

준비물

당근 20g
양파 20g
감자 20g
애호박 20g
사과 20g
카레가루 10g(1스푼)
우유 100ml(또는 물, 분유)
물 100ml
소고기 50g

완성량

250ml

아기 카레 만들기

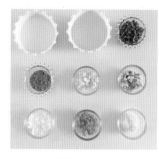

1_ 아기 카레에 필요한 재료입니다.

2_ 사과는 강판에 갈아서 준비해주세요.

3_ 당근, 양파, 감자, 애호박은 아기가 먹을 수 있는 크기로 잘게 썰어서 준비해주세요.

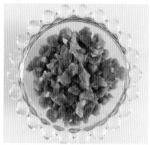

4_ 소고기는 찬물에 20분 정도 담가서 핏물을 빼주세요.

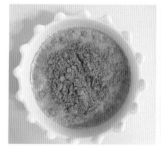

5_ 그릇에 카레가루 1스푼, 우유 100ml를 넣고 풀어주세요. 우유가 없다면 물 100ml를 사용해도 좋아요.

6_ 달군 냄비에 포도씨유를 두르고 소고기와 양파, 당근, 애호박, 감자를 넣어 센 불에서 2분간 볶아주세요.

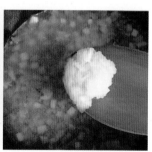

7_ 강판에 간 사과와 물 100ml를 넣고 중간 불에서 4분간 끓여주세요.

8_ 우유에 푼 카레를 냄비에 넣고 중간 불에서 계속 끓여주세요.

9_ 확 끓어오르면 2분 30초 동안 저어가며 더 끓여주면 완성입니다.

소고기밥전

소고기밥전은 후기 이유식, 완료기 이유식부터 만들어 먹일 수 있는데 진밥을 넣어 만들면 돼요. 약간의 양념과 채소를 더해 만들면 한 끼 식사 대용으로도, 간식으로 먹여도 좋은 메뉴입니다.

소고기안심 60g
진밥 60g
팽이버섯(다른 버섯 가능) 5g
다진 파 약간
다진 마늘 약간
아기 간장 약간
올리고당 약간
소금 약간

 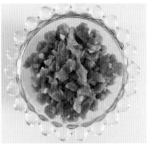

1_ 소고기밥전에 필요한 재료입니다.

2_ 소고기는 찬물에 20분 정도 담가서 핏물을 빼주세요.

3_ 볼에 핏물을 제거한 소고기와 진밥, 잘 게 다진 팽이버섯, 다진 파, 다진 마늘, 아기 간장, 올리고당을 넣어줍니다.

4_ 볼에 넣은 재료는 잘 섞어가며 반죽 해주세요.

 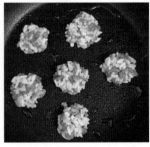

5_ 잘 섞은 후에 아기가 먹을 수 있는 적 당한 크기로 둥글고 납작하게 빚어주 세요. 달군 팬에 티스푼을 사용해 적 당량 올린 후 구우면 더 간편해요.

6_ 달군 팬에 포도씨유를 두르고 빚은 소고기밥전을 약한 불에서 앞뒤로 3 분간 노릇해질 때까지 구워주세요.

귤생과일주스
귤잼

귤생과일주스	귤잼
귤 200g	귤 400g
물 50ml	설탕 80g(혹은 아가베시럽)

귤생과일주스

1_ 귤은 껍질을 제거하고, 물 50ml와 함께 믹서에 넣고 곱게 갈아주세요.

2_ 그릇 위에 거름망을 올리고, 믹서에 간 귤을 넣고 걸러주면 완성이에요.

귤잼

1_ 귤은 껍질을 제거하고, 믹서에 넣고 갈아주세요.

2_ 냄비에 갈아낸 귤과 설탕을 넣고, 센 불에서 끓이다가 약한 불로 줄이고 계속 저어가며 끓여주세요. 적당한 잼의 농도가 되었을 때 불을 꺼주세요.

완료기 간식

귤젤리
채소달걀찜

귤젤리	채소달걀찜
귤 500g	달걀 1개
물 400ml	당근 10g
설탕 40g(혹은 아가베시럽)	양파 10g
전분 물(전분 5스푼+물 50ml)	소금 약간
	분유(혹은 우유, 모유) 50ml

귤젤리

1_ 귤은 껍질을 제거하고 믹서에 갈아주세요. 냄비에 귤, 물을 넣고 중간 불에서 5분간 끓인 후에 거름망에 한 번 내려 귤즙을 만들어 주세요.

2_ 냄비에 귤즙과 설탕을 넣고 약한 불에서 15분간 저어가며 끓이다가, 전분 물을 조금씩 부으면서 되직해질 때까지 끓여주세요. 그릇에 부어 식히면 자연스레 굳어지면서 젤리가 완성돼요.

채소달걀찜

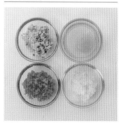 

1_ 당근, 양파는 잘게 다져 주세요. 볼에 우유, 달걀, 소금을 넣어 섞은 후에 거름망에 한 번 걸러주세요.
└ 간을 하지 않는 아기라면, 소금을 넣지 않아도 돼요.

2_ 내열용기에 담아 찜기에 넣고 약 10~15분간 쪄주면 완성입니다.

프렌치토스트
블루베리주스

프렌치토스트	블루베리주스
식빵 1개	블루베리 30g(한 줌, 15개)
달걀 1개	우유 150ml
우유 50ml	

프렌치토스트

1_ 식빵은 테두리를 잘라내고 4등분해주세요. 풀어둔 달걀에 우유 50ml를 섞어 달걀물을 만듭니다. 아기에게 달걀흰자 알레르기가 있다면, 노른자만 넣어주세요.

2_ 식빵 앞뒤로 골고루 달걀물을 묻힌 후에 달군 팬에 노릇하게 구워주면 완성입니다.

블루베리주스

1_ 블루베리는 흐르는 물에 깨끗하게 씻어 주세요.

2_ 믹서에 블루베리, 우유를 넣고 곱게 갈아주면 완성입니다.

달걀분유빵
고구마분유빵

달걀분유빵

분유 가루 5스푼(200)
달걀노른자 2개
우유 25ml

고구마분유빵

분유 가루 5스푼(200)
달걀노른자 2개
우유 25ml
삶아서 으깬 고구마 15g(1스푼)

달걀분유빵

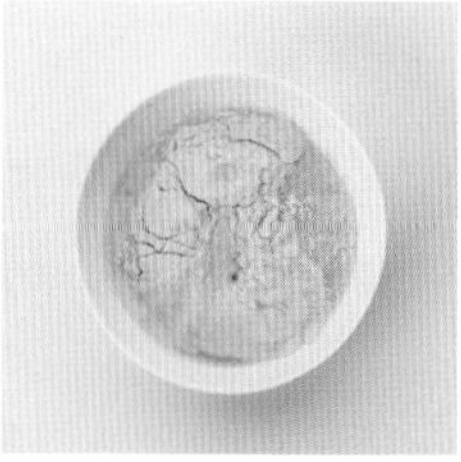

1_ 볼에 달걀노른자를 풀고, 분유 가루와 우유를 넣고 섞어주세요.

2_ 실리콘 그릇에 옮겨 담아 전자레인지에 넣고 2분 10초 동안 가열해주세요. 한 김 식혀 아기가 먹을 수 있는 크기로 잘라주세요. 전자레인지 성능마다 차이가 있으니 10초씩 끊어서 돌려주세요.

고구마분유빵

1_ 볼에 달걀노른자를 풀고, 분유 가루와 우유, 으깬 고구마를 넣고 섞어주세요.
ㄴ흰자를 넣으려면 더 큰 그릇에 해야 해요. 많이 부풀어올라요. 노른자만 넣는 걸 추천해요.

2_ 실리콘 그릇에 옮겨 담아 전자레인지에 넣고 2분 10초 동안 가열해주세요. 한 김 식혀 아기가 먹을 수 있는 크기로 잘라주세요. 전자레인지 성능마다 차이가 있으니 10초씩 끊어서 돌려주세요.

닭고기 프리타타
감자애호박채전

닭고기 프리타타
계란 2개
우유 50ml
시금치(잎 부분), 당근, 양파, 버섯 15g씩
닭고기 30g
아기 치즈 1장

감자애호박채전
감자(중)1개 120g
애호박 30g

닭고기프리타타

1_ 볼에 달걀을 풀어 우유와 섞어, 달걀물을 준비해요. 닭고기와 채소는 아기가 먹을 수 있는 적당한 크기로 잘라서 준비해요.

2_ 오븐용 팬에 다진 재료를 넣고 달걀물을 부어줍니다. 예열된 오븐에 넣고 185도에서 15분 정도 구워주세요.

감자애호박채전

1_ 감자는 강판에 갈고, 애호박은 얇게 채 썰어주세요.

2_ 감자와 채 썬 애호박을 잘 섞어준 후에 달군 팬에 포도씨유를 약간 두르고 노릇하게 구워주면 완성이에요.

달걀볼과자
단호박볼과자

달걀볼과자
삶은 달걀노른자 2개
전분가루 2스푼(20g)
분유 물 2스푼

단호박볼과자
찐 단호박 30g
전분가루 3스푼(30g)
분유 물 1스푼

달걀볼과자

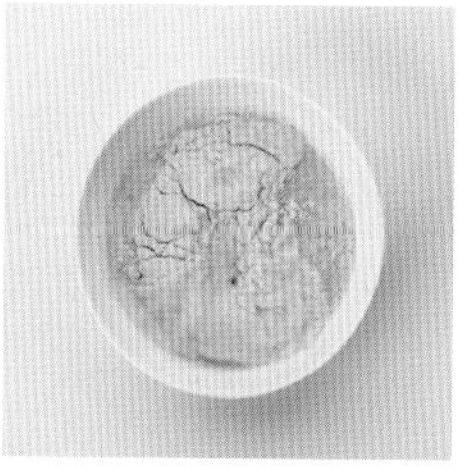

1_ 볼에 달걀노른자, 전분가루, 분유 물을 모두 넣고 반죽해주세요.

2_ 손으로 동그랗게 한입 크기로 빚은 다음, 오븐 용 팬에 종이포일을 깔고 빚은 반죽을 올려주세요. 예열된 오븐에 넣고 185도에서 15분 동안 구워주세요.

단호박볼과자

1_ 볼에 찐 단호박을 으깨서 넣고, 전분가루와 분유 물을 모두 넣고 반죽해주세요.

2_ 손으로 동그랗게 한입 크기로 빚은 다음, 오븐용 팬에 종이포일을 깔고 빚은 반죽을 올려주세요. 예열된 오븐에 넣고 185도에서 15분 동안 구워주세요.

후기 이유식 1단계

후기 이유식 2단계

완료기 이유식 & 유아식

찾아보기 **간식**

초기 간식

초기 이유식 1단계 식단표

1	2	3	4	5	6
D+	D+	D+	D+	D+	D+
쌀미음	쌀미음	쌀미음	찹쌀미음	찹쌀미음	찹쌀미음
NEW : 쌀	-	-	NEW : 찹쌀	-	-
7	**8**	**9**	**10**	**11**	**12**
D+	D+	D+	D+	D+	D+
애호박미음	애호박미음	애호박미음	청경채미음	청경채미음	청경채미음
NEW : 애호박	-	-	NEW : 청경채	-	-
13	**14**	**15**	**16**	**17**	**18**
D+	D+	D+	D+	D+	D+
비타민미음	비타민미음	비타민미음	양배추미음	양배추미음	양배추미음
NEW : 비타민	-	-	NEW : 양배추	-	-
19	**20**	**21**	**22**	**23**	**24**
D+	D+	D+	D+	D+	D+
브로콜리미음	브로콜리미음	브로콜리미음	감자미음	감자미음	감자미음
NEW : 브로콜리	-	-	NEW : 감자	-	-
25	**26**	**27**	**28**	**29**	**30**
D+	D+	D+	D+	D+	D+
고구마미음	고구마미음	고구마미음	단호박미음	단호박미음	단호박미음
NEW : 고구마			NEW : 단호박		

초기 이유식 2단계 식단표

1	2	3	4	5	6
D+	D+	D+	D+	D+	D+
소고기미음 (20배죽)	소고기미음 (20배죽)	소고기미음 (20배죽)	소고기미음 (16배죽)	소고기미음 (16배죽)	소고기미음 (16배죽)
NEW : 소고기	–	–	–	–	–

7	8	9	10	11	12
D+	D+	D+	D+	D+	D+
소고기 애호박미음	소고기 애호박미음	소고기 애호박미음	소고기 브로콜리미음	소고기 브로콜리미음	소고기 브로콜리미음
–	–	–	–	–	–

13	14	15	16	17	18
D+	D+	D+	D+	D+	D+
소고기 청경채미음	소고기 청경채미음	소고기 청경채미음	소고기 오이미음	소고기 오이미음	소고기 오이미음
–	–	–	NEW : 오이	–	–

19	20	21	22	23	24
D+	D+	D+	D+	D+	D+
소고기배미음	소고기배미음	소고기배미음	소고기 단호박미음	소고기 단호박미음	소고기 단호박미음
NEW : 배	–	–	–	–	–

25	26	27	28	29	30
D+	D+	D+	D+	D+	D+
닭고기미음	닭고기미음	닭고기미음	닭고기 찹쌀미음	닭고기 찹쌀미음	닭고기 찹쌀미음
NEW : 닭고기	–	–	–	–	–

○식단표는 재단선을 따라 잘라서 냉장고 등에 붙여놓고 사용하세요.

중기 이유식 1단계 식단표

*10번째 레시피의 새로운 재료 중 적채는, 양배추의 한 종류이기 때문에 적채 대신 양배추를 사용하셔도 됩니다.

1	2	3	4	5	6
D+	D+	D+	D+	D+	D+
닭고기 시금치죽	닭고기 시금치죽	닭고기 시금치죽	닭고기 브로콜리당근죽	닭고기 브로콜리당근죽	닭고기 브로콜리당근죽
소고기 브로콜리죽	소고기 브로콜리죽	소고기 브로콜리죽	소고기 애호박죽	소고기 애호박죽	소고기 애호박죽
NEW : 시금치	-	-	NEW : 당근	-	-
7	**8**	**9**	**10**	**11**	**12**
D+	D+	D+	D+	D+	D+
소고기아욱죽	소고기아욱죽	소고기아욱죽	닭고기적채사과죽	닭고기적채사과죽	닭고기적채사과죽
닭고기애호박 브로콜리죽	닭고기애호박 브로콜리죽	닭고기애호박 브로콜리죽	소고기배추감자죽	소고기배추감자죽	소고기배추감자죽
NEW : 아욱	-	-	NEW : 배추, 적채	-	-
13	**14**	**15**	**16**	**17**	**18**
D+	D+	D+	D+	D+	D+
닭고기 양파시금치죽	닭고기 양파시금치죽	닭고기 양파시금치죽	소고기 아욱표고버섯죽	소고기 아욱표고버섯죽	소고기 아욱표고버섯죽
소고기 애호박브로콜리죽	소고기 애호박브로콜리죽	소고기 애호박브로콜리죽	닭고기 양파당근죽	닭고기 양파당근죽	닭고기 양파당근죽
NEW : 양파	-	-	NEW : 표고버섯	-	-
19	**20**	**21**	**22**	**23**	**24**
D+	D+	D+	D+	D+	D+
소고기 비트애호박죽	소고기 비트애호박죽	소고기 비트애호박죽	소고기 새송이비타민죽	소고기 새송이비타민죽	소고기 새송이비타민죽
닭고기 사과고구마죽	닭고기 사과고구마죽	닭고기 사과고구마죽	닭고기 청경채당근죽	닭고기 청경채당근죽	닭고기 청경채당근죽
NEW : 비트	-	-	NEW : 새송이버섯	-	-
25	**26**	**27**	**28**	**29**	**30**
D+	D+	D+	D+	D+	D+
닭고기밤양파죽	닭고기밤양파죽	닭고기밤양파죽	소고기미역죽	소고기미역죽	소고기미역죽
소고기 오이감자죽	소고기 오이감자죽	소고기 오이감자죽	닭고기 고구마적채죽	닭고기 고구마적채죽	닭고기 고구마적채죽
NEW : 밤	-	-	NEW : 미역	-	-

○식단표는 재단선을 따라 잘라서 냉장고 등에 붙여놓고 사용하세요.

중기 이유식 2단계 식단표

1	2	3	4	5	6
D+	D+	D+	D+	D+	D+
닭고기 연두부브로콜리죽 소고기 배추애호박죽	닭고기 연두부브로콜리죽 소고기 배추애호박죽	닭고기 연두부브로콜리죽 소고기 배추애호박죽	닭고기구기자죽 소고기 표고버섯당근죽	닭고기구기자죽 소고기 표고버섯당근죽	닭고기구기자죽 소고기 표고버섯당근죽
NEW : 연두부	−	−	NEW : 구기자	−	−

7	8	9	10	11	12
D+	D+	D+	D+	D+	D+
소고기 검은콩비타민죽 닭고기감자당근죽	소고기 검은콩비타민죽 닭고기감자당근죽	소고기 검은콩비타민죽 닭고기감자당근죽	닭고기 연근연두부죽 소고기 비타민비트죽	닭고기 연근연두부죽 소고기 비타민비트죽	닭고기 연근연두부죽 소고기 비타민비트죽
NEW : 검은콩	−	−	NEW : 연근	−	−

13	14	15	16	17	18
D+	D+	D+	D+	D+	D+
닭고기 양송이단호박죽 소고기 미역표고버섯죽	닭고기 양송이단호박죽 소고기 미역표고버섯죽	닭고기 양송이단호박죽 소고기 미역표고버섯죽	닭고기 구기자대추죽 소고기아욱감자죽	닭고기 구기자대추죽 소고기아욱감자죽	닭고기 구기자대추죽 소고기아욱감자죽
NEW : 양송이버섯	−	−	NEW : 대추	−	−

19	20	21	22	23	24
D+	D+	D+	D+	D+	D+
소고기무배추 애호박죽 닭고기 고구마청경채죽	소고기무배추 애호박죽 닭고기 고구마청경채죽	소고기무배추 애호박죽 닭고기 고구마청경채죽	소고기팽이버섯 비트아욱죽 닭고기비트양파죽	소고기팽이버섯 비트아욱죽 닭고기비트양파죽	소고기팽이버섯 비트아욱죽 닭고기비트양파죽
NEW : 무	−	−	NEW : 팽이버섯	−	−

25	26	27	28	29	30
D+	D+	D+	D+	D+	D+
소고기 적채무죽 닭고기 시금치당근죽	소고기 적채무죽 닭고기 시금치당근죽	소고기 적채무죽 닭고기 시금치당근죽	달걀시금치 고구마애호박죽 소고기 단호박양파죽	달걀시금치 고구마애호박죽 소고기 단호박양파죽	달걀시금치 고구마애호박죽 소고기 단호박양파죽
−	−	−	NEW : 달걀노른자	−	−

O식단표는 재단선을 따라 잘라서 냉장고 등에 붙여놓고 사용하세요.

후기 이유식 1단계 식단표

* 1-3일차 레시피는 pp. 259-261에 있습니다.

1	2	3	4	5	6
D+	D+	D+	D+	D+	D+
소고기아욱표고버섯 닭고기양파단호박 대구살시금치비트	소고기아욱표고버섯 닭고기양파단호박 대구살시금치비트	소고기아욱표고버섯 닭고기양파단호박 대구살시금치비트	소고기감자아욱 닭고기적채감자 밥새우애호박 새송이버섯	소고기감자아욱 닭고기적채감자 밥새우애호박 새송이버섯	소고기감자아욱 닭고기적채감자 밥새우애호박 새송이버섯
NEW : 대구살	–	–	NEW : 새우	–	–
7	**8**	**9**	**10**	**11**	**12**
D+	D+	D+	D+	D+	D+
소고기비트양배추 닭고기고구마감자 게살브로콜리당근양파	소고기비트양배추 닭고기고구마감자 게살브로콜리당근양파	소고기비트양배추 닭고기고구마감자 게살브로콜리당근양파	소고기청경채가지 닭고기고구마브로콜리 대구살연두부단호박	소고기청경채가지 닭고기고구마브로콜리 대구살연두부단호박	소고기청경채가지 닭고기고구마브로콜리 대구살연두부단호박
NEW : 게살	–	–	NEW : 가지	–	–
13	**14**	**15**	**16**	**17**	**18**
D+	D+	D+	D+	D+	D+
소고기가지당근연두부 닭고기양파 새송이버섯당근 건포도양배추치즈	소고기가지당근연두부 닭고기양파 새송이버섯당근 건포도양배추치즈	소고기가지당근연두부 닭고기양파 새송이버섯당근 건포도양배추치즈	소고기가지들깨 닭고기고구마양배추 게살두부당근	소고기가지들깨 닭고기고구마양배추 게살두부당근	소고기가지들깨 닭고기고구마양배추 게살두부당근
NEW : 건포도	–	–	NEW : 들깨	–	–
19	**20**	**21**	**22**	**23**	**24**
D+	D+	D+	D+	D+	D+
소고기두부단호박 닭고기당근브로콜리 김당근양파	소고기두부단호박 닭고기당근브로콜리 김당근양파	소고기두부단호박 닭고기당근브로콜리 김당근양파	소고기느타리버섯 애호박 닭고기비타민양파 밥새우양배추애호박	소고기느타리버섯 애호박 닭고기비타민양파 밥새우양배추애호박	소고기느타리버섯 애호박 닭고기비타민양파 밥새우양배추애호박
NEW : 김	–	–	NEW : 느타리버섯	–	–
25	**26**	**27**	**28**	**29**	**30**
D+	D+	D+	D+	D+	D+
소고기비타민 새송이버섯 닭고기아스파라거스 치즈감자 달걀애호박당근시금치	소고기비타민 새송이버섯 닭고기아스파라거스 치즈감자 달걀애호박당근시금치	소고기비타민 새송이버섯 닭고기아스파라거스 치즈감자 달걀애호박당근시금치	닭버섯브로콜리리조또 닭고기퀴노아연두부 밥새우당근브로콜리 단호박	닭버섯브로콜리리조또 닭고기퀴노아연두부 밥새우당근브로콜리 단호박	닭버섯브로콜리리조또 닭고기퀴노아연두부 밥새우당근브로콜리 단호박
NEW : 아스파라거스	–	–	NEW : 퀴노아	–	–

O식단표는 재단선을 따라 잘라서 냉장고 등에 붙여놓고 사용하세요.

후기 이유식 2단계 식단표

1	2	3	4	5	6
D+	D+	D+	D+	D+	D+
소고기 아스파라거스케일 닭고기청경채당근 밥새우애호박 새송이버섯	소고기 아스파라거스케일 닭고기청경채당근 밥새우애호박 새송이버섯	소고기 아스파라거스케일 닭고기청경채당근 밥새우애호박 새송이버섯	소고기검은콩퀴노아 닭고기단호박 치즈리조또 연어청경채브로콜리	소고기검은콩퀴노아 닭고기단호박 치즈리조또 연어청경채브로콜리	소고기검은콩퀴노아 닭고기단호박 치즈리조또 연어청경채브로콜리
NEW : 케일	–	–	NEW : 연어	–	–

7	8	9	10	11	12
D+	D+	D+	D+	D+	D+
소고기 양파애호박퀴노아 닭고기감자비타민 멸치당근케일	소고기 양파애호박퀴노아 닭고기감자비타민 멸치당근케일	소고기 양파애호박퀴노아 닭고기감자비타민 멸치당근케일	소고기우엉 양배추치즈 닭고기청경채가지 연어새송이양파 치즈리조또	소고기우엉 양배추치즈 닭고기청경채가지 연어새송이양파 치즈리조또	소고기우엉 양배추치즈 닭고기청경채가지 연어새송이양파 치즈리조또
NEW : 멸치	–	–	NEW : 우엉	–	–

13	14	15	16	17	18
D+	D+	D+	D+	D+	D+
소고기우엉 시금치두부 닭고기콩나물양파 대구살무청경채	소고기우엉 시금치두부 닭고기콩나물양파 대구살무청경채 ·	소고기우엉 시금치두부 닭고기콩나물양파 대구살무청경채	소고기무 감자새송이버섯 닭고기애호박 브로콜리퀴노아 멸치당근양파	소고기무 감자새송이버섯 닭고기애호박 브로콜리퀴노아 멸치당근양파	소고기무 감자새송이버섯 닭고기애호박 브로콜리퀴노아 멸치당근양파
NEW : 콩나물	–	–	–	–	–

19	20	21	22	23	24
D+	D+	D+	D+	D+	D+
소고기가지청경채 닭고기부추양파 게살애호박치즈	소고기가지청경채 닭고기부추양파 게살애호박치즈	소고기가지청경채 닭고기부추양파 게살애호박치즈	소고기우엉청경채 닭고기콩나물 양파애호박 대구살무톳	소고기우엉청경채 닭고기콩나물 양파애호박 대구살무톳	소고기우엉청경채 닭고기콩나물 양파애호박 대구살무톳
NEW : 부추	–	–	NEW : 톳	–	–

25	26	27	28	29	30
D+	D+	D+	D+	D+	D+
소고기단호박케일 대구살애호박무 게살아스파라거스 파프리카	소고기단호박케일 대구살애호박무 게살아스파라거스 파프리카	소고기단호박케일 대구살애호박무 게살아스파라거스 파프리카	소고기어린잎가지 닭고기파프리카 부추치즈 대구살콩나물톳	소고기어린잎가지 닭고기파프리카 부추치즈 대구살콩나물톳	소고기어린잎가지 닭고기파프리카 부추치즈 대구살콩나물톳
NEW : 파프리카	–	–	NEW : 어린잎채소	–	–

O식단표는 재단선을 따라 잘라서 냉장고 등에 붙여놓고 사용하세요.

이유식 재료 궁합

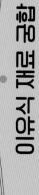

재료 종류		GOOD	BAD	참고
육류 해산물 등	소고기	브로콜리, 비타민, 시금치, 표고버섯, 당근, 기위, 무, 애호박, 양배추, 두부, 새송이버섯, 팽이버섯, 콩나물, 아욱, 배, 참기름	고구마, 부추, 밤	재료용 : 안심, 우둔살 | 육수용 : 양지, 사태 • 누린내와 잡내 제거를 위해 핏물 제거 필수
	닭고기	브로콜리, 시금치, 팽이버섯, 표고버섯, 당근, 기위, 단호박, 고구마, 청경채, 비트, 콩나물, 부추, 인삼, 맥주, 녹두, 구기자, 밤	자두	재료용 : 안심, 닭가슴살 | 육수용 : 닭다리 • 누린내 제거를 위해 모유나 분유에 담근 후 사용해야 함
	돼지고기	새우젓, 감자, 무, 양파, 깻잎, 표고버섯, 사과, 기위, 마늘쫑, 전복	베타, 도라지	완료기부터 사용 권장
	흰살생선	당근, 양파, 완두콩, 브로콜리, 양배추, 두부	옥수수	후기부터 사용 권장
	새우	애호박, 완두콩, 표고버섯, 아욱	–	완료기부터 사용 권장
	연어	양파, 파프리카	–	후기부터 사용 권장
	멸치	연어, 표고버섯, 달걀노른자	시금치, 아욱	후기부터 사용 권장
	계란	애호박, 당근, 시금치, 피망, 브로콜리, 미역, 단호박, 청경채, 오이, 토마토	–	후기부터 사용 권장 (흰자는 완배되기 조심!)
	치즈	브로콜리, 양파, 감자, 호박	콩	–
	두부	미역	–	–
채소 과일 등	고구마	브로콜리, 감자, 당근, 사과, 밤	–	–
	당근	양파, 고구마, 시금치, 계란	양배추, 오이, 무	–
	감자	고구마, 양송이버섯, 애호박, 마, 치즈, 우유	–	–
	양파	콩나물, 당근, 호박, 시금치, 사과, 오미자, 치즈	–	–
	시금치	당근, 양파, 바나나, 사과, 계란, 참깨, 두부, 우유, 조개	두부, 근대	증기 이후부터 사용 권장
	양배추	브로콜리, 황실생선, 사과, 우유, 파인애플, 자몽	무, 땅콩	반드시 데쳐서 꽝 성분을 제거할 것. 데친 물은 절대 사용하지 말 것
	브로콜리 콜리플라워	양파, 고구마, 치즈, 호두, 아몬드, 게	–	–
	미역	두부, 콩	파	–
	애호박	감자, 계란	–	–
	양송이버섯	감자	–	–
	오이	–	–	–
	배추	무	–	–
	옥수수	우유	–	–
	사과	고구마, 양배추, 양파	–	–
	바나나	우유, 호박, 멜론, 아보카도	–	양끝은 제거 후 사용

○○이유식 재료 궁합표는 해당상품을 따라 절리서 냉장고 등에 붙여놓고 사용하세요.